● 2013年度宁波市社会科学学术著作出版资助项目

当代中国家庭道德教育研究

王志强 著

浙江大学出版社
ZHEJIANG UNIVERSITY PRESS

前　言

在《国家中长期教育改革和发展规划纲要(2010—2020 年)》中,德育被列为战略重点之一,并在措辞中首次采用了"德育为先"的提法,无疑提高了对道德教育的重视程度。德育为先,是对教育本质的理解,也是对人类社会生活本质的理解,任何一个社会要想和谐地存在和发展,就必须使个体服膺于共同的社会价值,也就是说要使个体社会化,以使其行为有利于社会共同体而不是相反。因此,道德教育的核心是社会价值观教育,目标是要培育出个体的良好道德品质。与知识、技术的教育相比较,道德教育是一种生活的教育,因为知识、技术的教育远远没有道德教育那样贴近生活本身。

无论是古代东方还是古代西方,道德是社会生活的中心。大多数研究者都认为,中国古代社会是以伦理为本位的,道德不仅是教化民众、规划生活的方式,也是治国、立国的方式。从王朝到家庭、从思想文化到日常生活、从礼仪到习俗,均以伦理道德为准绳。就个人而言,既要有"仁、义、礼、智、信"的德性,更要有"修身、齐家、治国、平天下"成圣成贤的道德理想。家国同构,德政合一是儒家道德哲学的集中体现。随着普遍王权在中国大地的崩溃,特别是随着改革开放和现代化的深入,支撑传统道德体系的社会、政治、经济基础已经解体,传统的大家庭也被现代核心家庭所取代。但社会的现代化和家庭结构的变化并不能改变家庭在伦理和道德中的基础地位,家庭之于当代伦理和当代道德教育的意义几乎不证自明。在当代中国社会中,家庭仍然是最坚韧的伦理实体和伦理神圣性的根源,依然具有不可取代的文化价值地位。伦理与道德之本都在家庭,道德教育也必定自家庭始。

对于道德教育的问题,我们采用何种态度和什么样的研究方法,不仅关系到能否以及如何揭示问题的本质,更关系到能否以及如何找到问题的解决之道。任何时代的道德教育,都把道德教育的重点放在"教育"的方法上,均希望一个在道德上受过"教育"的人能名副其实地增益他(或她)的德性,能以被教导的道德价值践行于社会生活。事实上,也只有使受教育者"名副其实地躬行他们所信奉的一切并信奉他们所躬行的一切",才能说明这种道德教育是成功的。但这些有关道德"教育"的问题忽略了一个很重要的前提,那就是教育者一定是道德的化身,被教育的有关"道德内容"一定是"道德的"。因此,我们在思考现实的道德教育时,不仅要审视道德"教育"的方法、方式、途径是否科学、合理,而且要用更宽广的眼光来检讨我们的教育者是否具备教育资格,我们用以教育的道德内容是否是"道德的"。当我们考察和研究当代中国家庭道德教育这个命题时,更应该用这种"宽广的眼光"加以检讨。

家庭道德教育不但与道德哲学相干,而且与道德心理学相涉,与道德社会学相连。道德哲学研究道德价值问题,道德心理学主要针对道德发生发展的心理机制问题,而道德社会学则是主要考察道德、道德教育与其他社会现象的关系等问题。个体道德生成既不是生物学意义上个体在孤立和封闭状态中的自生自成,也不是纯粹外部环境的强制,而是两者共同作用的结果。因此,个体道德是怎样生成的?只有把个体道德的内化过程与其赖以实现的外部道德环境联系起来研究,方能透视出个体道德生成现象所蕴含的深刻性和复杂性。家庭德育环境是家庭德育的素材和前提条件,而其发挥作用的效能则依赖于观察学习、家风感化、情感濡染、理论指导、评价激励、生活实践等家庭道德教育中介,家庭德育中介是联接德育环境与家庭成员的纽带,并通过传递机制、滤选导向机制、内化践行机制、反馈机制等实现家庭德育环境的功能。家庭德育环境、德育中介、个体道德的生成三者相互配合与渗透,构成了一个统一整体。

道德和德性是以伦理、人伦为前提的,而中国伦理最深厚的根源在家庭血缘关系之中。血缘关系为伦理提供了基础和出发点,没有一个实体能像家庭一样在中国的伦理生活和德性成长中占据如此重要的地位。因此,中国的道德生活和道德教育必须要从家庭开始。源于中国古代"家国一体"的伦理政治和独尊儒术的文化机制,家庭道德教育成为中国古代社会伦理道德教化的重要形式。它不但通过日常生活传递国家政权的道德教化,而且借助家族宗法制度和儒家文化对个体进行道德濡化,维系着社会传统。中国传统家庭道德教育既是传统文化的产物,又是传统文化的重要内容和载体,更是我们可资参考和借鉴的养料和资源。

要研究当代中国家庭道德教育,必须将其放在其所依存的社会转型、家庭变迁、教育变迁和道德理论变迁等宏观背景下来进行分析。社会转型体现为利益结构的重组、社会结构的改变和价值观念的冲突,而个体思想和行为在道德上表现出来的困惑以及社会道德现象的混乱则是转型社会的突出特点。社会转型所带来的伦理道德嬗变必将引起道德教育价值目标的转换,即由"人学空场"向"人学在场"转换,由利益缺位向利义协同转换,由精英化向精英化与平民化相结合转换。家庭变迁所呈现出来的家庭结构核心化与多样化、家庭功能弱化与转换、家庭关系轴心位移与重心下沉、家庭观念淡化等当代特征;预示着家庭道德教育的价值取向将趋于自由、平等、民主,竞争意识、主体意识、平等意识将逐步得到认同,"个人需求至上"将代替"家庭至上"。教育的变革则是当代家庭道德教育的重要驱动力和导向标。终身教育理念的确立和构建学习型社会的实践提升了家庭在教育中的地位,影响着家庭道德教育的理念、方法、功能定位等诸多方面。

笔者以环境德育理论为依据对家庭道德教育中的物质条件环境、人际关系环境、精神意识环境的现状进行调查和分析,结果表明:轻视家庭道德教育已成为当代中国社会的普遍现象,家庭道德教育趋于"弱化"是一个不争的事实。当代中国家庭道德教育趋于"弱化",一方面与社会变迁所引致的社会生活环境变化,以及由此带来的思想观念嬗变密切相关;另一方面与社会竞争加剧、技术理性扩张、教育制度不善等现实问题直接相联。概而言之,社会生活的变迁是家庭道德教育功能"弱化"的动力因素;"缺"德的应试教育体制是家庭道德教育功能"弱化"的导向因素;家庭本身的主客观环境变化是家庭道德教育功能"弱化"的直接因素。为此,为了应对当代中国家庭道德教育功能不断"弱化"提出的挑战,应将正确认识和准确把握家庭道德教育的价值取向、教育内容、教育方法,积极探索教育新模式,不断提高家庭道德教育水平,充分发挥家庭道德教育的作用,为社会主义道德建设注入活力。

目　录

绪　论 …………………………………………………………… （1）

第一章　家庭视域中的道德教育 ………………………………… （16）

　　第一节　相关概念的界定 …………………………………… （16）

　　第二节　家庭道德教育的特点 ……………………………… （25）

　　第三节　家庭道德教育的功能 ……………………………… （29）

第二章　家庭道德教育之理论基础 ……………………………… （38）

　　第一节　家庭道德教育之哲学理论基础 …………………… （38）

　　第二节　家庭道德教育之心理学理论基础 ………………… （48）

　　第三节　家庭道德教育之社会理论基础 …………………… （63）

第三章　家庭道德教育之历史镜鉴 ……………………………… （83）

　　第一节　中国传统家庭道德教育的历史演进 ……………… （83）

　　第二节　传统家庭道德教育的优良传统 …………………… （87）

　　第三节　传统家庭道德教育与中国传统社会 …………… （104）

第四章　家庭道德教育之当代境遇 …………………………… （116）

　　第一节　社会转型与伦理道德嬗变 ……………………… （116）

　　第二节　家庭变迁与当代家庭道德教育 ………………… （129）

　　第三节　教育变革与家庭道德教育 ……………………… （151）

第五章　当代中国家庭道德教育之现状扫描 …………………（160）

　　第一节　当代中国家庭道德教育的现状 …………………（160）

　　第二节　对当代中国家庭道德教育现状的分析与思考 ……（183）

第六章　当代中国家庭道德教育之提升路径 …………………（199）

　　第一节　明确目标价值取向,转变家庭道德教育观念 ………（199）

　　第二节　适应社会发展需要,优化家庭道德教育内容 ………（204）

　　第三节　切实提高实效性,完善家庭道德教育方法 ………（209）

　　第四节　创建和谐家庭环境,探索家庭环境德育模式 ………（217）

结　语 ………………………………………………………（227）

参考文献 ……………………………………………………（229）

附　件 ………………………………………………………（243）

索　引 ………………………………………………………（249）

后　记 ………………………………………………………（251）

绪　论

一、问题的提出与立论的依据、意义

(一)问题的提出

三十多年的改革开放使我国经济发展取得举世瞩目的成绩,然而在物质财富日益丰富、科技日渐昌明、民主法治渐进显现的当代中国,正遭受着这股道德滑坡洪流的侵蚀,作为社会的细胞——家庭,也危机四起。在婚姻方面,部分人的婚姻道德观念错乱,离婚率呈快速上升趋势,桃色纷争、金钱纷争增多;在尊老爱幼方面,家庭代际道德失衡,家庭重心逐渐下移,娇惯溺爱子女与冷漠甚至遗弃老人的问题共存;在子女抚养、教育方面,大多数家长只关心子女的知识、能力的培养,道德教育被边缘化或被功利化,对子女思想道德素质的培养和道德人格的塑造不太关心。虽然有些家长也关心子女道德素质的养成,但在道德教育的理念和方法上不尽合理,如观念的功利化、教育内容的偏颇、教育过程脱离受教育主体、道德知行不一等等,这些都直接影响了家庭道德教育的实效性。家庭道德教育的"失职",学校思想品德教育的"失灵",以及社会道德环境的"恶化",使中国"80 后""90 后"青少年的思想道德素质让人堪忧。通过查阅多份调查报告,笔者对当代我国青少年道德素养方面存在的主要问题总结如下:理想信念迷失、价值取向功利;传统文化疏离、传统道德丢弃；崇尚暴力、迷恋色情、偶像崇拜盛行；网络文化受宠、低俗文化热捧；心理健康堪忧、人格弱点突出；责任心欠缺、耐挫力虚亏；等等。更有甚者，家庭道德教育功能的弱化，引发众多的社会问题和家庭悲剧。例如，轰动一时的 2009 年北京李磊灭门杀亲案、安徽宋美生灭门杀亲案，2010 年的药家鑫杀人案，等等，不幸事件的接连发生，让人感到深深的焦虑和不安。更令人吃惊的是，用百度搜索"少年弑母"这一关键词，竟然蹦出 272000 条相关新闻，而输入"少年弑父"这一关键词，更是高达 569000 条相关新闻，相关新闻数目之巨让人触目惊心。杀亲案频频发生背后的一个共同原因，是罪犯在儿童时期因缺乏家庭道德教育而隐含的人格缺陷，这折射出当代中国家庭道德教育的失落。除了以上曝光的典型案例外，还有多少青少年徘徊在道德之外，徘徊在正常心理之外，徘徊在遵纪守法之外？这是一个很让人揪心的问题。一份来自青少年犯罪研究会的统计资料显示：20 世纪 50 年代，青少年犯罪仅占全部犯罪案件成员总数的 20%左右，到 60 年代上升为 30%，而改革开放后，青少年犯罪数量占总数的 70%以上。① 据调查，目前"全国约有 3000 万青少年有心理问题，其中中小学生心理障碍患病率为 21.6%～32.0%；大学生有心理障碍者占 16.0%～25.4%，且近年有上升趋势"②。

　　社会道德精神的缺失，致使任何一个道德事件，都将成为进一步刺伤社会共同体的利剑。家庭作为伦理和道德之源，作为道德教育的始点，应该在净化社会道德空气、促进社会道德发展中发挥重要作用。总之，"家庭是产生各种社会问题的主要根源之一，也是社会稳定和发展的珍贵资源。目前中国社会急剧转型……出现很多与家庭有关的社会问题，如数以千万计的留守儿童，如近 34.5%的家庭存在不同程度的家庭暴力，青少年犯罪比例在中国刑事案件中占 70%以上。建设的关键是如何把 3.6 亿个家庭建设成资源而不是成为问题之源"③。

---

　　① 转引自闫汝乾、骆兰：《青少年思想品德教育错位问题及对策研究》，《社科纵横》2006 年第 10 期。

　　② 夏学銮：《青少年心理健康与问题面面观》，《中国青少年研究》2003 年第 6 期。

　　③ 新华时评：《家庭建设是社会和谐国力强盛的根基》，新华网，2007-09-24。

（二）立论的依据和意义

面对社会道德水平的滑坡，面对家庭道德教育的"失职"，一些人对道德教育采取了不屑的态度，一些人感慨世风日下却找不到解决的好办法。笔者认为，从基础做起，从实施和完善家庭道德教育做起，是改善整个社会道德状况的一条"终南捷径"。

家庭是人出生后的第一个社会生活环境，家庭道德教育是人出生后接受道德教育的开端，它可以为个体的个性和品格发展奠定坚实的基础。家庭道德教育是开展时间最早、范围最为广泛、方式最为灵活的道德教育，它是个体人生教育最为基础、最为重要的一环，是个体道德社会化过程中的关键阶段。同时，由于它更多地诉诸情感，伴有情感性特征。家庭那天然的亲情，那无私、真诚、朴质、深厚的爱，由衷地生发出一种相互间无比深厚的情感，成为激发个体积极向上的动力。如果长辈能够善于用自己的模范言行寓道德教育于亲情之中，则可产生神奇的力量，在道德教育中收到显著的效果，使家庭成为陶冶个体情感和道德情操最早、最好的熔炉。

家庭道德教育为学校道德教育和社会道德教育奠定了基础。家庭道德教育较之学校道德教育和社会道德教育更有针对性，常言道"知其子莫若父母"，在朝夕相处中，家长对孩子的思想、品质、行为、个性、兴趣、爱好、习惯、交往情况和情绪变化等都能了如指掌，随时做到有的放矢、因势利导，在日常生活中实现道德教育的目标。

做好家庭道德教育是每个家庭的义务，它不仅关涉家庭的幸福安康，而且关系到国家和社会的繁荣与兴衰。因此，《公民道德实施纲要》提出："家庭是人们接受道德教育最早的地方。高尚品德必须从小开始培养，从娃娃开始抓起。要在孩子懂事的时候，深入浅出地进行道德启蒙教育；要在孩子成长的过程中，循循善诱，以事明理，引导其分清是非，辨别善恶。要在家庭生活中，通过每个成员良好的行为举止，相互影响，共同提高，形成好的家风。"《中共中央、国务院关于进一步加强和改进未成年人思想道德建设中的若干意见》也指出，"要重视和发展家庭教育"，"家庭教育在未成年人思想道德建设中具有特殊重要的作用"，"党和国家要从全面建设小康社会和实现中华民族伟大复兴的全局高度指出家庭在未成年人道德建设中的重要性"。基于家庭在道德教育中的重要作用及目前家庭道德教育的现状，不少教育理论家也在大声疾呼，期盼政府和人民大众重视家庭教育，重视家庭道德教育。例如，2010 年教育专家骆风教授上书中央呼吁重视家庭教育之事件就是一个很好的注脚。在上书中,骆风教授写道,"以前教育规划通常就是指学校教育规划,我建议将家庭教育纳入教育中长期规划当中","家庭教育是奠基性教育、终身性教育,作用不容小觑"。上书得到总理批示,一石激起千层浪。家庭道德教育的弱化,已经逐渐引起政府和社会的关注,例如,全国妇联倡导全国每年九月开展"家庭道德教育宣传实践月";广东省深圳市在 2004年 1 月启动了"关注未来、关爱孩子——'双合格'思想道德教育"系列活动;自 2004 年始,广东省在每年的 6 月至 9 月都开展"家庭道德教育宣传实践月"活动,仅就 2010 年而言,借助"活动月"契机,通过各种亲子活动、亲子论坛、讲座、报告会、广场咨询以及大众媒体对家庭道德教育进行了大力宣传,帮助家长树立正确的儿童观、亲子观、成长观。据不完全统计,在活动期间,全省共举办了各级各类家庭教育讲座、报告会、现场咨询等 2253 场,受众家长达 128 万多人。家庭教育,特别是家庭道德教育,必将得到广大民众、社会、政府的重视,这是毋庸置疑的,但如何实现家庭教育、家庭道德教育的价值目标,却是摆在我们理论工作者面前而必须极力去思考的问题。

二、研究现状综述

中国自古以来就十分重视家庭道德教育,古时国人常将家庭的盛衰寄托在子孙的身上,正所谓:"子孙贤则家道昌盛,子孙不贤则家道衰败。"子孙是贤是不肖,则"由乎蒙养"。"蒙以养正",家教不仅在于保家立业,而且有助于安邦定国。中国传统家庭道德教育以培养君子为德育目标,以推崇仁爱、注重整体和谐为主要内容,以强调因材施教、躬身实践、自省自律、改过迁善为主要原则和方法,虽然由于其时代和阶级的局限,不免带有一些糟粕,但其中一些闪光的有价值的内容,对于我们今天的家庭道德教育仍具有启示意义。

新中国的成立,宣告着旧社会制度的终结和社会主义制度的建立,社会主义新道德观成了政府、学校、社会、家庭宣传的重要内容。社会发展与家庭发展的高度一致性,使家庭道德教育不再仅仅是个人行为、家庭行为,更是一种社会行为,家庭道德教育由家庭的自发行为逐渐发展为社会和家庭的自觉行为。1950 年《婚姻法》的颁布,使我国的婚姻家庭和家庭成员关系进入了一个新的时代,它为家庭人际关系的平等、民主提供了法律保障,也为家庭道德教育的民主性发展奠定了基础。但随后的"大跃进"和"人民公社化运动",给家庭和家庭道德教育带来致命打击。这一时期无论是在理论研究方面还是在实践探索方面二者都处于一种较低的发展水平,甚至一定时期成为政治运动的牺牲品。十一届三中全会后,教育得到全面恢复,国家把教育放在国家优先发展战略地位,教育获得了空前的发展。这一时期翻译了大量西方有关道德教育的理论和著作,为我国的家庭道德教育提供了理论借鉴。与此同时,随着改革开放的深入,家庭、社会变迁速度加快,家庭道德教育也暴露出越来越多的问题,尤其是在 1992 年连续发生几起少年儿童被家长摧残致死的严重事件,使我们不得不对改革开放以来的家庭道德教育进行深刻反思。为此,《人民日报》还专门开辟专栏《我们今天怎样教育孩子——从夏辉事件汲取教训》对家庭教育和家庭教育的道德问题进行讨论,①这次深刻的大检讨,将家庭教育和家庭教育的道德问题推到社会舆论的风口浪尖,引起全社会的关注。

由于家庭道德教育尚未成为一门独立的学科,家庭道德教育并不是当前研究的热门领域,很少被学者关注,严格意义上来说,到目前为止还没有出版以"家庭道德教育"为研究对象的专著。② 当代家庭道德教育的

---

① 夏辉、夏斐、王小川等小学生被父母摧残致死的事件接连发生,引起了社会各界的震动。为此,《人民日报》以《我们今天怎样教育孩子——从夏辉事件汲取的教训》为题,在报纸上开展了全国性的大讨论。大讨论联系读者家庭、学校和身边的事实,涉及家庭教育、学校教育、社会教育以及人口素质、人际关系、教育观、儿童观、成才观、价值观、教育道德观等一系列理论问题,在社会上引起了强烈反响,代表文章刊载在《人民日报》1992 年 12 月 11、12、14、16、21、23、26 日等第 3 版。

② 笔者从网上图书数据库以"家庭道德教育"为关键词检索到两本书的书名内含"家庭道德教育"字段。其中一本书名为《家庭道德教育研究——以独生子女道德教育的视角》(段文阁、刘晓露著,山东人民出版社 2011 年版),该书以独生子女道德教育为视角,论述了独生子女家庭道德教育的主体与客体、教育环境、教育过程与原则、教育内容与方法技巧。文章未从道德哲学、道德教育理论和家庭教育理论深入挖掘家庭道德教育的基本规律,没有构建家庭道德教育的相关理论框架,因此笔者认为该论著在严格意义上还不能算是"家庭道德教育"专著。第二本书名为《古代家庭道德教育》(何桂美著,中国地质大学出版社 2010 年版),该书主要梳理和概括了古代家庭道德教育思想和教育方法,汇集了翔实的传统家庭道德教育资料,但该书没有展开对传统家庭道德教育理论体系的论述,也没有构建家庭道德教育的相关理论框架,因此笔者认为此书也不能算是"家庭道德教育"专著。虽然笔者未将以上两本书视为"家庭道德教育"的专著,但这两本书为笔者提供了很好的借鉴。以"家庭道德教育"为关键词检索博士论文数据,也没有检索到相关博士毕业论文。

理论和思想主要是散见于家庭教育和道德教育的论著中,以及散见于一些专题性的研究论文中。虽然家庭道德教育的相关理论建设任重而道远,但并不能否认当代中国家庭道德教育的实践摸索以及理论的探索和发展。在一定意义上说,当代家庭道德教育实践摸索和理论探索是在批判和继承我国传统家庭道德教育思想以及引进和吸收西方先进家庭道德教育思想的过程中进行的,如果说西方理论为我国当代中国家庭道德教育理论和实践的发展奠定了科学化的基础,那么传统家庭道德教育思想则为当代中国家庭道德教育理论和实践的发展提供了丰富的养料。

（一）对批判和继承我国传统家庭道德教育思想方面的研究

当代家庭道德教育理论发展首先体现在对传统家庭道德教育的研究中。朱贻庭在《中国传统伦理思想史》(1989)中对传统家庭道德教育进行了整体性的总结,认为传统家庭道德教育做到了及早教育、注重周围环境的熏陶、坚持严与慈、爱与教相结合的原则。魏英敏在《当代中国伦理与道德》(2001)中分析了中国传统家庭道德教育内容中分别应该否定和继承的成分。作者认为,传统家庭道德教育中有关特殊性、局限性和阶级性的内容,不能照搬,但是具有普遍意义的内容应该继承。刘献君在《中国传统道德》(2007)中对传统家庭道德教育的早期性、层次性、阶级性进行了分析,认为中国传统道德教育的层次性首先表现为先家庭,后社会,再国家,然后表现为启蒙、养成与成才教育,"这种从形式到内容的循序渐进,形成了一整套的道德教育体系"。何桂美在《古代家庭道德教育》(2010)中梳理和概括了古代家庭道德教育思想和教育方法,汇集了丰富的传统家庭道德教育典籍资料,为进一步研究古代家庭道德教育提供了翔实的资料和较强的研究参考价值。此外,对传统家庭道德教育进行整体性研究的著作还有:徐少锦、陈延斌教授的《中国家训史》(2003)、王玉波的《中国古代的家训》(1995)、王长金教授的《传统家训思想通史》(2006)、马镛的《中国家庭教育史》(1997)、《中国历代家训大全》(1993)、梁韦弦《中国传统伦理思想研究》(2007)、张锡勤《中国传统道德举要》(2009)等。

除了对传统家庭道德教育进行整体性的研究之外,专项性的研究主要集中在以下三个方面。首先,对中国传统家庭道德教育的方法进行了概括。王维亚论文《我国传统家庭德育观对先进家庭教育的启示》(1999)从反对溺爱、注重行为培养、重身教三个方面论述了传统道德教育中值得学习的德育方法。《武汉大学学报》(社会科学版)在2001年第1期发表了余双好的文章《我国古代家庭教育优良传统和方法探析》,作者认为,传统优良家教方法"慈严相济""以身示范""因材施教""循序渐进""注重环境"对当今家庭教育和社会主义精神文明建设具有重要借鉴意义。段文阁在《古代家训中的家庭德育思想初探》(2003)一文中总结古代德育方法为:"舍心地而田地,舍德产而房产,失其本矣";"教子婴雏,勿失时机";"芝兰之室,馨香日久,与之俱化"。其次,对传统家庭道德教育之于当今现实的意义进行了多方位的探讨。尹丹萍在《中国家训文化对当代家庭教育的启示》(2001)一文中提到:"中国家训文化是沟通精英思想与普通民众的媒介,承担着重要的教育职能,内容十分丰富……爱与教的关系、智与德的关系、气节与利益的关系、律己与教子的关系、为己与为国的关系,成为创建新的家训文化的背景与起点。"《中南民族大学学报》2005年第5期发表了严贵香的文章《继承中国古代家庭道德教育的精华》,文章对中国古代家庭道德教育的精华进行了分析和总结。钱广荣教授在其专著《中国道德国情论纲》(2001)中对中国古代家庭道德教育的内容进行了揭示,认为敬老爱幼、六亲和睦、勤俭持家等内容对当今社会仍有较大教益。此外,这一类的著作还有:徐柏才、狄奥的《论传统家庭道德对公民道德建设的价值》(2007)、陈文的《传统家庭伦理思想与现代家庭教育模式的构建》(2008)等。最后,对中国古代思想家的家庭道德思想进行了有针对性的研究。主要成果如下:成晓军主编的家训丛书《帝王家训》(1994)、《宰相家训》(1994)、《名臣家训》(1995)、《名儒家训》(1996)、《慈母家训》(1996),陈延斌撰写的《论司马光的家训及其教化特色》(2001),曹麦玲《略析严之推的家庭教育思想及其对当今家庭教育的启示》(2001)等。

(二)对家庭道德教育的内涵、功能、优势、方法等方面的研究

首先是对家庭道德教育内涵的研究,赵忠心在《教育子女的科学与艺术》(2001)中认为,家庭教育中的思想品德教育,实质就是教育子女如何"做人"。张丽在《论体验的家庭道德价值》(2007)中认为,家庭德育是

家庭道德教育的简称,指在家庭社会环境中由父母或其他年长者对子女或其他年幼者施加无意识的影响或有意识的教育,发展受教育者道德素质的一种教育活动。骆风根据教育社会学的理论将家庭德育定义为:"家庭生活诸因素影响子女品德发展的过程。"从外延上将家庭德育划分为两个层次:第一,狭义家庭德育:指直接影响家长教育子女活动的因素,就其表现来看是一种显性教育,把家长教育观念、家庭德育目标、家庭德育内容、家庭德育方法、家庭德育能力五种因素作为狭义家庭德育的一级评估指标;第二,广义家庭德育,指家长素质和家庭环境对子女品德的影响,通常是"无主体"的隐蔽性教育,把家长道德素质、家长文化素质、家庭生活条件、家庭生活方式、家庭人际关系作为广义家庭德育的一级评估指标。① 海存福把德育定义为在家庭生活环境中,由家长对子女及其他年幼者施加影响,把一定的道德规范、思想意识、政治观念转化为受教育者一种品德的教育活动。家庭德育的核心就是道德教育。② 持这一观点的还有周顺文、佐平等。而阮学勇在《论当代家庭德育的特点》(2002)中则把家庭道德教育视为家庭成员间以养成善的内在思想、情感和外在行为为主要内容的相互影响活动。

对于家庭道德教育的功能,海存福对此作了深入研究。他区分了职能和功能的细微差异,在此基础上对家庭道德教育的功能进行了定义:家庭德育功能是指在具体的家庭教育活动中,家庭德育本身所具有的作用。海存福详细论述了家庭德育的本体功能和外在功能,本体功能是指家庭德育对人类积累下来的道德文化保存、传递和发展的功能。家庭德育的外在功能,一是指家庭德育促进个体形成基本道德行为规范,促成个体形成道德理想的重要功能;二是家庭德育的社会性发展功能,表现为家庭德育通过传播社会(或阶级)主流政治思想、道德规范、价值观念以维护社会稳定;通过输送合格公民或统治人才,通过陶冶和提升公民的思想道德、精神文明境界,进而提高劳动者生产主动性、积极性和创造性,推动社会生产力的发展。③ 李梅兰在《构建市场经济条件下家庭德育

---

① 骆风等:《家庭德育类型及对子女品德的实证研究》,《山东教育科研》2000 年第 6 期。

② 海存福:《家庭德育及其功能研究》,《甘肃高师学报》(社会科学版)1999 年第 1 期。

③ 海存福:《家庭德育及其功能研究》,《甘肃高师学报》(社会科学版)1999 年第 1 期。

的三维系统》(2005)中认为,依照家庭德育对个体发展与社会发展和运行所具有的作用,可分为个体功能和社会功能;个体功能的根本就是育德,也就是为子女培养品德素质;而具有一定品德素养的个体作用于社会的政治、经济、文化等领域就会发挥家庭德育的社会功能。由此可见,个体功能是家庭德育的直接功能,社会功能则是家庭德育的间接功能,家庭德育的社会功能要通过家庭德育的个人功能的发挥而得以实现。

对于家庭道德教育的特点和特有优势,学者也多有关注,但对家庭道德教育特点和优势的归纳和论述尚未脱离赵忠心在《家庭教育学》中所论及的观点,显得拓展和创新不够。佐平认为家庭道德教育的特点为渗透性、灵活性、感染性、针对性,直接、真切。[①] 阮学勇(2002)认为家庭道德教育有这样几个基本特点:耳濡目染、潜移默化的渗透性;实施过程中的双向互动性;血缘伦理上的权威性;遇物则诲的灵活性。王良、郝晓燕以家庭特点对家庭德育优势进行了概括,认为:"与教育的其他方式相比,家庭德育有着独特的优势,其具体表现在:家庭教育职责的天然不可回避性与道德观念的奠基性,家庭教育内容的丰富性与道德价值传递性,家庭教育关系的特殊情感性与道德行为示范性,家庭教育形式的灵活多样性与道德指导的针对性。"[②]戚务念认为家庭道德教育方面的优势为针对性、群众性、感化性、延续性。[③]

对于家庭道德教育方式方法的研究,张伶俐在《家庭德育方式刍议》(2008)中认为家庭道德教育应该辩证施教,"注意正面教育与反面教育相结合、理论教育与社会实践相结合、表扬与批评相结合、关心与爱护相结合"。骆风在调研广东、浙江、福建沿海地区中小学生家庭德育状况的基础上,提取家庭德育结构的主要成分,给出以下建议:告诫家长重视对子女的品德教育;指导家长开展实际的德育活动;鼓励家长努力成为子女的道德榜样;正确看待家庭经济—文化条件的作用。[④] 戚务念(1998)着重从家庭教育的角度论述了家庭道德教育的原则与方法:全程化、开

---

① 佐平:《论家庭德育》,《前沿杂志》1995年第9期。

② 王良、郝晓燕:《家庭教育特点与家庭德育优势》,《青年探索》2004年第5期。

③ 参见戚务念:《试论家庭德育的几个问题》,《江西教育科研》1998年第4期。

④ 参见骆风:《家庭德育主成分的实证研究》,《辽宁师范大学学报》(社会科学版)2001年第1期。

放化、日常渗透与集中强化教育相结合、一致性与连贯性、指导自我教育。

除了重点研究以上几个主要领域外,另外也涉及家庭道德教育的实效性、家庭道德教育的主要内容、加强家庭道德教育的主要原因、家庭道德教育的主要途径等方面,在此不再一一论及。

(三)对家庭道德教育的专题性研究

对家庭道德教育的相关因素和关联领域进行专题研究,是深化和拓展家庭道德教育研究的重要环节。目前,学者们针对家庭亲子关系、家庭德育环境、家庭德育现状等方面进行了专题研究。这类研究大多使用了实证方法,取得了较好的研究效果。对于家庭亲子关系研究,首推孟育群教授主持的"九五"重点课题"中小学生亲子关系与家庭德育研究",该课题肯定了亲子关系是家庭教育学研究的逻辑起点,在此基础上深入研究了建设具有中国特色的良好亲子关系的模式、机制与方法,并就加强家庭德育还必须解决的外部环境问题即家庭德育与学校德育、家庭德育与社会教育问题进行了探讨,对丰富和发展中国的家庭道德教育具有重要的理论价值。廖小平教授从代际伦理的角度对改革开放以来中国社会价值观代际变迁和社会转型期未成年人道德建设进行研究,在所著的《代际互动——未成年人道德建设的代际维度》(2009)一文中令人信服地回答了中国社会转型期何以会出现"代际价值观"以及价值观何以会在代际间发生分化和整合等问题,全面而客观地梳理和揭示了改革开放以来中国社会价值观代际变迁的嬗变轨迹、主要表现和基本规律。而段文阁、刘晓露则以独生子女道德教育为视角,在所著的《家庭道德教育研究——以独生子女道德教育的视角》(2011)一文中论述了独生子女家庭道德教育的主体与客体、教育环境、教育过程与原则、教育内容与方法技巧,对认识当代独生子女的道德发展规律和提高对独生子女家庭道德教育效果具有积极意义。

对于家庭德育环境的研究,众多学者基本形成了一个共识,即要有"大德育观"的理念,应该加强家庭、学校、社区的联系,构筑一体化大德育环境,这样才能提高青少年德育的效果。相关研究成果包括教育科学"九五"规划课题"学校家庭德育协调发展与学生潜能开发","十一五"规划课题"整体构建学校、家庭、社会和谐德育基础理论体系研究"等。陈正良《冲突与整合——德育环境的系统构建》(2005)一文中从当代青少年德性素质发展中的问题状况和矛盾冲突分析入手,阐述了德育环境与人的德性素质形成发展的关系,对如何整合各种德育环境因素以形成德育合力,综合优化德育环境进行了较系统的理论探索。赵春梅的《窗边的孩子——青少年电子游戏成瘾的家庭因素分析》(2010)则从青少年电子游戏成瘾这一独特视角,考察了中国现阶段特定的社会文化背景下,家庭经济地位、家庭结构、家庭关系、父母教养方式等因素对青少年电子游戏成瘾的影响过程和影响方式。此外,还有《处境不利儿童的心理发展现状与教育对策研究》(申继亮,2009),《人文德育——将德育根植于人文沃土》(仇忠海,2007)等研究成果。

　　对于家庭德育现状的研究,首推骆风教授主持的"九五"教育科学规划课题"沿海开放地区儿童少年品德状况与家庭德育状况的调查研究"和"十五"规划教育部重点课题"东南沿海地区学生品德问题与家庭教育问题及其对策研究",通过大量的数据调查和分析,课题组认为当今的学生品德和家庭道德教育状况堪忧,"在父母生病时 13.3％的小学生和8.2％的中学生缺乏同情和孝顺,大约 33％的学生基本不做家务,直到中学时代还是衣来伸手、饭来张口。这类问题的根源在于家长只知道孩子的学习成绩重要,忽视思想品格和人格修养的教育,不能严格要求孩子。"[1]戴文英在《沈阳市家庭德育现状调查与研究》(2000)中分析到,"忽视德育,偏重智育是沈阳市小学、初中生家庭教育现状中存在的严重问题",究其原因,一是功利思想影响,二是家长对"红与专""德与智"之间的关系缺乏正确认识,三是唯学历用人标准和应试教育"唯分数论"的错误影响。不少学者还对家庭德育现状进行了分门别类的研究,如《农村初中"留守儿童"家庭德育现状调查及对策——以广西 L 县为个案》(2009),《家庭德育对大学生思想道德水平影响的实证研究——基于新疆六所高校的分析》(2009),《价值多元化社会中家庭德育的现状、问题与对策——以广州市为例》(2009),等等。对于目前道德教育低效的问

---

① 　骆风:《当前广东儿童少年品德发展中的问题与对策建议》,《教育导刊》2006 年第9 期。

题,于福存从家庭的角度进行了论述,认为:"当代中国社会的转型,导致中国家庭嬗变,使家庭道德教育功能弱化,家庭道德教育出现许多偏差,使人的德性生长和道德教育失去了基石和依托,失去了人的德性的生长点,这是造成我国德育低效的根源之一。"①

（四）对家庭道德教育纵深发展的研究

任何科学研究要想不落伍,就必须与时俱进,为此,不少学者拓展和深化了家庭教育的研究领域,这些研究中只有少量直接以家庭道德教育为研究对象,更多的是把家庭教育作为研究对象(其中隐含有家庭道德教育内容),但这些研究指明了家庭道德教育亟待研究的领域以及未来的研究方向。

一是注重从其他学科的视角来研究家庭教育和家庭道德教育,如缪建东所著的《家庭教育社会学》(2000)。这本论著在微观上从亲子关系、家庭成员互动、家庭文化、家庭生态等维度来探讨家庭变化、实践中的家庭教育规律;在宏观上从社会变迁、社会分层、家庭特殊结构、特殊类型等角度分析研究家庭教育的特点和走向。相类似的著作还有关颖所著的《社会学视野中的家庭教育》(2000)。二是注重从教育发展新视野、新观念来研究家庭教育和家庭道德教育。如檀传宝教授所著的《网络环境与青少年德育》(2003),文中论述了网络环境下的青少年德育,肯定了家庭德育中的情感因素对教育的重要影响,并且认为家长应该积极主动地关心孩子,引导孩子面对网络环境时自觉拒绝网络侵害。杨宝忠所著的《大教育视野中的家庭教育》(2003),提出了终身教育理念下的家庭教育走向——建设学习型家庭。其他的还有黄全愈的《素质教育在家庭》(2001),乐善耀的《学习型家庭》(2002)等。三是注重结合社会现实的发展来研究家庭教育和家庭道德教育。由史秋琴主编的《社会变迁与家庭教育》(2006)一书,则从实践层面解释了城市变迁与家庭教育的内在关系,在大量调查报告和实践案例的基础上,分析了当代家庭教育的特点、存在的问题以及发展的趋势。另外还有吴立德的《家庭德育类型及其对

① 于福存:《论传统家庭模式的演变对道德教育的冲击与影响——我国道德教育低效根源初探》,《当代教育论坛》2005 年第 4 期。

子女品德影响的实证研究》(2000),卢梅丽的《当前我国城市家庭道德教育研究》(2008),李菁菁的《当前城市贫困家庭道德教育研究》(2008),曹晓红的《流动人口家庭道德教育研究——以武汉市江口地区为例》(2009)等。四是注重比较中外家庭道德教育方面的研究。借鉴国外家庭道德教育的成功经验,对于提高我国家庭道德教育实践能力有重要意义。如多德森著、臧惠娟译的《以爱心管教子女:美国教育子女的多种实用方法》(1991),克劳蒂娅著、胡慧译的《美国人的家庭教育:自信陪伴孩子的成长》(2000),李卓的《日本家训研究》(2006),朱士鸣的《诺贝尔奖获得者的经典家教点评》(2007)等。

三、研究思路、方法以及创新之处

本书把家庭道德教育的理论梳理与家庭道德教育的发展历程、当代家庭道德教育实践结合起来研究,力求从三个层面厘清当代中国家庭道德教育的全景。第一层面,本书将界定家庭道德教育的相关概念,概括家庭道德教育的特点和功能,梳理家庭道德教育的主要历史演进理路,透视家庭道德教育的优良传统,并就当今国内外主要有关家庭道德教育的道德教育哲学理论基础、心理学理论基础、社会学理论基础(德育环境理论)进行了分析和概括,这是本书的理论基石,揭示了家庭道德教育的基本属性(必然性)。第二层面,本书将当代家庭道德教育放在其所依存的社会转型、家庭变迁、教育变革和德育理论革新等宏观背景下进行分析,并以社会转型、家庭变迁、教育变革、德育理论革新的时代要求对家庭道德教育的基本理念和基本目标进行了构建,揭示了家庭道德教育的"应然"之路。第三层面,本书对当代家庭道德教育的物质条件现状、人际关系环境现状、精神意识环境现状进行了实证调查,并深入分析和思考了当代中国家庭道德教育现状,以此为基础粗略构建了家庭道德教育环境德育模式和总结了当代中国家庭道德教育的提升路径,这是完善和提升家庭道德教育的"实然"之路。

在前人研究基础上,不断拓展新领域、增添新内容,是任何研究的发展逻辑,却也并非易事。统观当代中国家庭道德教育的相关研究资料和研究成果,感觉这个领域的研究确实未成气候,尚未形成一个成型的理论框架,这是本课题研究过程中面临的重大挑战。从一定意义上来说,正因为当代中国家庭道德教育的理论框架尚未形成,本课题更感觉是一次拓荒之旅,是一次创新逻辑的初步尝试。遵循上述研究理路,笔者认为本研究可能存在以下几点创新:

第一,笔者以家庭道德教育历史发展逻辑的梳理、理论基础的概括、现实背景的分析、未来发展的思考为研究重点,试图以环境德育理论为核心构建一个当代家庭道德教育理论的粗略框架。这个整体框架虽然倍感质地粗糙,但毕竟跨出了家庭道德教育理论整体构建的一小步。

第二,从理论上深入地分析了家庭道德教育环境的德育机理,丰富和充实了家庭道德教育的环境德育理论,对进一步完善德育理论和指导家庭道德教育实践具有较强借鉴意义。

第三,笔者从社会生活变迁的动力因素、应试教育体制的导向因素以及家庭本身主客观环境变化的直接因素三个方面深入分析,揭示了当代家庭道德教育趋于"弱化"的根源。同时指明了这种"弱化"不是与"德政合一"的传统社会纵向比较的结果,而是横向比较的结果,即相对于当代社会生活所表现出来的诸多道德沦丧现实,而家庭道德教育却常常被忽视并未能发挥其在社会生活中的价值和功能这一事实而言是"衰弱"了。这对于深入理解和定位当代家庭道德教育具有非常重要的理论和现实意义。

第四,对当代家庭道德教育的提升路径进行了初步的梳理,并初步归纳了家庭道德教育环境德育模式的内涵和构建原则。

当然,本研究中存在的不足也是不应忽视的。由于可查阅的文献资料有限,而且很散,可借鉴的东西比较少,一方面可以自我打开思路,另一方面也影响到了本研究的思想表达严谨度和理论深度。本研究的论域比较宽泛,但由于篇幅有限,不可能面面俱到,未能与西方家庭道德教育的理论与实践进行对比研究,显得本研究开放性不足。为了获得当代家庭道德教育现状的第一手资料,本研究进行了实证调查,考虑到可操作性,笔者在实证调查中所采用的样本和覆盖范围有限,所统计的数据以及分析的结果有可能有以偏概全之嫌。再比如,本书为了行文的便利而未对一些相近概念进行严格界定,如"家庭德育"与"家庭道德教育"的联系和区别等等,不一而足,只希望在未来的相关研究中进一步完善。

本书的研究方法主要采用文献法、历史研究法、比较研究法、问卷调查法,辅之以逻辑抽象法、访谈法等方法。文献的搜集、分析和综合是本研究的重要组成部分,可以说贯穿于本书的整个过程,旨在为本书提供科学的论证依据。本书采用历史的研究方法,主要通过对传统家庭道德教育发展历史过程的梳理、归纳,以及当代社会转型的分析,可以揭示和解释当代家庭道德教育趋于弱化的内在逻辑。比较研究方法是区分对象异同的一种重要逻辑思维方法,历史与现实的比较、理论基础之间的比较、地域之间的比较,使我们对当代家庭道德教育所面临的问题与对策、发展的逻辑与规律有更深入的认识。而问卷调查法和访谈法则是掌握当代家庭道德教育现实状况的最好方法。

第一章 家庭视域中的道德教育

道德和德性是以伦理、人伦为前提的,而中国伦理最深厚的根源在于家庭血缘关系之中。家庭观念强烈地渗透到中国人的心灵深处,并以其作为一切社会关系和人伦秩序的原点,因此,中国的道德生活和道德教育必须要从家庭开始。

第一节 相关概念的界定

一、道德教育

(一)道德教育的研究取向

在我国道德教育理论研究中,道德教育概念与道德概念一样,一直没有一个公认的界定,也许永远都找不到一个公认的界定。出于不同的研究目的,对道德教育下不同的定义,作出不同的解释,这本是无可厚非的。但是,如果我们因此在具体的研究中,都把道德教育看成是一个不证自明的概念,那就成问题了。由于道德教育内涵丰富,研究取向不同而研究的具体内容差异甚大,如不明确自己的研究取向,很容易表面皇皇而论,实际却因对象缺失而陷入逻辑混乱、空泛不实的怪圈。

从目前的研究现状来看,根据研究取向大致可以把道德教育研究分为三类,第一类是从道德的取向研究道德教育,第二类是从教育的视角研究道德教育,前者可以称为道德教育研究的道德取向,后者可以称为道德教育研究的教育取向。此外,还可以把道德与教育结合起来研究,称其为道德—教育取向,构成了道德教育研究的第三类取向。由此可知,三类不同取向的道德教育研究意味着有三类不同的道德教育概念。①道德教育研究的教育取向,即从教育的角度研究道德教育,将道德视为一个自明的前提,侧重对教育之内在规定性的揭示,并沿此规定性对道德教育进行理论解释。道德教育研究的道德取向,即从道德的角度研究道德教育,将教育视为一个自明的前提,侧重对道德规定性的揭示,并沿此规定性对道德教育进行理论梳理和解释。道德教育研究的道德—教育取向,即把道德教育之道德与道德教育之教育有机联结起来思考,侧重对教育之道德目的与道德之教育目的进行揭示,并对此提出理论思考和解释。

总体来看,由于三种取向内具三种不同的“轨迹”而呈现出不同的“景致”,我国当前的道德教育理论研究也因此而区分为“三大阵营”。道德教育研究取向昭示我们,必须牢牢把握道德教育理论研究的逻辑出发点,才有可能取得明晰而深刻的研究成果,才有可能深入并拓展道德教育理论研究,促进道德教育学科的建设和发展。本书主要是从教育取向对中国当代家庭道德教育进行研究。

(二)道德教育的目的

人认识世界的目的是为了改造世界,改造世界的目的是为了更好地满足自己的需要。无论认识世界还是改造世界都是人的本质力量的确证,都与教育行动密切相关。每一种教育行动的产生,都伴随着教育目的的设定。教育目的是教育活动的灵魂,制约着教育内容、手段、方法以及教育成果的实现。对于教育目的而言,学术界有两种流行的看法:“一种认为,严格意义上的教育是一种或多或少独立的事业。它的目的对其自身来说是一种内在的东西。第二种看法则是对这种独立性提出疑问。

---

① 曹世敏:《道德教育文化引论》,2003 年南京师范大学博士学位论文,第 25—27 页。

持这种观点的人认为,没有什么正当理由可以把教育与广阔的社会分离开来,实质上教育是为社会生活作准备的,它为社会提供未来的工作者及公民。"①作为一种特殊教育实践活动的道德教育,由于它在根本上关涉到一个社会总体的信仰、世界观等价值取向,因此,与其他任何类型的教育相比,其自身的独立性和目的性丧失的程度都更严重,所呈现出来的工具性倾向都更为明显。因此,道德教育最容易处于失真状态。

　　处于失真状态下的道德教育不是以人自身的发展作为教育的目的,而是以社会规范,或以宏大的社会发展目标,或以统治阶级的意志作为教育目的。这样的道德教育以一种先验预设的方式"预制"某种终极的理想或价值,并以此来规制和要求现实的人去适应并实现它。这样的道德教育把个体的道德发展纳入到社会发展的洪流中,个体成为社会发展的附庸,个体失去了独立性、内在规定性和目的性,因此这种失真的道德教育的目的不是成就了有道德的人,而是成就了某种理想或某种历史。

　　沦为社会发展目的附庸的道德教育,由于丧失了自身的目的,而表现为"泛政治化"和"泛知识化"倾向。泛政治化的道德教育主要表现为道德教育的目标定位、教育原则、教育方法、评判标准等方面都以政治目的为最终归宿。在目标定位上,泛政治化的道德教育把传授一个社会或一个政党的思想观点或政治准则作为自身的首要目的,这种观点把"德育"定义为"把一定社会的思想观点、政治准则和道德规范,转化为受教育者个体的思想品德的社会实践活动",②而忘却了人的发展才是道德教育的首要目的和最终归宿。在道德教育的方式方法上,忽视人的道德发展和内化规律,以政治运动或政治说教代替个体的道德品德养成训练;其关注重点不是个体的德行修养,而是如何适应政治形式的需要。在道德教育的评判标准上,把政治立场作为一个人品德素质的首要衡量标准,导致的结果是人们对道德现象麻木不仁,而对政治问题却过分敏感。道德教育泛政治化倾向的严重后果是有目共睹的,它造成了道德与人的分离,人成为了政治的"傀儡";为了实现某一政治目标,要求人们牺牲本真的自我去适应现实的一切,这就造成了个人与集体、社会的严重对立;

---

①　[英]约翰·怀特:《再论教育目的》,李永宏等译,教育出版社1997年版,第2页。

②　胡守棻主编:《德育原理》,北京师范大学出版社1989年版,第3页。

在高度政治化价值的牵引下,人被看成是没有七情六欲和独立人格的"神",这样的道德教育目标,仰之弥高,实则弥难,

泛知识化的道德教育表现为对知、情、意、行道德发展完整形态的割裂。在教育内容上以抽象化、形式化的道德知识的传授为主,忽视甚至轻视了道德体验、道德情感的培养,道德意志的熏陶;在道德教育方式上以单向度的道德知识灌输为主,忽视"对话""活动教育""情境教育""隐性教育"等教育策略的应用;在评价方式上以获得道德知识的多少作为评判标准,典型的做法就是课堂上面授道德知识,考场上笔试道德知识,以考试成绩的高低作为衡量道德水平的高低标准,忽视了道德行为表现和道德内在品质等"隐性"评判标准在道德教育中的评价作用。以上种种泛知识化道德教育所培养出来的所谓"人才",要么是有道德知识而无道德品质,知行脱节、知识能力错位的"卫道士",要么是为了谋求功利而行道德之名的"伪君子",这样的道德教育是有名无实的道德教育。

处于本真状态之下的道德教育,其中心问题应该是关于人的问题,以人为中心,道德教育围绕人为中心来选择教什么以及怎样教,并把成就有德性的人作为其核心的价值目标。这样的道德教育相信人、依靠人,造就有德行的人,并依靠有德行的人的活动创造符合人性、合乎规律的社会历史。因此,这样的道德教育是由人的,是人为的,也是为人的。

(三)道德教育的本质

事物的本质寓于现象之中,而事物现象总会折射和反映事物的本质。作为道德教育的本质,应该是丰富多彩的道德教育现象之中所反映出来的区别于其他事物的根本属性,能够反映出道德教育在社会道德价值链形成中独特的存在方式、功能和特征。道德教育是人类教育中的主要组成部分,也是人类较为古老的教育形式,道德教育在基本属性上首先应该是一种教育,因而它具有教育化人的一般特征,但它的本质在于人类将凸显自身自由本性的意义世界传递给人类个体,使个体获得类本质的行为。因此,"体现类本质即自身本性的意义世界是道德教育不可或缺的内容和因素。也就是说,道德教育必须以先于个体而客观存在的意义世界为根本内容和价值取向。舍此,道德教育就沦为没有指向与标

的之抽象形式。"①一方面,道德教育要通过意义活动的落实,实现人的社会化目标,使个体获得符合社会价值指向的道德意识和道德行为,为社会和谐发展提供积极力量;另一方面,通过环境育人的目标,使个体成为一个人格健康的社会人,为个体各种知识能力的获得和全面发展提供精神支持。②

社会道德价值体系的形成是一个长期积淀和构建的过程。在这一过程中,仅仅任由道德个体做自由离子式的布朗运动,无法实现社会道德价值观念的有序整合和社会主流价值体系的定向构建。因此,需要有组织、有目的、有计划的道德教育,才能使无序的道德价值观念和价值目标逐渐走向整合,并形成奠基于无数个体道德价值观念基础之上的社会道德价值体系。众所周知,个体的生命是有限而非常短暂的,他不可能自然地再现社会生命发展的全部过程,事实上个体的这种探索也是不现实和没有必要的。相对于动物的成熟本能而言,人类社会及其个体需要后天的教化方可获得现实的生存能力。从人类社会的意义上来说,人和人的存在和发展都是由自身所创造的产物。人作为"未完成的生物",其现实的生存和发展都需要后天教育所赋予。所以,"个体成为真正人的过程,不是自足的实现过程,而是通过人类自身的文化传递而完成自身的类化,在此意义上说,道德教育就是人类的文化遗传。"③换言之,社会道德价值体系一经形成,便会成为一个基本社会道德秩序不可或缺的维系力量,并反过来对个体道德价值观念和道德价值行为起到引领、规范、调控的作用,这一潜移默化的系统性教化过程本质上就是道德教育过程。

道德教育对个体教化的终极目的在于:通过教化,使个体获得第二天性——文化生命,因此突破了自然逻辑而完成了第二次诞生,即社会人的诞生。作为客观精神的"道德"成为个体内在的本质规定性,即个体分享了社会本质,并以行动将社会本质体现出来。至此,个体完成了从现象学的人即个体与社会本质相分离,到分享社会本质并与社会本质相

---

① 许敏:《道德教育的人文本性》,中国社会科学出版社 2008 年版,第 27 页。

② 刘先义:《道德价值论——道德教育中的价值问题研究》,2008 年山东师范大学博士学位论文,第 32 页。

③ 许敏:《道德教育的人文本性》,中国社会科学出版社 2008 年版,第 28 页。

统一的社会存在,成为社会的个体。

二、家庭教育

家庭是人类最普遍、最基础性的社会组织,也是每个人不可或缺的最重要的日常生活领域,其对个体的影响最为深远,具有无可替代的特殊性。对于未成年人来说,家庭是人生的第一所学校,父母是人生的第一任教师;其对社会的最初认识与理解,也是从家庭开始的。因此,家庭对每个人的意义和重要性是不言而喻的。

关于家庭的涵义,有许多不同的概括。总体而言,一是注重家庭的生物学属性,"家庭即以婚姻关系为基础,以及由血缘关系或收养关系组成共同生活的社会细胞"①;"家庭是以姻缘和血缘(包括拟血缘关系)为纽带,以这些人共同生活为特征的社会生活共同体"②。二是强调家庭的社会属性,"家庭是以一定的婚姻关系、血缘关系或收养关系组合起来的初级社会群体。就社会群体的发生来说,家庭是人类社会最原始的社会结合形式。在复杂的社会有机体中,它又可算是社会的缩影。就人类个体的生长来说,它是个人最初加入的群体,是个人与社会联系的桥梁。"③三是把家庭的社会属性与生物属性结合起来进行定义,"家庭是以婚姻、血缘、收养为基础的一种社会生活组织形式。家庭是社会的细胞,是社会生活的基础,是组成社会的基本单位。家庭具有自然属性和社会属性,家庭的自然属性在于它是以两性关系和血缘联系为其自然条件的;家庭的社会属性在于一定的家庭形态,总是同社会发展的一定阶段相适应的,只有透过一定的社会历史的发展阶段,才能科学地认识家庭制度的本质和发展规律。社会性是人类的根本属性,家庭的性质和特点主要是受人类社会属性所决定的。"④

从以上对家庭的不同界定可以看出,家庭包括以下几个共同因素:(1)家庭是以婚姻、血缘和收养关系组成的社会组织;(2)家庭是个体、特别是未成年人的物质生活和精神生活的寓所;(3)家庭是个体走向社会

---

① 王兆先等主编:《家庭教育辞典》,南京大学出版社1992年版,第1页。
② 胡立荣:《家庭教育学》,江苏教育出版社1993年版,第27页。
③ 陈桂生:《教育原理》,华东师范大学出版社1993年版,第273页。
④ 彭立荣主编:《婚姻家庭大辞典》,上海社会科学院出版社1988年版,第152页。

的桥梁,是个人与社会联系的纽带。

家庭是社会的细胞,是个体与社会联系的桥梁和纽带。家庭是个体最早生活和成长的地方,是个体初始社会化的场域。从社会现实情况来看,随着社会开放和社会转型的影响,家庭结构和家庭类型发生了重大变化。家庭人口数量众多、家庭成员关系复杂的传统联合家庭和主干家庭锐减,逐渐被核心家庭所取代;与此同时,家庭类型出现了许多新的形态,如单身家庭、单亲家庭、丁克家庭、隔代留守儿童家庭、空巢家庭等等。家庭结构和家庭类型的新变化为我国的家庭教育和家庭道德教育带来了新的挑战。

家庭教育是发生在家庭环境中的自觉的、有目的的教育行为,是社会教育系统的一个重要组成部分。我们中华民族历来以重视家庭教育著称,家庭教育历史悠久,源远流长,在数千年的历史中,积累了丰富的家庭教育经验和浩如烟海的家庭教育文献。家庭教育作为一门独立的学科,有其自身的特点和规律,但对于家庭教育的界定,却有着不同的理解和表述。

《辞海》对家庭教育的解释是:父母或其他年长者在家庭里对儿童和青少年进行的教育。① "家庭教育就是家长(主要指父母和家庭成员中的成年人)对子女的培养教育。既指家长在家庭中自觉地有意识地按照社会需要和子女身心发展的特点,通过自己的言传身教和家庭生活实践,对子女施以一定的影响,使子女的身心发生预期的变化的一种活动。"②

赵忠心指出:"狭义的家庭教育是指在家庭生活中,由家长,即由家庭里的长者对其子女及其他年幼者实施的教育和影响。广义的家庭教育,应当是家庭成员之间相互实施的一种教育。……在家庭里,不论是父母对子女,子女对父母,长者对幼者,幼者对长者,一切有目的有意识施加的影响,都是家庭教育。"③赵忠心认为家庭教育是双向的,既有年长者对年幼者的教育,也有年幼者对年长者的教育和影响,在信息化的当今时代,这一点与传统家庭教育显著不同。

马和民教授则指出:"家庭教育既指在家庭中进行的教育,又指家庭

---

① 辞海编辑委员会编纂:《辞海》,上海辞书出版社1979年版,第1023页。
② 孙俊三等主编:《家庭教育学基础》,教育科学出版社1991年版,第1页。
③ 赵忠心:《家庭教育学》,人民教育出版社1994年版,第5页。

环境因素所产生的教育功能。前者指的是受教育者在家庭中受到的由其家庭成员施予的自觉或非自觉的、经验性的或有意识的、有形的或无形的等多种水平上的影响；后者则指家庭诸环境因素对受教育者产生的'隐性'影响。"①马和民强调家庭教育既是一种"显性"的直接教育，又是一种"隐性"的间接的环境熏陶。

与马和民教授观点相似，台湾学者王连生将家庭教育解释为狭义和广义两种，狭义指"学前儿童在家庭中接受的教育，即父母对幼儿所施之情感生活之指导，与道德观念之养成"。广义家庭教育指"一个人从生到死，受家庭环境、成员、气氛的直接熏陶或间接影响在感情生活的学习上、道德行为的建立上，获得身心健全发展的指导效益"。②

关于家庭教育的定义还有很多很多，而且随着时代的发展还将赋予其更丰富的内涵。纵观古今对此的论述，我们不难发现，家庭教育的内涵在逐渐发掘和拓展，其内涵从开始所指的父母对子女尤其是未成年子女的单向度的教育，拓展到包括家庭所有成员之间的多向度的相互影响与教育；从开始直接的"显性"教育，拓展到环境熏陶等影响的间接"隐性"教育。随着对家庭教育研究的深入，其内涵被逐渐揭示出来。

三、家庭道德教育

中华民族历来以重视家庭教育著称，而家庭教育的内容主要涉及道德教育，道德教育是家庭教育的核心和灵魂。宋代程颐在《教子语》中开篇就说："人生至乐，无如读书；至要，无如教子。"李惺在《老学究语》中指出："不怕饥寒，怕无家教。惟有教儿，最关紧要。"历史上的仁人志士，在他们的身上往往可以找到家庭道德教育的深刻影响的痕迹，如，孟母教子勿欺，岳母教子"精忠报国"，田稷子母教子勿贪，欧母教子学父清廉，包拯戒子孙勿"赃滥"。重视家庭道德教育成为中华民族的优良传统，是中华民族几千年文明昌盛的一个重要原因，它不仅关系到家庭的和睦兴旺，也关系到社会的稳定与和谐。

家庭道德教育是道德教育和家庭教育分化出来的概念，是指在家庭

---

① 马和民、高旭平：《教育社会学研究》，上海教育出版社 1998 年版，第 445 页。

② 王连生：《亲职教育》，台湾五南图书出版社 1992 年版，第 7—8 页。

这个生活环境中实施的道德教育,它与学校道德教育、社区道德教育相对应,家庭是实施道德教育的一个重要场域。家庭道德教育又简称为"家庭德育"[①]。由于社会变迁和家庭功能的弱化,与古代相比,家庭道德教育的重要性在当代远未引起大家的关注,对家庭道德教育的学术研究也未重视,到目前为止,还尚未出现以家庭道德教育为主题的专著和博士论文,对家庭道德教育还没有形成权威的定义。以下是散见于论文中的家庭道德教育定义。

"家庭德育是家庭教育的种概念,具有家庭教育的一般特征,家庭德育同学校德育有一些共同的特征,但两者也有区别,主要在于它们各自的环境不同,从教育社会学层面上看,家庭德育是指家庭生活诸因素影响子女品德发展的过程。"[②]

"家庭道德教育是道德教育的一个重要组成部分,它以家庭为基本形式,通过家庭成员之间,按照一定阶级的道德原则和规范,互相施加道德影响,从而达到培养和提高人们道德品质的目的。家庭道德教育是随着社会经济的不断发展而逐步形成,不同的社会经济形态有着不同目的和要求的道德教育。"[③]

综合以上对家庭道德教育的界定,我们可以知道,家庭道德教育发生的场域是家庭生活环境;家庭道德教育的施教者主要是家长等年长者,但也包括年幼者,他们施加的是有意识的显性教育,而家庭环境因素施加的是无意识的隐性教育;家庭道德教育的目的是使家庭成员的德性得到提高,德性既包括道德规范,又包括人生观、价值观等思想意识,还包括政治观念等;人的德性不是天生的,道德教育是塑造德性的重要途径,家庭是德性的摇篮,人类许多美好的情感和优良品格都是在家庭中培养出来的;未成年是德性形成的重要时期,也是德性塑造的最佳时期,

---

① 从严格意义上来说,"道德教育"与"德育"具有不同的涵义,两者不能完全画等号。德育作为一个更广泛的概念,涵盖的内容更多,它既包括思想政治教育、法纪教育、心理素质教育,也包括道德品质的教育。因此,"德育"的内涵包含了"道德教育"。本书为了行文的方便,有时把"家庭道德教育"简称为"家庭德育","道德教育"简称为"德育"。

② 骆风等:《家庭德育类型及其对子女品德影响的实证分析》,《山东教育科研》2000年第6期,第29页。

③ 乔德福主编:《家庭道德新论》,中国社会出版社2008年版,第188页。

这一时期的德性塑造对其未来的学习和生活都具有绝对性的影响。因此,个人认为,家庭道德教育是指发生在家庭生活环境中,主要由施教者对家庭成员施加的有意识的显性教育影响和家庭教育环境因素对家庭成员施加无意识的隐性教育影响,把一定的道德规范、思想意识、政治观念等道德要求内化为受教育者德性,成就自由而全面发展人格的一种教育活动。

家庭道德教育容易被误解为"家庭道德的教育",其实,家庭道德教育与"家庭道德的教育"两者的内涵差异甚远;家庭道德教育既是家庭教育的种概念,又是道德教育的种概念,所表达的确切含义是指发生在家庭生活场域中的有关道德的教育,这里的教育内容"道德"也包括"家庭道德"的相关知识;而"家庭道德"是"道德"的种概念,"家庭道德"主要指婚姻关系道德和家庭关系道德,具体包括夫妻关系道德、亲子关系道德、兄弟关系道德、亲戚关系道德等。因此,"家庭道德的教育"指的是对有关家庭道德方面的内容进行教育,"家庭道德的教育"可以在家庭生活空间中实施,也可以在学校课堂中或社区中实施。家庭道德教育涵盖了"家庭道德的教育"的相关内容,但有关"家庭道德的教育"的相关内容却不能涵盖家庭道德教育的全部内容。

第二节 家庭道德教育的特点

家庭道德教育与学校德育、社区德育同为德育的子系统,在教育原则、方法上三者有很多相似之处,但由于家庭是一个具有自身特质的社会基本单位,家庭道德教育有其自身特点和得天独厚的优势。

一、教育内容的奠基性和传承性特点

任何个体,一经出生,就自然成为家庭的一员,成为家长(主要是父母)的学生,从这个意义来说,家庭中的教师和学生关系是由生理规律决定的,是天然的。家长教育好子女,这是繁衍的需要,也是承担社会责任的需要,这是光荣的天职。个体降生后就在家庭中生活,家庭成为个体接受外界刺激和教育影响的最初场所,是个体成长的第一所"学校",家

长是其首任"教师"。不管家长是否意识到,从小孩一出生,他(她)就开始接受家庭道德教育的影响,并形成最初的道德意识、道德情感、道德意志和道德行为。家庭道德教育在一个人的成长过程中起着先入为主的奠基作用,奠定了他(她)以后接受其他道德教育的基础。家庭中的道德意识、价值观念、言行和作风对子女产生影响,并有意识地对子女进行思想道德教育、评价与激励,对行为进行管理,使其养成预期的思想道德观念和行为习惯,从而奠定了其日后道德发展的客观基础和主观出发点,对以后所经受的道德教育产生强烈的选择作用。

家庭作为一个代代相继的特殊社会组织形式,具有继往开来的传承性,家风是家庭道德教育具有这一传承性最具典型和最为重要的代表。经过家庭历代相继演变形成的家风,通过潜移默化的影响,一代代传递给后代,形成经久不息的家庭传统。不同历史时期有不同的道德教育内容,但新旧家庭道德教育之间具有不以人的意志为转移的客观必然联系。恩格斯曾指出,在过去、现在和未来所提供的封建主义道德、资产阶级道德和无产阶级道德中,"有一些对这三者来说都是共通的东西","这三种道德论代表同一历史发展的不同阶段,所以有共同的历史背景,正因为这样,就必然具有许多共同之处。不仅如此,对同样或差不多同样的经济发展阶段来说,道德论必然是或多或少地互相一致的"。[1]

二、教育关系的情感性与双向互动性特点

家庭关系主要是由婚姻关系和血缘关系组成,这种血浓于水的关系所形成的天然情感,与同事、同学、师生、朋友关系所产生的情感是不一样的,这层血缘关系使子女对父母的教诲和影响更易于信任、理解和接受,正所谓"同言而信,信其所亲"。而且子女对父母在经济上和感情上的依赖,使得父母在子女的心目中有特殊的权威,另外,父母长辈对子女晚辈的爱是无私、真诚、质朴、深厚的,这必将增强教育的感染力,使道德教育更易于接受。建立在血缘之上的亲子之间的天然情感,有助于家庭成员之间建立信任关系,良好的家庭关系时刻伴随着深刻的情感体验,彼此的亲密接触容易产生安全感和信任感,这种信任关系也是家庭道德

---

[1] 《马克思恩格斯选集》第 3 卷,人民出版社 1972 年版,第 133 页。

教育的一大优势,是学校德育和社区德育所无法比拟的,也是无法替代的。

在家庭环境中,家庭成员之间的道德影响是相互的,教育者与受教育者随时会发生位移而互为教育对象。在我国传统家庭道德教育中,多是建立在长辈对晚辈的单向度道德影响之上,这种僵化的教育关系造就的家庭德育结果是个体守旧而缺乏创新、机械而缺乏灵活、服从而缺乏思考。当代家庭结构发生了重大变化,核心家庭比重大增,小孩在家庭中的地位越来越高,重心下移,家庭成员之间的关系发展为更趋于新型的平等关系。人格上相互尊重、情感上相互依托、心理上相互理解、生活上相互关心是当今亲子关系的主流,虽然长辈在更多的时候是扮演教育者,但长辈说了算的传统已不再被认为是理所当然,晚辈与长辈在教育上出现了更多的互动和平等交流。特别是在开放和信息化的当今,家庭中晚辈能够更快地接受新知识、新观念和新的生活方式,这反过来加大了晚辈影响长辈的机会。由此可见,在家庭中,尽管长辈依然是晚辈的重要教化者,晚辈依然要向长辈学习做人处事道理,但长辈与晚辈之间的影响绝对不是单向度的,而是双向影响。许多事例表明,民主、平等、和谐的家庭关系促进了家庭德育的双向交流与影响,从而加强了家庭的凝聚力,保证了家庭成员德性的共同发展。

三、教育形式的灵活多样性、及时性和针对性特点

家庭道德教育最大的一个优势就是家庭成员共同生活、朝夕相处,因此可以随时随地进行教育。既可进行有目的、有意识的言传身教、榜样示范的显性教育,也可通过家风熏陶、亲子互动等润物细无声的环境因素进行隐性教育。在孩子的启蒙和成长初期,家长与小孩相处时间最长,亲子情感最为浓烈,家长在小孩心目中最具权威,因此可以通过言传身教给孩子灌输各种做人道理,使孩子形成初始的世界观和道德观念。随着小孩的逐渐成长,家长可以通过思想交流和日常生活事件的评论指导,使孩子明辨是非、善恶、美丑,形成对人、对社会、对世界的正确认识,形成良好德性,真正做到道德教育回归生活。家长利用日常的学习、生活、劳动、娱乐等活动自然进行,做到见到什么就教育什么,有什么条件就利用什么条件,德育不受时间、空间等条件限制,是"遇事即诲"的教

育,显示出教育形式的灵活多样性。

　　家庭是一个比较随意、比较放松的地方,成员之间关系密切,没有根本利益冲突,没有人际间的心理防线,言行处于自然、真实状态。另外,家长通常比较了解自己的孩子,俗称"知子莫如父,知女莫如母",所以孩子的个性特长和优缺点,孩子的心理活动特点、言行举止以及心理变化都很容易在家庭中展现出来。因此,家长可以根据自己孩子的道德个性和表现出来的特征进行差别化的、更具针对性的道德教育,并且能够发现子女思想意识潜在的问题,进行及时的教育和疏导,防患于未然。家庭道德教育的及时性和针对性,使教育贴近生活,面对实际,既有利于对症下药,提高教育效果,又有利于防微杜渐,把问题消灭在萌芽状态。

四、教育方法的潜移默化和示范性特征

　　由于家庭道德教育是寓道德教育于日常生活之中,道德教育不仅仅局限于长辈对晚辈有意识的道德说教、评价和激励上,更多的是依赖于家庭环境因素如家庭的经济条件、家庭道德风气、家长文化素质、家庭成员关系等,通过耳濡目染的方法自然而然地渗透到晚辈的心灵和思想道德意识中,潜移默化地铸就了个体的道德品质,恰如老一辈革命家恽代英所指出的那样,"潜移默化四字在教育中为最高法门,而家庭德育尤以此为主要手段"。同学校德育、社区德育相比,由于家长在德育理论和知识水平方面的限制,家长通过言行举止的表率作用和家庭环境的隐性教育来实现"润物细无声"的目的更具现实意义。在家庭生活中,子女在感受家长情感温暖的同时,时常以家长的言行举止作为模仿对象,在家长的示范作用下,子女慢慢懂得人类的各种生活方式、道德意识和道德行为。对此,马卡连柯有深刻的表述,他说:"不要以为只有你们在与儿童谈话,或教育儿童、吩咐儿童的时候,才是在进行教育。你们是在生活的每时每刻,甚至你们不在家的时候也在教育着儿童。你们怎样穿戴,怎样同别人谈话,怎样议论别人,怎样欢乐或发愁,怎样对待敌人和朋友,怎样笑,怎样读报——这一切对儿童都有重要的意义。"①

---

① 〔苏〕马卡连柯:《马卡连柯全集》第 3 卷,人民教育出版社 1959 年版,第 400 页。

五、教育时间的早期性和长期性特点

家长是儿童无可选择的第一任老师,家庭是儿童的第一所学校,家庭道德教育是个体出生后接受最早的道德教育。个体在接受学校道德教育和社会道德教育之前,已经先接受了家庭道德教育的熏陶和感染,家庭道德教育"先入为主"的早期性特点对个体的道德发展产生动力定型作用,形成一种定势,从而为个体一生的道德发展定了一个基调,人们常把家庭喻为个体成长的第一道染缸并认为"染于仓而仓,染于黄而黄"。正因为如此,我国古代家庭非常重视"正本慎始""蒙以养正",认为只有及早对幼儿进行教育,才能培养他们的良好德性。《颜氏家训》中类似观点屡有表达,"当及婴稚,识人颜色,知人喜怒,便加教诲","人生小幼,精神专利,长成已后,思虑散逸,固须早教,勿失机也"。① 蔡元培先生曾说:"家庭者,人生最初之学校也,一生之品行,所谓百变不离其宗者,大抵胚胎于家庭之中。"②

个体在家庭中接受道德教育贯穿一生,是连续的、全程的教育。无论个体接受了多么规范的学校道德教育,终归是阶段性的;即使在学校接受教育的同时,个体也有相当长的时间在家里接受家庭的熏陶;哪怕是从学校毕业后开始工作并走向社会,个体可以做到身体游离于家庭之外,但不可能从心理上脱离家长和家庭的影响。家庭道德教育对个体的影响是从其出生一直持续到家庭解体或个体死亡才结束,可谓是长期而稳定的"终身教育"。

第三节　家庭道德教育的功能

一般来说,事物的功能决定于它的结构。作为一事物内在结构的外在表现以及一事物与它事物作用关系的功能,往往比较敏感地反应外部世界的变化;事物的变化往往直接导致功能的变化,事物的变化甚至有

---

① 庄辉明、章义和撰:《颜氏家训译注》,上海古籍出版社 2006 年版,第 365—367 页。

② 邓佐君:《家庭教育》,福建教育出版社 1995 年版,第 115 页。

时发轫于功能的变化。因此,我们研究一个事物时,不可不研究它的功能,不可不研究在一定时期内该事物所发生的功能性变化。家庭道德教育作为道德教育的一个子系统,它在促进个体道德社会化和推动社会和谐发展等方面具有它的功能。应该承认,目前我们对家庭德育的功能以及新时期家庭德育功能的变化还存在模糊甚至是错误的认识,影响了家庭德育实践及有关家庭德育方针政策的制定和落实。为此,个人认为加强对新时期家庭德育功能的探讨和研究,并树立新的家庭德育功能观,是十分必要的。

20 世纪 90 年代,以鲁洁教授为代表的一批教育理论专家掀起了一场关于道德教育功能的热烈研讨。[1] 这次大研讨是继关于道德本质命题大讨论之后的又一次思想大碰撞,引起了整个教育界对道德教育功能的极大关注。鲁洁教授综合多数学者的观点,把道德教育的基本功能归结为两大方面:一是道德教育的个体发展应用功能,主要包括:个体品德发展功能、个体智力发展功能、个体享用性功能。二是道德教育的社会整合催化功能,主要包括:经济功能、政治功能、文化功能、生态功能。[2] 道德教育之个体功能与道德教育之社会功能之间具有同质异构、相互耦合的关系,两大功能所实施的领域不同决定了它们功能实现机制的差异性。不同的人性论和个体发展论决定了不同的道德教育之个体性功能价值观,不同的社会构成论和社会发展论决定了不同的道德教育之社会性功能价值观。由于受到不同意识形态及历史传统的影响,西方更关注道德教育的个体德性的发展功能,而中国更关注道德教育的社会秩序稳定和发展的功能。立足于人和社会发展的可能性以及现实性需要,发展个体的独立人格和人格的全面发展应该是当今中国道德和道德教育的核心目标。家庭道德教育是道德教育的一个子系统,其功能既具有道德教育功能的共性,又具有其个性特质。

---

[1] 参与这次大讨论的专家学者主要为:南京师范大学的鲁洁教授、班华教授;山东师范大学的戚万学教授;华中科技大学的李太平教授;华中师范大学的李道仁教授;东北师范大学的王逢贤教授、张澍军教授;天津教科院的庞学光教授;浙江师范大学的刘尧教授;绍兴文理学院的马兆掌教授;等等。

[2] 参见鲁洁、王逢贤主编:《德育新论》,江苏教育出版社 2002 年版,第 235—331 页。

一、维系与推动道德文化发展的功能

一个国家、一个民族,在长期的生产生活中,积累和形成了自己独特的道德文化传统,包括思想观念、道德观念、政治观念、价值取向、风俗习惯、生活方式等。家庭作为社会的基本组织,其最主要的两项功能就是生育功能和教育功能。与智育、美育、体育等一样,家庭德育对既定的社会道德文化(包括家庭道德风气)具有维系的功能,即具有使道德文化各要素发生协同作用,维系原有的道德文化及其结构,保持道德文化的相对稳定性的功能。这种功能是通过道德文化的传承和控制来实现的。

教育具有传承文化的功能,这是众所周知的;而道德文化、政治文化、价值观念等的继承和传递,更主要是依靠德育,其中包括家庭德育。德国文化学家斯普兰格曾经分析了教育文化功能的特点,他指出,教育乃是一种文化活动,这种文化活动的开始是使正在成长和发展中的个人心灵与优良的"客观文化"适当接触,把客观文化安置在个人心灵之中,使其成为"主观文化"。"正是由于这种在教育过程中所实现的从客观文化不断向主观文化的转移,人类文化才得以世代相传。"①德育所继承和传递的文化与智育有所不同,智育主要是继承和传递科学文化、技术文化等知识形态文化。而德育不但传承道德文化、政治文化等知识形态的文化,而且传承规范形态的文化,如世界观、人生观以及各种价值观;不但传承浅层规范文化如道德规范、法律规范等,而且传承深层规范文化如价值观等;不但传承理性形态的文化,而且传承各种非理性形态的文化,如情感、信念、态度等;不但传承意识层面的文化,而且还传承潜意识形态的文化,如各种文化心理、社会风尚等。正因为道德教育具有如上特性,因此它在形成个体的人格特性以及传承和发展群体的共同人格特性诸如民族精神、民族意识等方面具有十分重要的作用。

道德文化的传承,不能单单依赖于学校的教育,学校传承的道德文化主要侧重于政治、经济相关内容,只是传统文化的一小部分。而我国深厚的传统道德文化,有很大一部分是不能通过确切的文字、语言所能够表达出来的,只能在日常生活中与上辈人交流或在生活中逐渐体悟。

---

① 鲁洁:《道德教育的当代论域》,人民出版社 2005 年版,第 205 页。

家庭德育在传承和维系传统道德文化方面之所以具有其特殊功能,还与家庭德育的特点有关。在中国,家庭观念强烈地渗透到每个人的心灵深处并以之作为一切社会关系和人伦秩序的原点,把家族血缘关系看作是伦理道德最深厚的根源,把亲人之间的情感赋予人生最重要的意义,没有一个实体能像家庭一样在中国人的德性成长和伦理生活中占据如此重要的地位。因此,中国的道德文化传承机制应该在家庭中寻找解题答案。

应该承认,任何文化传统都蕴含着极其复杂的内容,其中既有带普适性、永久性的宝贵精神财富,也不可避免地掺有受历史条件制约而丧失其合理性的历史包袱。对于前者的继承可以弘扬民族优秀文化传统,在新时代中形成优秀的民族精神和民族性格;但对于后者的继承则可能形成阻碍时代前进的民族劣根性。为此,在道德文化传统的继承中,应该取其精华、去其糟粕。

继承只是为了维系优秀传统,但事物的根本并不只是维系,而是发展。家庭德育具有发展道德文化的功能,即具有使道德文化改变其内容与结构,使其不断发展的功能。社会学家 B. K. 马林诺斯基认为,社会存在着不断推动文化向前发展的"文化促力",其中经济组织、法律和教育是最重要的文化促力。首先,道德文化的发展是由文化自身结构所决定的。一般认为,文化可分为:外层——物质文化;中层——制度文化;内层——思想文化;其中价值观等思想文化为文化的内核。按文化变迁的观点,道德文化的发展发端于物质文化的变迁,物质文化的变迁引起制度文化的变迁,然后再引起思想文化的变迁,这是一种从浅层文化向深层文化逐步推进的过程。浅层文化如物质文化、制度文化的改变尚不足引起一种文化的结构性变化,只有当思想文化等深层文化发生根本性的变化时,文化变迁才得以实现。实践证明,德育在这种深层文化变迁中发挥着极其重要的作用,因为,文化变迁的基本动因还在于人自身,人既是传统文化的承载者,又是新文化的创造者。某一特质文化塑造某一特质的人格,而某一特质人格又形成某一特质的文化。在这一因果循环链中,道德教育应该是突破性的环节。当前,物质文化和制度文化已经发生了质的飞跃,从家庭道德教育的视角来看,家长该如何向家庭成员注入符合新时代要求的新思想、新观念、新道德、新行为方式,以促使家庭成员思想道德观念的现代化,这是实现道德文化现代化的一项重要任务。

其次,道德文化的发展还与异质文化互动规律有关,各种异质文化的互动是道德文化发展的另一重要动因。自从人类从地域文明走向区域文明,并最终走向全球化,各地域异质文化之间的碰撞、对立与交融就没有消沉过。各种文化对异质文化所采取的态度是不同的,而不同态度的反应又往往取决于教育。就道德文化而言,德育可以以一种与本体道德文化传统相和谐的方式消化、吸收并最终同化外来道德文化。经过德育所传播的外来道德文化一般来说都经过了加工与改造,将其中的积极文化营养吸收,并根据本身需要对外来道德文化作出了有利于自身的解释和说明。为此,在与异质道德文化的互动中,既不是对外来道德文化的拒斥过程,也不是被外来道德文化同化的过程,而是一种既吸收、改造、融合外来道德文化的过程,又改造和更新本体道德文化的过程,只有这样,在异质文化的互动中,道德文化才有可能得到发展。

二、促进个体社会化和人格全面发展的功能

注重德育的社会性功能而轻视或忽视其个体性功能,这是德育功能观在我国历史上长期存在的一个问题。社会是由个体组成的,社会与个体应该是互为前提、互为条件的,为此,马克思说:"只有在集体中,个人才能获得全面发展其才能的手段,也就是说,只有在集体中才可能有个人自由。"①但每个人的自由发展是一切人自由发展的的条件。因此,德育对促进个体的全面发展有其独特的功能,这不是社会性功能所能囊括的。

众所周知,每个人从出生到成熟,都经历了一个从自然人到社会人的必然过程。在此过程中,除了必须具备一定的物质生产知识技能外,还必须掌握一定的与人、与社会打交道的知识和技能,也就是说,还必须掌握一定的人伦风俗、行为规范、道德规范,具备一定的思想道德观念。这些规范、观念首先来自于人生的第一所学校——家庭的熏陶,来自于人生的第一任老师——家长的榜样示范、谆谆教诲和循循善诱。家长的

---

① 《马克思主义全集》第 3 卷,人民出版社 1960 年版,第 84 页。

道德素质、言行举止、家庭风气成为个体学习、模仿、认同、实践的第一本教材，并以此逐渐内化为自己的一套行为方式和道德观念。由于家庭德育的奠基性和影响的深刻性，成为一个人道德发展的背景。家庭既是个体的襁褓，又是个体进入社会前的模拟社会场所，家庭德育能够激发个体本身所具有的道德潜能，保存和扩充个体的道德本性，树立正确的道德价值观，矫正不良的道德行为和道德观念，进而自觉地遵守各种道德原则和道德规范，实现个体的社会化，以德性个体进入社会。

家庭德育还在促进个体道德人格的全面发展方面具有重要作用。个体的道德人格包括十分丰富的内涵，它由多方面、多层次的因素所构成。从横向来看，由于我国一贯强调德育的政治性功能，学校德育和社会德育在人格塑造方面所发挥的功能比较单一，重视政治品质的培养而轻视或忽视了思想和道德品质方面的教育。与学校德育、社会德育正好相反，家庭德育首先重视的是道德品质的教育，其次就是思想品质的教育，而政治品质的教育通常在家庭德育的视野之外。从纵向来看，学校德育和社会德育往往重视在较高层次的意识方面发挥其功能，如使受教育者掌握较为系统的理论，形成较为自觉的思想观念等，而对社会心理倾向、心理素质、性格、气质等浅层次方面的培养却很少顾及。这些浅层次方面的社会心理倾向、个性心理特征都属于自发、不系统、不深刻的反映形式，这恰恰是家庭德育的教育重点和教育效果最好的领域。应该看到，作为一个完整的个体，他的深层次或浅层次的反映形式都是相互联系、相互渗透的，在人格塑造方面只注重某一层次而忽视其他层次，往往难以奏效。

从历史经验来说，人们一谈到德育，往往首先想到的就是如何教育个人遵守各种社会道德规范，对德育成效的评判也往往以人们在现实生活实践中遵守社会道德规范的程度作为衡量标准，也就是说，德育功能往往被认为是对人的行为和思想进行约束的功能。其实，德育在发挥其约束性功能的同时，更应该发挥其使个体获得更多自由、更多解放的发展性功能。首先，约束性功能的正确发挥，使个体懂得怎样正确对待人与自然、人与人、人与社会之间的关系，学会正确为人处世的方式，从而有利于个体自身的发展，也有利于自然、社会的发展，这种约束的过程就是获得自由的过程。约束性功能是个体掌握世界普遍规律、获得自由的手段，是个体自身发展之必需，最终目的是使个体所遵循的规范都能变成自律的规范。其次，我们知道，每个历史时段都有它的历史局限性，道德等社会规范也不例外。当面对不合理和不符合时代发展方向的约束性规范时，德育应更多地发挥其促进自由、解放的发展性功能，通过德育使个体认识到并非所有现存的都是合理的，每个人在维护自身的合理权益、自由和个性发展方面都有自主选择权。无论是从人类社会发展史还是从个体发展史来说，较之德育的约束性功能，发展性功能是德育的更高级功能。

三、维护和促进社会发展的功能

从历史来看，德育一直是为社会制度的巩固、发展，为社会整体关系的协调而服务。虽然历史上的德育也常提起促进个体人格完善的必要性，如孟子所说的"人皆可以为尧舜"（《孟子·告子下》）；荀子所说的"涂之人可以为禹"（《荀子·性恶》）。二程所说的"人人有贵于己者，此其所以人皆可以为尧舜"（《二程遗书》卷二十五）；王守仁所说的"复其本体之同然"，"满街上都是圣人"，等等。但德育对个体所培养的各种思想品质也都是以社会为出发点的，亦即完全以社会为本位来培养每一个个体。从现在来看，这肯定是失之偏颇和错误的。但在一定历史条件下，这又不是完全不合理，因为当社会处于不发达阶段时，当"类"与"个体"尚未实现高度统一时，社会的需要常常被视为第一性的需要，而且这种社会需要又往往与个人需要存在矛盾。在社会主义初级阶段的今天，这种矛盾还没有完全消除，因此，德育在促进个体全面发展之际，还必须实现维护和促进社会发展的功能。

家庭德育通过传播一定社会的政治思想、道德规范、价值观念，维护了社会的稳定。家庭是一定社会历史条件下的一个基本组织，为了自身的生存和繁荣，其不得不适应社会环境，甚至要迎合社会的需要，家庭德育也就在自觉或不自觉中灌输了为当时社会所认可或褒扬的道德规范、思想观念和价值理念。当更多的家庭加入这种行为，以传播社会所认可的道德规范、价值观念为己任时，就会形成一种社会风尚，促成了一种"民风淳朴"的和谐状态，维护了社会的稳定。在这些行为的背后，是统治者的目的和意图的体现，例如，在中国封建社会时期，统治者为了达到

"治国安民"的目的,强调"齐家"是"治国、平天下"的基础,而"齐家"的中心任务就是通过家庭教育把家庭成员培养成在道德上符合统治者利益的"忠君"顺民,以维持天下的太平和社会的稳定。统治者的需要使得中国封建社会的家庭非常重视家庭德育,集封建伦理道德规范于一身的"家训""家范"因此而大量问世与流行,家庭德育的社会性功能见证了中国长达数千年的封建历史,虽然令人诟病,但其中两者之间的关系却值得深思。

通过家庭德育向社会输送合格公民或统治人才。家庭德育的直接功能是促进个体道德人格的全面发展,输送合格人才等社会功能是家庭德育的间接功能,家庭德育的社会功能要通过直接功能的发挥而实现。教育是统治者获取合格人才的主要途径,而家庭教育是教育的一个重要组成部分。在工业文明之前,由于学校教育非常不发达,家庭教育是培养人才的重要渠道,家庭教育不但教生产、生活知识技能,而且在"学而优则仕"的诱导下,直接为统治者培养统治人才。随着社会的发展和学校教育的空前繁荣,家庭教育中知识教育和技能培养的功能逐渐向外转移,但家庭在思想意识、道德观念的德育方面仍旧发挥着基础性的作用。直到今天,美、日、德等发达国家依然非常重视家庭教育特别是家庭的伦理道德教育和价值观教育,例如,美国前总统小布什在《重视优等教育》一文中强调"必须把道德教育价值观的培养和家庭教育的参与重新纳入教育计划"[①]。

另外,通过家庭德育陶冶人们的思想道德,提高公民的精神文明程度和境界,进而提高劳动者劳动的主动性、积极性和创造性,从而维护和促进了社会的发展。

由以上分析可知,家庭德育的社会功能其实质就是意识形态教育,目的在于维护一定的政治秩序和社会秩序,整体至上和秩序至上是意识形态教育的原则。作为意识形态教育的家庭德育的目的在于培养个体的政治情绪或爱国心,从本质上来说,家庭和个体需要秩序的基本情感也为这种教育提供了可能,这样,意识形态教育就与道德教育完美地合二为一。

---

① 参见戚万学、唐汉卫编著:《现代道德教育专题研究》,教育科学出版社 2005 年版,第 127 页。

　　立足于人和社会发展的现实性需要,发展个体的独立人格和人格的全面发展应该是当今德育和家庭德育的核心目标。只有当家庭德育在个人领域充分发挥它的功能,家庭德育的社会性功能即意识形态教育的功能就不会被强化,家庭德育也就不会被视为"异化"的德育。要真正实现造就个人精神世界本真意义的德育,尚有待于社会进一步发展。在未来一定历史时期内,应该在顾及德育社会性功能的同时更重视个体性功能的发挥,这才是现实的选择。

第二章　家庭道德教育之理论基础

　　家庭道德教育与任何道德教育理论一样,不但受道德哲学影响,而且与道德心理学相涉、与道德社会学相连。道德哲学研究的是道德是什么以及什么样的道德才是理想的道德等价值问题;道德心理学针对的是道德、品质、良知等如何在个体身上发生发展的心理机制问题;而道德社会学考察的是道德、道德教育与其他社会现象的关系,以及它们对于社会存在、社会正常运转和持续发展的意义等问题。如果说人们需要道德哲学为家庭道德教育的实施确定一种理想和目标的话,那么,道德的心理学则为家庭道德教育提供一种道德生成的心理机制的分析方法和途径。道德和道德教育不仅仅是一种个体的心理和行为现象,同时也是一种社会现象。可以说,离开了人与人的互动,离开了社会,就没有道德的产生、存在和发展,道德教育也就无从谈起。因此,对于家庭道德教育而言,哲学的价值引导和心理学的机制分析固然重要,社会学的解释也不可或缺。

第一节　家庭道德教育之哲学理论基础

　　道德教育能否生成真正的道德人,关键在于指导其教育的哲学根据是否合理;价值上无根或者不合理的根据都会使道德教育无以维持其合理的存在,从而不仅不能达到道德教育的目的,相反会导致道德教育成为道德的异己力量。在一定意义上来说,有什么样的道德教育哲学,就会有什么样的道德教育。因此,深入思考道德教育背后的哲学问题,是揭示、理解和指导现实道德教育的前提和关键。

一、道德教育中人的问题

人是一切道德教育活动的中心,一切教育的问题都是人的问题。"人的问题"是道德教育活动的前提性问题,关系到道德教育缘何存在,是对道德教育的"元"追问。"任何教育理论,不论是有意的,还是无意的,它多必然要建立在某种人性假设的基础之上。"[①]了解人是教育的前提。道德教育是立足于人之上的教育,古今中外的道德教育理论家和实践家都意识到这个问题,都概莫能外从他们对"人"的理解中生发出他们各自的理论和实践。

在中西方的教育史上,道德教育长久以来建立在抽象的"人性"基础之上。在中国,对人性问题进行集中的讨论与争辩最早发生在先秦时期,在当时,中国的先哲们以人性善恶之辨,推演道德善恶之终极标准,构筑道德的形而上学,并在此基础上论证和构建社会的政治伦理教化措施与人格心性修养的践履途径。其后,贯穿于整个中国传统社会的"义利之辨""理欲之争"的人性争辩,及"养浩然之气""化性起伪"的道德教育的实践方式之争,都与此有关。在西方世界,古希腊对"智慧"的热爱,道德教育遵循"知识就是美德";到中世纪的"原罪说",道德教育就是向上帝"忏悔"和"赎罪";再到近代功利主义盛行的"道德是必要的恶",道德教育就是教人"趋利避害";与此同时,近代的康德认为道德来源于人的"善良意志",道德教育就是培养人的"普遍理性",黑格尔认为"道德是伦理的造诣",道德教育就是使精神不断外化,等等。由此可见中西方道德教育的发生逻辑,即中西方的道德教育分别以不同的方式建立在各自的"人性论"基础之上,以"人性论"基础追寻社会的道德观念,再以社会道德观念所涵涉的价值来统摄道德教育,便是中西方"人性论"与道德教

---

① 鲁洁:《道德教育的当代论域》,人民出版社 2005 年版,第 3 页。

育之间的逻辑关系。[①]

由于中西方都把"人性"作为道德教育的立论基础,都试图追寻"普遍的人性",与此相对应,在道德教育的目的设定上追求普遍的"共相"即一种"理想的人格",因此在道德教育中都体现了"超越"的价值取向。与此同时,由于彼此在社会环境、文化、思维方式等方面存在巨大差异,中西方在道德教育中又表现出不同的价值表现方式。从中西"人性论"的差异来看,中国"人性论"取向于"人""禽"有别,而西方则取向于"人""神"分殊。因此中国的道德教育是追求"圣人""君子"的理想人格,主张"超凡入圣";而西方的道德教育是追求"神"的理想人格,主张"超凡入神"。从中西方追求"超越"的修身方式来看,中国强调"自觉",主张"内省""反求诸己";而西方强调"自愿",主张"求知""明智"。

这种以"理想人格"为追求的中西方道德教育,其实质是从抽象的人性出发,用"预设的人格"设定道德教育的目的,其结果必然造成既脱离现实,又难以趋附。这种颠倒意识与存在、思想与现实的关系的做法,马克思和恩格斯称之为"德意志意识形态"。"追求'预设的人格'是道德教育立于抽象人性基础之上最大的'德意志意识形态性'。"[②]其实,"人性"与"人"是两个不同的范畴,"人性"是人的属性,是对人的抽象概括,"抽象的人性"是关于人的观念、意识的一套理论主张。而"人"是从事生产劳动和创造历史的现实的人,从本质上来说,它是社会关系的总和。

对于中国传统道德教育而言,基于"圣人""君子"理想人格的目标追求,无论是孟子主张的"反求诸己",王充主张的"学者所以反情治性,尽材成德",还是宋明理学主张的"致良知"等,都要求修身者自觉接受外在于己的"天命""理法",通过"养心""起伪"的功夫实现"道德"。这是一种内在的超越方法,企图超越感性的现实世界,从而达到理想的"圣人"境界。这种超越无法摆脱归附于封建教义之下的"命运"安排,甚至连对封建教义本身的正当性进行追问的勇气也没有,更谈不上在"批判现实的道德生活中发现新的道德生活"。传统道德教育将培养"绝对利他"主义

① 李建国:《教化与超越:中国道德教育价值取向的历史嬗变》,2010 年华中科技大学博士学位论文,第 36 页。

② 李建国:《教化与超越:中国道德教育价值取向的历史嬗变》,2010 年华中科技大学博士学位论文,第 39 页。

的个人作为其最终的依归,这种绝对利他主义的个人是集体存在的根基,从而维护了传统的价值体系。"重整体而轻个体的价值取向,对于教育人民讲求国家与民族的整体利益,强化民族的凝聚力,以及培养学生整体的系统思维能力,具有一定积极意义,但也在某种程度上诱发了家长主义、王权主义、乃至专制主义,压抑、约束了人的个性与能动性。这种价值取向既能塑造出虚怀若谷、尊敬师长、热爱集体的高尚品质,也可能会培养出谨小慎微、阳奉阴违、自卑自抑的消极人格特征。"①

　　近现代以来,中国传统所倡导的"圣德式"的道德教育日渐衰微,个人的权利逐渐张扬,从一个侧面说明建立在抽象人性基础之上的"道德理想国"是靠不住的。马、恩在《德意志意识形态》中开宗明义地指出:"我们开始要谈的前提不是任意提出的,不是教条,而是一些只有在想象中才能撇开的现实前提。这是一些现实的个人,是他们的活动和他们的物质生活条件,包括他们已有的和由他们自己的活动创造出来的物质生活条件。"②道德是为人的,是人为的,是由人的;道德教育是对人的教育,探讨道德教育离不开对人的探讨;人是现实的存在,人的本真存在状态就是人的生活。从人的存在状态探讨人的道德教育,道德教育就成了人的存在方式。

二、作为人的存在方式的道德教育

　　人是自然界中一种独特的存在物,他不仅存在,而且对自我的存在有所反思,去追问"何以存在""怎样存在""存在的意义是什么"等问题。物性的存在和生物的存在是人在世的基础、前提和手段,"社会"存在的生活方式是人的根本的在世方式。人在世的方式具有复杂性和多层次性,不同层次的在世方式呈现出人的不同存在状态。但作为有意识的存在物,人的在世都希望过真正人的生活,而真正人的生活是靠人的自觉的有目的活动来完成的。人们"怎样表现自己的生活,他们自己就是怎样。因此,他们是怎么样的,这同他们的生产是一致的——既和他们生产什么一致,又和他们怎样生产一致"。③

---

① 　朱永新:《中国古代教育理念之贡献与局限》,《教育研究》1998 年第 10 期。

② 　《马克思恩格斯选集》第 1 卷,人民出版社 1995 年版,第 66—67 页。

③ 　《马克思恩格斯选集》第 1 卷,人民出版社 1995 年版,第 68 页。

生活世界中的一切都处在永恒的变动当中,一切的现实都将成为非现实,这是生活世界本身的内在规定性。"人不是在某一种规定性上再生产自己,而是生产出他的全面性;不是力求停留在某种已经变成的东西上,而是处在变易的绝对运动之中。"①换句话说,就是人永远处在未完成状态中,正如海德格尔所言:"人总是作为一种可能性而存在的。"②因为人的生命历程充满了未完成性,所以"一切皆有可能",那么如何将"向死而生"的生命历程丰富起来、精彩起来呢? 如何将生命本身所具有的潜能最大程度激发出来? 这就给教育留下了足够的发挥空间。为此,朱小蔓指出:"人是一个不断生成的过程,任何一个阶段既是下一个阶段的过渡环节,更是自具目的意义的一段人生。从这个意义上来说,教育不应只是生活的准备,而是人的一种生存方式。"③

人的现存状况是道德教育的现实出发点,道德教育虽然不能建立在"人性恶"或"人性善"的"抽象人性论"基础之上,但道德教育却必须思考"培养什么样的人"的问题。道德教育必须从人的现实存在状况出发,这样才是科学的道德教育,才是为人的、人为的和由人的道德教育。人存在的最大现实是它的发展性与关系性。"从人的发展性的存在状态来讲,作为人的存在方式的道德教育,必须从人的'完成与未完成','现实与理想','确定性与非确定性'之间的矛盾展开中去把握,把实现人的内在超越性的德性培养作为道德教育的旨归。"④

发展性是人之存在的一个重要维度。人的"未完成性"意味着人永远处在发展之中,由于人永远处在未完成状态中,人总是试图不断超越自我,在身体上追求更高、更强、更快,在科学上追求更尖端、更深远,在生活上追求更完美、更舒适,等等。人的发展性表现在道德教育上就是要培养人的内在超越性。人的超越性首先表现为人有超脱自己现实处境的强烈冲动和努力。"人从不满足周围的现实,始终渴望打破他

---

① 《马克思恩格斯全集》第 42 卷,人民出版社 1972 年版,第 124 页。

② [德]海德格尔:《存在与时间》,陈嘉映、王庆节译,生活·读书·新知三联书店 1987年版,第 24 页。

③ 朱小蔓:《教育的问题与挑战》,南京师范大学出版社 2000 年版,第 126 页。

④ 李建国:《教化与超越:中国道德教育价值取向的历史嬗变》,2010 年华中科技大学博士学位论文,第 45 页。

的——此时——此地如此存在的境界,不断追求超越环绕他的现实——其中也包括他自己的当下现实。"①人总是不满足于自己当下的现实遭遇,都有一种对理想生命存在形态的谋划,对理想人生的向往。人就是在这种不断自我超越中成为人的,可以说,追求自我超越是人的本性。对于道德教育而言,就是按照某种超越于现实的道德理想去塑造和培养人,促使人去追求一种理想的精神境界与行为方式,以此实现对现实的否认。超越性最大的功用就在于激发人的道德激情,涵养人的道德品行,提升人的精神境界,使人成为人的存在,过属于人的生活。因此,培养人的超越性的精神品格是道德教育的最高目的。

人的发展最终是在现实社会中的发展,社会实践的广度和深度为人的发展设置了基本的边界。值得注意的是,超越性一旦严重脱离人的存在现实,就会出现重大的偏颇。西方近现代众多道德哲学家在追求超越性的过程中赋予人的精神即"自我意识"以绝对自由,过度张扬人的主体性,致使道德教育对德性人格的培养内含着一种"主体主义"的倾向,造成了个人与他者极度紧张和个体与社会极度对立。"主体主义是20世纪人类一系列思想的集中概括和总结,人类中心主义、个人主义、国家主义、民族主义是主体主义的重要表现或重要组成部分。20世纪西方道德教育理论深深地扎根于主体主义思想之中。"②

雅斯贝尔斯认为:"在可料性与奇迹之间,对行动的负责是先于超越的。"③道德教育的根本旨趣在于使人过一种属于人的生活,在于促使人对生活世界本原的领悟,在于促进生活世界本身的秩序与和谐。生活世界本身是整体的、丰富的、真实的、鲜活的,因此植根于生活世界中的人也应该是完整的、多样的、多彩的、灵动的。因此,对人的道德教育应该关注现实的人而非抽象的人和虚假的人,应该关注整全的人而非片面的人、偶然的人。

---

① 　[德]马克斯·舍勒:《人在宇宙中的位置》,李伯杰译,上海译文出版社1989年版,第34页。

② 　李太平:《20世纪西方道德教育理论的特点及其思想根源》,《比较教育研究》2003年第9期,第1—5页。

③ 　[德]雅斯贝尔斯:《什么是教育》,邹进译,生活·读书·新知三联书店1991年版,第36页。

关系性是人之存在的另一个重要维度。众所周知,人的实践活动是人存在的最大特征,人通过实践活动不但创造了满足人生存的物质基础,而且在实践活动中创造了各种关系。实践活动和关系是理解人的本真存在的最现实基础。一方面,社会是由人的实践活动所构建起来的,换言之,社会是存在于人的实践活动之中和作为人的实践活动的结果而出现的,"人不是抽象的蛰居于世界之外的存在物,人就是人的世界,就是国家,社会。"①另一方面,在现实性上,人是一种关系性的存在,"人的本质并不是单个人所固有的抽象物,在其现实性上,它是一切社会关系的总和"②。人的社会本性不是一成不变的,它随着社会和社会关系的变化而发展;人时刻处在由各种关系组成的人类共同体之中,人的创造性实践活动和行为选择,又必须合乎共同体存在和发展的需要,并受到这种需要的制约。

人的存在状态是一切道德教育的最现实出发点。"从人的关系性的存在状态来讲,作为存在方式的道德教育,必须从'自我与他者','社会与个人','自律与他律'之间的矛盾运动去把握,把现实社会关系和谐的理智德性的发育作为道德教育的核心。"③

道德教育与其他教育一样,总是在人与人的关系中进行的,是一种人对人的活动。人一生下来就处在人与人的关系之中,人的生成与发展,无论肉体的或精神的,都表现为一种关系的生成与发展。为此,即使从个人主观性出发的存在主义的萨特也不得不说:"那个直接从我思中找到自己的人,也发现所有别的人,并且发现他们是自己存在的条件。"④每个自我的存在也只有通过他人的存在而呈现并得到确证,非关系性存在的人在事实上和经验中都是不存在的。在人类发展初期,单独的个体无法在与自然的抗争中生存,人与人之间是一种完全的依赖关系,每个自我都没有独立存在的价值和意义,只能作为整体的一个分子而存在。

---

① 《马克思恩格斯选集》第 1 卷,人民出版社 1995 年版,第 1 页。

② 《马克思恩格斯选集》第 1 卷,人民出版社 1995 年版,第 18 页。

③ 李建国:《教化与超越:中国道德教育价值取向的历史嬗变》,2010 年华中科技大学博士学位论文,第 45 页。

④ 萨特:《存在主义是一种人道主义》,周煦良、汤永宽译,上海译文出版社 1988 年版,第 22 页。

建立在这种自我生存状态之上的道德教育,其基本取向就是整体主义。对每个个体而言,道德教育所要建构的就是一种以服从、驯服、恪守本分为特征的整体主义人格,它所极力消解的是那种以自主、自尊、自由为主要特征的独立性人格,以此为目的的道德教育必定是在人对人的约束和强制灌输中进行的。① 随着生产力的发展,人逐渐从"人我不分""人群不分"的整体主要状态中走出来,人的个性逐渐得到了张扬,以物的依赖性为基础的独立性开始确立。与这种独立性相适应的是莱布尼茨所称的"单子式个体"。在单子式的生存方式中,个体是彼此分离和对立的,人与人之间的关系是疏离的,只能借助于外在的契约而撮合在一起,各种规制当然地走向了前台,成为维系人与人之间的主要手段,而道德则必然被驱逐出社会的中心而边缘化。既然单子式的个体是彼此分离和对立的,当然就没有共同的价值可言,道德教育能做的事情就只能是为个体提供作出自己价值(道德)判断的方法指导而已,"价值澄清"的道德教育模式堪称它的典范。因此,这类道德教育如果说它还算道德教育的话,也只能说是失去灵魂和失去价值的道德教育。当代人类生存方式在信息化、全球化背景下发生的巨大变革,人与人之间呈现了一种新的关系结构,表现为一种自主、自由,具有共同价值观、共同取向的主体间的伙伴关系。当代法国哲学家列维纳斯以一种伦理学观点对人与人的关系进行了考察,他认为主体间性是一种不同于整体主义的社会,它建立在对他人负责的伦理关系的基础之上。主体间性具体表现为共生性,它既继承了整体主义存在方式的相互依存、相互融合,又否定了整体主义不分"我""你""他"的未经分化的浑然一体,否定了无个体独立性的依赖、从属与归附;它承续了单子式存在的人之独立性,但又否定了那种自我完成、脱离关系的单子式存在,而是在与他人、与外部世界发生互动关系中能够做出独立选择、独创性构建的,具有本身独特价值,从而获得独立人格尊严,存在于关系之中的独立。② 由此可见,主体间性所反映的"共生性""共在性"存在方式既是对单子式存在和整体主义存在的超越,又是对长期处于两极对立之中的自我—他者、个人—社会的超越。如何从单

---

① 参见鲁洁:《道德教育的当代论域》,人民出版社 2005 年版,第 55 页。
② 参见鲁洁:《道德教育的当代论域》,人民出版社 2005 年版,第 63 页。

子式和整体主义的存在方式走向"共生性"的存在方式,在一种新的生存理念中实现人的全面转型,这是当代道德教育无可逃脱的历史使命。

三、作为本真意义的道德教育

马克思认为:"感性必须是一切科学的基础。科学只有从感性意识和感性需要这两种形式的感性出发,因而,只有从自然界出发,才是现实的科学。"①因此,从现实的个人及其生活出发,而不是从抽象的人性出发,才是立足于人的存在方式基础上的本真道德教育。卡西尔也认为:"要认识人,除了去了解人的生活和行为以外,就没有什么其他途径了。""但是,要把我们在这个领域所发现的东西包括在一个单一的和简单的公式之内的任何企图,都是要失败的。"②

除了观察人的具体表现之外,我们没法研究人性,"我们不是从人们所说的、所设想的、所想象的东西出发,也不是从口头说的、思考出来的、设想出来的人出发,去理解有血有肉的人。我们的出发点是从事实践活动的人,而且从他们的现实生活过程中还可以描绘出这一生活过程在意识形态上的反射和回声的发展"③。建基于"抽象的人性"善恶概念逻辑推演基础之上的道德教育,容易忽视人的发展性和关系性这一生存方式基本事实,从而走向在逻辑推理中追求"理想人格"的"德意志意识形态"之路。这种普遍的"理想人格"要么是彼岸世界的"神人",要么是此岸世界的大写的"抽象人";这样的道德教育与其说是一种真正的"无人"的道德教育,不如说是一种"反人"的道德教育。这样的道德教育完全忽视现实的诉求,把受教育者看成是可以任意改造的可塑物。

建立在"抽象人性"基础之上的道德教育在现实实践中表现为把道德教育演变成"改造人性""改造国民性"的问题。从传统儒家主张心性修养以造就适应整体性社会需要的奴性人格,到新文化运动的干将们所主张的改造国民性;从傅立叶所创建的集体组织"法郎吉生产联合会"、欧文所创导的"人类可以被塑造成任何形式的性格",到中国"文化大革命"中用共产主义的理想来框制和改造新中国的国民性格;以上所有"改

---

① 《马克思恩格斯全集》第 42 卷,人民出版社 1979 年版,第 128 页。

② [德]恩斯特·卡西尔:《人论》,甘阳译,上海译文出版社 2004 年版,第 17 页。

③ 《马克思恩格斯选集》第 1 卷,人民出版社 1972 年版,第 30 页。

造国民性"的历史经验都证明是失败的,所有改造人性的理论和所有用理想来取代现实试图建立"道德理想国"的实践做法都证明是错误的。因为,它们的立论前提是错误的,人性本身没有善恶之别,人的行为和意识才有善恶之分,"善或恶在根本上是与行为,而不是与个人的感受相关联的。如果某种东西应该是,或者被明确地(和在所有方面无条件地)理解为是善的或是恶的,那么它只是行为的方式,即意志的准则和作为善人或恶人的行为者本人,而不是任何一种可以被称为善的或恶的事物。"[①]人性是人生而固有的本性,张岱年也认为,人性"这个意义的性,用现代的名词说,即是本能"[②]。这个正如俞吾金所言:"人性是人的自然属性,是先天的,善恶则是后天的,所以人性不可以言善恶。""善恶概念不能用到人性上去,而应当用到人的社会属性对自然属性的指导方式上去,所以善恶概念只与人的社会属性有关,而与人的自然属性无关。这样一来,'人性究竟是善的,还是恶的?'这一问题就被取消了,取而代之的则是人的本质与善恶的关系。"[③]因此,道德教育的基础不能再建立在"抽象人性"之上,而要转向人的本真生存状态;道德教育不能狂妄地改造人性,而是要关注人的生命、人的现实生存状态。

道德教育的目的就在于成就人的德性,使人过一种属人的道德生活。道德教育不是消除和改造人性,而是在不断改善人性表现的方式,以改善人性表现方式的方法来创新新人。因此,道德教育的正确途径应该是对现实的道德生活进行反思性的批判,在批判现实的道德生活中发现理想的新的道德生活。

人区别于动物的一个重大特征就在于人能够从事有意识的实践活动,人的有意识实践活动成就了人的理性,使人具有了社会属性,并不断通过自己的社会属性来改造人的自然属性,使其具有了"文化"与"人化"的特征。"正因为文化或曰'人化'是由人的活动生发出来的,因而改善人的活动方式,便会相应的改善'人化',进而造就真正道德的人。而人

---

①　转引自俞吾金等:《善恶与教化——兼论基督教和儒学的人的理论》,《复旦学报》(社会科学版)2000 年第 3 期。

②　张岱年:《张岱年全集》第 3 卷,河北人民出版社 1994 年版,第 551 页。

③　俞吾金等:《善恶与教化——兼论基督教和儒学的人的理论》,《复旦学报》(社会科学版)2000 年第 3 期。

的活动方式改善的实质,在于改善人与人之间在活动中的关系。"①"人与人之间在活动中的关系"这一关键因素决定了道德教育的性质具有历史性和阶级性,"社会直到现在是在阶级对立中运动的,所以道德始终是阶级的道德;它或者为统治阶级的统治和利益辩护,或者当被压迫阶级变得足够强大时,代表被压迫者对这个统治的反抗和他们的未来利益。"②因此,以某一个阶级的道德取代另一个阶级的道德进而以"普世"的姿态叫嚣的道德,不是无知就是忽悠。总的来说,道德和道德教育也和人类的其他方面一样是在不断进步的,但没有超出阶级的道德,"只有在消灭了阶级对立,而且在实际生活中也忘却了这种对立的社会发展阶段上,超越阶级对立和超越对这种对立的回忆的、真正的道德才成为可能"③。

从现实的个人及其生活出发,立足于人的存在方式基础上的道德教育才是本真的道德教育。而现实的生活是一个连续的过程和结果,因而道德教育是过程性和生成性的集合体,而不是先验的、预成型的存在,人就是在现实与理想、教化与超越的矛盾运动中不断走向自由的。

第二节　家庭道德教育之心理学理论基础

关于道德是如何产生、发展的,历来有不同的看法,其中两种观点最引人注目,一种观点认为道德发展在于道德主体内在的道德结构的成熟与展开,另一种观点认为道德的塑造完全取决于外部环境的性质。然而,大量的事实证明,没有外在力量帮助,人自身包括其"先在的道德结构"就不可能展开或成熟;研究同样证明,没有主体的积极参与,任何外部环境对主体意义生成都难以产生实质性的作用。事实上,"作为人自身发展,特别是人社会性发展的一部分,道德的发展既不可能是单纯的内部力量的扩张,也不可能单纯是外部力量的模塑,它是道德主体在与环境积极的互动过程中不断协调、不断统一的过程,是道德主体不断实

---

① 李建国:《教化与超越:中国道德教育价值取向的历史嬗变》,2010 年华中科技大学博士学位论文,第 63 页。

② 《马克思恩格斯选集》第 3 卷,人民出版社 1995 年版,第 435 页。

③ 《马克思恩格斯选集》第 3 卷,人民出版社 1995 年版,第 435 页。

践和构建的结果"①。

一、心理学的道德发展理论

目前权威的道德发展解释模式有三种,即内化模式、建构模式和获得模式。内化模式把道德发展看作是儿童早期经验的内化和早期情感体验的深刻反映,精神分析学派是该模式的倡导者;建构模式认为,儿童道德的发展是主客体相互作用过程中主体积极构建的过程;获得模式则认为道德是习得的,通过条件反射和观察学习获得行动、动机,并以此约束和调节自己的行为,行为主义和社会学习理论是该模式的主要倡导者。

(一)精神分析学派的道德发展理论

精神分析学派的道德发展理论是以精神学说为理论基础的,其研究重点是个体内部的冲动、思想、情感,而不是外显的行为。精神分析学派认为,除非了解个体的动机、感情和思想过程,否则,人们是无法理解人类行为的。精神分析学派代表人物弗洛伊德把人格分成三部分:本我(id)、自我(ego)和超我(supere-go),道德的获得在于儿童超我人格的发展。弗洛伊德认为,超我代表人类的道德标准朝高级发展的方向,所以,超我又被称之为"道德化了的自我",超我对自我具有监督和控制作用,以便保证使自我的行为符合社会规范。超我通过两种途径发挥其功能:一是良心,二是自我理想。当儿童受到某种冲动的驱使而做出不适当的行为时,父母便加以制止、惩罚、教育,由于儿童在感情上对父母的依附,由于惧怕失去父母的宠爱,因此儿童在受到惩罚时的攻击性倾向不是朝向父母而是朝向自己,从而产生内疚感,因惩罚而内化的经验最后以"良心"的形式表现出来,并以"良心"抑制以后类似的行为。当儿童做出合乎成人要求的行为时,就会受到父母的鼓励和表扬,这种因奖励而内化的经验最后以"自我理想"的形式表现出来并最终成为行为的标准,以后碰到类似的情景,儿童因"自我理想"的激励作用而按这种"标准"做出行为。

---

① 戚万学、唐汉卫:《现代道德教育专题研究》,教育科学出版社 2005 年版,第 25 页。

(二)认知学派的道德发展理论

认知学派的道德发展理论主要关注道德的认知成分,主要代表人物为皮亚杰和科尔伯格。皮亚杰和科尔伯格把道德发展看作是整个认知发展的一部分,认为儿童的道德成熟过程就是道德认知的发展过程。道德会随着年龄的增长而发生变化,我们可以根据年龄预见到道德的这种变化。皮亚杰把儿童的道德判断能力蕴含在儿童的逻辑思维能力之中,科尔伯格把道德的成熟首先归结为道德判断的成熟,然后才是与道德判断相一致的道德行为的成熟。

科尔伯格发现,儿童的道德发展普遍经历了三个水平、六个阶段,要向儿童揭示比他现有水平高一阶段的道德思维方式。只有当成人的道德说理高于儿童一个阶段时,才会被儿童同化到他的道德思维中去。低于儿童水平的说理容易被儿童拒绝,而高于儿童两个阶段的道德说理又不能被儿童所理解,所以,儿童只能同化那些在发展的意义上适合他们自身水平的道德说理。道德教育的目的既不是让儿童无条件服从社会的道德规则,也不是儿童的内在道德自然展开,而是促进儿童的道德由低级阶段向高级阶段的发展,"教育的目的可定为发展,从智育和德育两方面来说,都是如此"①。具体说来,道德教育的目的就是逐步培养、提高儿童在面临道德问题时明辨是非、作出正确的道德判断和道德选择的能力。

(三)社会学习理论中的道德发展理论

社会学习理论对道德问题的研究主要集中在模仿学习、抗拒诱惑和言行一致等方面,试图用学习理论解释儿童道德和社会行为的获得、改变和维持等问题。阿伯特·班杜拉为社会学习理论的主要代表,他认为,儿童的道德行为是观察学习和替代强化的结果。观察学习对于人格的形成和道德行为的改变有十分重大的作用,学习者通过观察、模仿别人的行为,可以获得新的反应方式;通过观察和模仿,可以抑制已习得的

---

① Kohlberg L. ,Mayer R. Development as the aim of education. Harvard Educational Review,1972,42(4):493.

反应,也可以解脱对这一行为的抑制,即当学习者观察到某一反应受到惩罚时就会抑制对该行为的模仿,反之,当学习者看到这一反应受到奖励时,就会解除对模仿该反应的抑制;另外,观察和模仿还可以激励或抑制原有的行为倾向和行为模式。观察学习过程中大致要经历四个过程:(榜样示范)→注意过程→保持过程→动作再现过程→动机过程→(产生与之匹配的个体行动)。在观察学习过程中,个体行为、心理及环境之间存在错综复杂的交互作用,共同促成了个体道德的形成与改变。社会学习理论还强调父母的教育方式对儿童道德形成的重要作用,父母言行一致与对儿童树立榜样的重要性;同时还认为社会环境中的影视和书刊等传播媒介对道德发展的重要影响。不同人的学习经历是不同的,因此,每个人的道德观念也是不同的。

（四）进化心理学等心理学新理论的道德发展理论

进化心理学认为人类的亲社会行为是在人类长期的进化过程中被选择和遗传下来的。在动物和人类早期,为了种族的繁衍和生息,需要帮助他人,甚至为了集体利益而牺牲个人。生活在合作的社会群体中的个体更可能受到保护,避免天敌的伤害并满足基本需要,所以那些合作的、利他的群体更可能生存下来,并将利他的特质作为遗传基因保留下来、遗传下去,个体出生以后,这些特质被特定的社会环境或个人经历所激活。进化心理学以"内含适应性理论"为基础衍生了一系列新理论,例如亲代投资理论（theory of parental investment）（Geary,2000）、亲子冲突理论（theory of parental-offspring conflict）（Trivers,1974）、互惠式的社会合作理论（theory of contingent cooperation）（Axelord,1984）等,为家庭道德教育提供了新的理论视角。

以上几种理论都有一个倾向,他们都只关注道德的某个成分,而霍夫曼（Hoffman）的观点却不同,他对以上几种观点进行了综合,对情感、认知、行为三方面都给予了同等的关注。①在他的理论中,一个重要的概念就是移情,他用移情将各个成分联系了起来。他认为,移情是进化的

---

① Hoffman M. L. Empathy and moral development:Implication for caring and justice. Cambridge,UK:Cambridge University Press,2000.

结果,是人类共有的一种反应。移情具有神经学基础,个体将外在的或社会的道德规范内化为个人内在动机的过程中,移情起了至关重要的作用。

二、个体道德内化的心理机制

关于个体道德生成的心理过程,尽管中外研究者自觉或不自觉地、思辨地或实证地探索了多年,但其基本过程和内在机制仍然是一个悬而未决的谜。目前流行的观点是把道德看成是一种精神实践,把个体道德的生成看作是精神与实践互为表里互动的过程,即从系统论的观点出发把个体道德生成过程看成是由两个要素即个体道德意识过程和个体道德实践过程构成,个体道德意识过程是知、情、意的统一,个体道德实践过程表现为"行"的过程。两者之间是"知"与"行"的统一,实际上也就是把个体道德生成看成是社会道德内化为个体道德以及个体德性外化为社会道德行为的两个动态的过程。① 运用系统结构的方法,把个体道德生成看作是一个整体的动态过程,具有较大的合理性。

(一)个体道德内化图式

个体道德生成肇始于道德认知活动,道德认知活动就是对信息的收集、整理、吸收、固化的过程。但问题在于个体对信息的收集、整理、吸收的工具是什么? 又以什么为标准来进行?

马克思主义实践论认为,人是实践活动的主体,人的道德认知能力是在实践活动中获得的,人的认知是以实践为基础。进化心理学认为,所谓"心理机制"就是存在于个体内部的、对信息的加工过程,任何一种心理机制在进化历程中都是为了解决我们的祖先面对的生存和繁衍问题。② 社会行为都是心理机制与环境相互作用的产物,环境对心理机制的影响体现在三个方面:(1)文化背景影响心理机制表现的视阈;(2)个体的经历导致不同的行为策略的使用;(3)当时的情景输入对心理机制

---

① 参见章羽:《非理性在道德养成中的作用》,2008 年复旦大学博士学位论文,第23 页。

② 参见钟建安、张光曦:《进化心理学的过去和现在》,《心理科学进展》2005 年第 5 期。

的影响。① 因此，个体在社会文化背景基础上积淀的道德图式构成了道德的认知工具；而外在于个体社会实践的社会道德规范转化为个体的内在背景，从而凝结为道德认知的标准。

图式是一种主体先存心理结构。② 图式由英文"schema"而来，意思为"图解、略要"。心理学家巴特利特（Erederic Charles Bartlett）是第一位在心理学上使用"图式"概念的心理学家，他认为，图式是"过去反应或过去经验的一种积极组织"。③ 对于"图式"这种先存心理结构，先哲们有丰富的思想可资我们借鉴，如柏拉图的"理念说"、洛克的"白板说"、皮亚杰的"反应的规范"、库恩的"范式"、海德格尔的"前结构"等等。现在看来，这些经典理论各有其道理和合理性，但不免各有其纰漏之处，如柏拉图从先验出发只能导向结果的虚空，而海德格尔在正确地把客观的社会文化系统纳入结构的同时，把"前结构"看成是一种踏步不前的运动，否定了认知的发展。不过，总的来看，先哲们的论证为我们理解道德的心理内化图示提供了方法论和理论基础。

道德主体从系统中获得的知识经验，以一般的概念的形式存储在头脑中。存储在头脑中的各种知识相互联系，形成具有一定心理结构的网络，这个道德心理网络结构就是道德认知图式。④ "所谓道德内化图式，是指主体在思维、实践活动、人际交往、情感表达、行为选择等过程中所有道德意识和道德心理要素综合而成的相对稳定的结构及其功能"；"道德内化图式是主体接受、过滤、筛选外部客观道德信息刺激的工具"。⑤ 在道德内化过程中，个体总是以已有的道德认知图式为同化工具，对进入个体道德领域的外界刺激进行选择、解释、整合、评估，使其成为主体大脑的反映，固化后就生成为主体的道德。

道德内化图式不同于一般的认知图式之处在于：首先，道德内化图式是社会生活的产物。个体道德内化图式的产生不是主体自我孤立的操作，也不是主体之间的简单的动作反应，它是儿童在最初得到的遗传

① 参见朱新秤：《进化心理学理论、意义与局限》，《自然辩证法研究》2000年第4期。
② 胡林英：《道德内化论》，社会科学文献出版社2007年版，第117页。
③ Adson J. R. Congnitive psychology and its implication. San Francisco：Freeman，1980：3.
④ 彭柏林：《道德需要论》，上海三联书店2007年版，第122页。
⑤ 胡林英道：《德内化论》，社会科学文献出版社2007年版，第117页。

或本能的反应图式基础上,对外部道德期望和行为规则不断加以同化或顺应,在连续不断地双向构建中形成的不断发展的一种图式。因此,"主体最初的社会生活和道德实践乃是道德内化图式的最初内容和发展基点,道德内化图式归根结底源自于主体道德实践和社会文化生活的积淀。"[①]其次,道德认识图式是一种价值关系图式。价值关系是指主体需要与客体属性满足主体需要的效益关系,也即客体对主体的一种利害关系。主体的需要与客体的属性相结合就构成了道德认知图式不同于其他认知图式的特点。再次,道德认知图式具有精神——实践的品格。道德认知图式作为一种观念形式,是主客体之间的价值关系的主观模型,在这一点上,具有精神品格。在道德实践中道德认知图式不需要任何中介就可直接表现为行为。个体的道德行为习惯就是道德认知图式的直接外化。[②]

道德内化图式是由道德主体先存的各种精神状态构成的有机整体,关于这个有机整体的内部结构,仁者见仁,智者见智,理论纷呈,但目前流行的观点是把它看成是道德认知、道德情感和道德意志的统一体。马克思十分重视知、情、意在人的全面发展中的作用,他说:"作为一个完整的人,把自己全面的本质据为己有。人同世界上任何一种属人的关系——视觉、听觉、嗅觉、味觉、触觉、思维、直观、感情、愿望、活动、爱——总之,他的个体的一切官能,正像那些在形式上作为社会的器官而存在的器官一样,是通过自己的对象性的关系,亦即通过自己同对象的关系,而对对象的占有。"[③]道德内化图式展示了主体道德内化的完整、全面的内在构成。首先,在道德主体认知图式中,既有情感的因素,又包含着内在的欲望、意愿和态度;既包括道德知识和逻辑的结合,又蕴含意志和行为的能力趋向;道德主体先前获得的一切意识要素都是该图示必不可少的组成部分,任何构成要素的缺失或发展不完善都会造成个体道德内化受阻。因此,道德内化图式意识要素在构成上的复杂性已远远超过任何一种理论的假设。其次,道德内化图式的道德意识是一个有机整体,各要素并没有自身独立的形态;实际上也无法把某一因素分割出来

---

① 胡林英:《道德内化论》,社会科学文献出版社 2007 年版,第 121 页。

② 参见何建华:《道德选择论》,浙江人民出版社 2000 年版,第 38 页。

③ 马克思:《一八四四年经济学—哲学手稿》,人民出版社 1979 年版,第 53—54 页。

或突出为某一实体状态,各种意识要素相互贯通、融合,浑然一体。也就是说,"道德内化图式不是各种要素或各种意识的分立状态,也不是各种要素遵循数学加减规则简单相加组合而成的和,而是各种成分以极其复杂的机制和方式在主体大脑中贯通、融合、综合而形成的统一整体"①。由于图示中各种道德意识因素状态的活跃性和变动性程度不同,作为整体结构的道德内化图式就会展现出各种稳定性不同的层次结构。虽然道德内化图式中各要素处于变动不居状态,但由于每个个体的道德价值观和道德思维定势具有相对稳定性,因此,各要素相互作用而产生的图式的综合效应则是相对稳定的状态。也就是说,"图式各构成要素的量的变化一般无法影响图式的本质变化,只有各要素量的变化积累到一定程度,自身产生质的飞跃,并在其他要素的作用下,才会导致新的道德内化图式的生成"②。

道德内化图式的结构一经确定,其功能就开始显现。道德内化图式在个体道德生成中的功能体现在以下几个方面:第一,选择过滤功能。道德内化活动首先是从道德主体与道德客体结成某种对象性的关系开始的。外在的道德规范如何被道德主体纳入自己的视野并内化呢? 在一定程度上说,道德信息本身的呈现形式是否更具有吸引力是其中因素之一,富有人情的循循善诱要比僵硬刻板的道德说教更能引发人们的道德思考,在道德情境中感悟道德比道德宣传更能激发人们的情感共鸣。但问题是,面对同样的道德情境和道德要求,有的人欣然接受、全力履行;而有的人却置若罔闻、熟视无睹;究其原因,这就是道德主体内化图式不同使然。作为个体一种先存的内在结构的道德内化图式,统摄着个体的全部道德接受反应,个体总是以自己的道德内化图式对外来道德信息进行选择和过滤。在道德内化过程中,主体以自己的道德内化图式作为接受内化对象的选择框架,如果外部道德信息与主体的道德内化图式一致,此信息就可以通过道德主体内化图式的选择和过滤,并触动道德主体的道德情感反应;如果外部道德信息与道德主体内化图式相左,主体就会对此"视而不见""充耳不闻",或主体对此呈现出高抗阻性,使其

---

① 胡林英:《道德内化论》,社会科学文献出版社 2007 年版,第 124 页。
② 胡林英:《道德内化论》,社会科学文献出版社 2007 年版,第 125 页。

无法通过主体内化图式的过滤。选择和过滤功能的实现,主要取决于主体的道德价值观和所遵循的道德原则,这些价值观念和原则作为主体接纳外界道德刺激的内在尺度,对外部道德信息加以审视来决定是接纳还是不接纳。第二,加工整合功能。道德内化图式对外部道德信息的选择和过滤只是道德内化的第一步,主体还需对道德信息进行加工整理,以便于自己理解和评价。所谓道德信息的加工整合,就是道德主体以自身现存的道德意识为参照标准,对选择和过滤后的道德信息进行加工整理,以便达到对这一道德信息的深度理解和认同。道德主体对道德信息的筛选、加工和整理并不是随意进行的,而是以自身的道德内化图式为摹本和参照。道德内化图式不同的主体对同一道德信息或道德情境会做出不同的加工和整合。由于道德信息和道德情境通常蕴含着复杂的道德内涵和道德要求,因此只有经过了道德内化图式对这些信息的加工、整合,才能为该信息内化为个体道德之知准备好条件。第三,解释和评价功能。在道德生成过程中,道德主体总是以自己的道德内化图式的理论框架来解释外部道德信息和道德情境,并在解释的基础上作出道德评价。如果道德主体的道德内化图式不同,则对同一道德现象做出不同或甚至完全相反的解释;而对于相同或相近的道德内化图式的不同主体,则会对同一道德现象作出相同或相近解释。评价是解释的自然延伸,也是在主体自我道德内化图式的框架中进行,道德主体把某一现象评价为善或恶,取决于其道德内化图式中道德标准是什么。

(二)个体道德的内化过程

道德内化过程极具复杂性,人们在分析内化时也表现为不同的观点。皮亚杰认为道德内化就是个体道德从前道德阶段到他律阶段再到自律阶段的发展过程。班杜拉认为内化的基本途径是模仿、认同和强化。凯尔姆在总结前人的基础上,提出价值内化的三阶段说,即顺从、认同和内化。目前,国内有些学者也对道德内化的过程进行了较为系统的研究,例如,鲁洁教授把道德内化分为三个阶段,即感受阶段、分析阶段和选择阶段。[①] 燕国材教授把道德内化过程分为六个阶段,即定向阶段、

---

① 参见鲁洁、王逢贤:《德育新论》,江苏教育出版社 1994 年版,第 273—274 页。

认识阶段、评价阶段、顺从阶段、认同阶段和良心化阶段。① 以上道德内化观点一个共同的特点就是从道德内化的内部层次入手,不同程度地展示了道德内化主体内部的心理活动,并分析了其关联性变化以及所形成的运行规律和运行状态,具有一定的合理性。但没有深入展示道德的内化过程,也没有说明道德内化图式在道德内化过程中的关键作用。道德内化并不是简单的道德知识的获得,而是一个由外及内,逐层发展的复杂过程。个人认为,道德内化是一个动态的过程,是道德主体在社会文化氛围中,与客观道德信息的相互作用,用自身的道德内化图式接受社会道德教化,将社会道德原则、规范和要求转化为其自身的要求,形成其自身稳定的道德人格和道德行为反应模式的主体心理活动过程。

道德内化过程实质上是一个道德主体的个性对象化和自我对象化相统一的过程。所谓个性对象化,主要是指道德主体既接受社会道德环境的影响,又能动地作用于社会道德环境,体现了道德的规范性和主体性的有机统一。所谓个性自我对象化,是指道德主体在接受社会道德环境影响的过程中不断地扬弃自身的统一性,超越旧的经验本质,创造新的自我。② 一般来说,道德内化过程由以下三个逻辑环节组成:"虚一而静"的接受教化阶段—"以身体之"的体认阶段—"知行合一"的信奉阶段。③ "虚一而静"的接受教化阶段是指道德主体应该避免先入为主和主观偏见,虚心接受新的道德知识和观念。在这个环节上,道德主体先对自我的存在进行全面的体验和体会,并且对自我的现状进行全面的感觉和知觉,在此基础上,主体以开放的姿态接触外部道德信息,激活主体道德内化图式,开始新旧道德信息的交流和整合过程,这成为道德内化的起点。

"以身体之"的体认阶段乃是道德内化过程的核心环节。道德能否被主体接受,一般需要三个方面的支撑:一是经验事实的比照性支撑;二是思想理论的逻辑性支撑;三是情感信念的导向性支撑。但这些方面的效能,都需要道德主体的切身体会在其中发挥一种穿针引线、融通化合作用。体认是以体验为基础,是对体验结果的认同。不同于经验和间接

① 燕国材:《谈谈道德内化问题》,《中学教育》1997 年第 6 期。

② 刘亦工:《论道德内化的心理机制及其特征》,《伦理学研究》2007 年第 3 期。

③ 参见胡林英:《道德内化论》,社会科学文献出版社 2007 年版,第 135—141 页。

经验,体验的必要条件和切近基础是体验者必须直接参与实践活动,体验后才有情感、心态、理智上的反思感受。道德体验不同于一般的心理体验,它更多的是道德情感和道德修养方面的体验。从道德主体与道德生活不可分离来看,人们每天都会获得道德体验,道德主体每天经历过的道德的、不道德的现象比照,以及主流社会及周边人群对现象的道德肯定与否定评价,由此在先存的道德内化图式基础上构建某种新的心理模式,形成某种新的心理意识。这种新的"构建"或"形成",对主体原有的道德内化图式有所增益或冲突,因而发生一种相互矫正的过程,这是道德体认的一个重要前提环节。

"知行合一"的信奉阶段是道德内化的验证环节。实现道德的内化,把道德原则和内容转化为现实的、自觉的理性意识,离不开知与行的互动。事实上,个体的道德意识(德性)的培养与外部道德行为(德行)是一体两面,不可分离的。化外在规范为内在德性,与化内在德性为外在德行是相统一的,两者统一于个体的道德生成。偶然化德性为德行是很容易做到的,难的是数十年如一日的坚持和自觉,这种达到稳定和自觉的状态就是信奉。信奉是主体将自我内化的道德意识在实践中凝华为稳定的德性,并在信念上表现为坚定性和稳定性的品质。信奉的要害是"信",其特点是对道德认识的深刻理解,坚信其认识的正确性、科学性和真理性,并在实施道德行为时表现出强烈的道德情感,它是激发道德行为的强大精神力量。

总之,道德内化是主体运用道德内化图式生成个体道德的一个动态、渐进的发展过程。研究道德内化形成机制有利于启发教育者在家庭道德教育过程中遵循道德内化的内在机制,更新教育理念和方法,增强家庭道德教育的实效性。

(三)道德内化过程的基本特征

从理论来说,道德内化过程是一个德性内化和德行外化的辩证统一过程,实际上的道德内化远比理论上分析的复杂。但是,道德内化作为一种普遍存在的道德活动,从宏观上来说具有其本质的特征。

道德内化是主客体在实践中相互作用的结果,主体内部道德意识矛盾运动是促进道德内化的直接动力。道德存在的客观基础是社会中人与人、人与组织以及人与社会的关系,只有当主体参与这种关系之中,并通过亲身体验、处理各种社会关系,才能在自我道德图式作用下获得道德认知,深化道德情感,磨炼道德意志,坚定道德信念,并在此基础上形成自觉的道德行为。由此可见,道德是通过主客体的相互作用,在活动和实践中实现内化的。但主客体在实践中相互作用而促进道德内化并不是无条件的,只有当主体先存的道德内化图式与客观道德环境处于某种矛盾时,激起主体积极向上的力量时,才能有效地促进道德内化过程。矛盾存在一切事物的发展过程中,事物内部矛盾运动是事物得以发展的动力。在道德内化过程中,这种矛盾表现为个人利益与社会要求、社会道德规范的矛盾,个体道德内化和发展就是在其内部矛盾运动过程中实现的。科尔伯格曾经在大量的实证研究基础上指出,如果道德主体没有经验到足够的认知冲突和不确定性,道德内化就不会发生。

由于受年龄、认知能力、生活环境等因素的影响,道德内化需要经历一个从简单到复杂,从低级到高级的发展过程,呈现出明显的阶段性和连续性,这个连续性体现了个体道德从他律到自律的渐进过程。关于个体道德内化和发展过程的阶段性和连续性问题,可以从皮亚杰、科尔伯格等的西方经典论著中窥见一斑。我国著名学者燕国材教授也对此进行了专门论述,认为道德内化可以分为六个阶段。皮亚杰肯定了个体道德内化和发展具有阶段性、各阶段具有自身的独特性;同时还肯定了个体道德发展虽然有早迟、快慢之分,但必然遵循发展的那个大致顺序;各个发展阶段虽然各具有其本质特点,但它们之间形成了一个连续的、相互衔接的、又相互交叉的统一整体。现代大量实证研究表明,个体道德内化的过程也是一个从不自觉到自觉,从单纯受外部环境支配到受行为主体自我控制的过程。个体道德意识是以社会存在和实践活动为基础的,这就决定了个体的道德自律不可能是天赋的,因此,道德内化必然以他律作为前提和保障,然后经过后天的社会化过程实现自律。归根结底,个体道德内化的目的就是要实现道德自律。社会道德要求和社会道德发展只有通过个体道德自律才能真正实现,没有个体的道德自律,一切道德原则和规范绝无可能变成"此在"的道德行为和道德风尚,而只能是一种无意义的虚设。

道德内化过程既是共同性和差异性的辩证统一,又是平衡性和失衡性的辩证统一。不同的道德主体,由于它们的自我意识的成熟程度不同,面临的社会环境不同,理性、情感和意志力不同,显示出个体差异,从而使道德内化的过程和程度呈现出共同性和差异性的辩证统一。一方面,虽然我们把个体道德内化过程如上节所分析的那样粗略分为三个环节,但这仍不能展示道德内化的实然状态,现实中的个体道德内化过程并不都是严格按照这个步骤进行的,内化的各个环节也并不是截然分开的。有的个体面对苦口婆心的道德教诲无动于衷,甚至嗤之以鼻,但在某一特定场景却幡然醒悟,良心发现,从而痛改前非,表现出非逻辑的跨越式顿悟。另一方面,道德内化过程虽然是在外部条件下道德内化图式各要素和谐的相互作用的结果,但在具体过程中主导因素表现出差异,有的个体在道德情感上容易被激活,而有的则表现为更强的道德意志力。道德内化过程是一个不断打破平衡性,螺旋式上升的过程。所谓平衡性,并不是指道德内化中各因素、各环节总是处于一种平衡的状态,而是标志道德内化发展的一个阶段。也就是说,只要个体不停止道德认知,平衡性就会被打破,但失衡又会导致一个新的、更高阶段的平衡。所以说,要促进道德内化的进程,就要善于打破旧的平衡并善于促成新的更高阶段平衡。平衡—失衡—再平衡—再失衡,是个体道德内化的必然过程,也是实现道德内化、促使道德生成的必由之路。

三、心理学道德发展理论与家庭道德教育

在什么意义上说,对个体道德内化的心理学研究有助于家庭道德教育呢? 杜威在《教育上的道德原理》中指出,道德教育应分为社会和心理两个方面,社会方面决定应当做什么,它体现了道德教育的价值追求,决定了道德教育的目的和结果;而心理方面则决定如何做,影响到道德教育的方法和策略。① 道德心理学关心主体是如何发展道德,如何依据道德哲学确定的价值目标进行思维和行动,因此它决定了道德教育的方法。当代心理学研究与道德教育有着更为密切的联系,一方面表现为心理学乃是最近时间里对道德教育做出最大贡献的学科,道德教育工作者

---

① Dewey J. Moral principles in education. Carbondale, IL: Southern Illinois University Press, 1975: 47.

从心理学研究成果中吸取越来越多的养料;另一方面表现为有效的道德教育越来越有赖于对道德主体的认知发展水平、认知内化图式、认知非理性因素、人格构造等心理学知识的理解。道德心理学与道德哲学相比,道德心理学对道德教育的影响首先表现在方法上。道德教育的方法是家庭道德教育中最具操作性、最直观的部分,是道德教育思想和理念在实践中的具体运用,也是执行和落实道德教育理想的过程。道德心理学的研究成果唯有通过改变教育的方法和操作,才能实现其对道德教育过程的影响。

道德心理学研究成果和结论一方面检验着目前流行的家庭道德教育方法和理念的合理性,另一方面也实际地改变着家庭道德教育的方法。

道德认知发展理论在一定意义上为家庭道德教育提供了心理学的依据,对家庭道德教育有很大的启发意义。道德发展是一个循序渐进的过程,因此,家长对不同阶段儿童的道德教育内容和方法也应不同,道德教育的作用是有限度的,他不能超越儿童道德发展的一般进度,否则,儿童不能将其内化为自身的道德观念,从而达不到预期的道德教育效果。儿童的道德发展是由一个从他律走向自律的过程,处于前运算阶段的儿童,由于心理发展水平的限制,对于家长的强制性要求还能接受。但随着年龄的增长,儿童的道德思维能力的提高,道德自律能力也相应得到增强,家长直接给他们规定道德规范就会失去约束力,家长应该与他们一起讨论、制定道德规范,这样才能促进他们的道德认识、道德情感和道德意志的发展并导致自觉的行为。道德认知理论认为,道德判断能力的提高是通过积极地与其环境相互作用而实现的,因此,要想使道德教育真正有效,家长应该为儿童提供更多的角色承担机会,让他们在面临道德冲突的情境中培养其道德判断和道德决策的能力,促使其道德意识的发展。另外,父母在与儿童的相互交往中,应该注意自己道德品质对儿童的潜移默化影响作用,利用家庭的非正式场合以隐形手段对儿童进行道德教育。

精神分析学说的道德发展理论有关儿童人格结构、人格发展理论对家庭道德教育理论与实践具有极大的启示意义。首先,精神分析学说重视非理性因素特别是强调情感在道德行为生成和道德发展中的作用,对家庭道德教育有重要的启示和指导意义。家庭发挥和利用情感纽带作用进行道德教育,这是我国传统道德教育的一个亮点和特色,但现在对该问题的挖掘和深入研究却做得远远不够,如何利用现代心理学理论和传统资源来深化现代家庭道德教育具有非凡的现实意义。其次,精神分析学说强调儿童早期经验在道德发展中的作用,认为儿童的早期经验既可促进儿童道德的生成,也可妨碍、阻止儿童道德的生成。这一观点,进一步论证了早期家庭道德教育对个体道德生成的重要作用。

社会学习理论的最杰出贡献在于强调了榜样示范在儿童道德行为的形成、改变与发展中的作用,对家庭道德教育的实践有较大的启发意义。榜样示范既可用善来教育儿童,也可以用恶来影响儿童,关键在于这种示范的榜样的性质。例如,儿童在外打架后,很多父母用体罚的方式来惩戒,结果是,体罚非但没能阻止儿童的打架行为,反而导致儿童更多的攻击性行为。按照社会学习理论分析来看,造成这种情况的原因是由于当父母用肉体惩罚的方式教训儿童时,无意中为儿童在其他场合对付他人提供了榜样和模式。因此,在道德教育中,父母一定要十分注意在开始阶段为儿童提供好的榜样,示范儿童形成良好的道德行为习惯。社会学习理论认为,学习过程既非单纯认知结构的自我内在发展,也非单纯对环境的刺激的反映,而是个体与环境交互作用的结果,该思想对推进素质教育具有重要启示意义。应试教育的最大弊端在于只注重知识、技能的传授,学生死读书、读死书,而素质教育将注重学习与环境的相互作用,提高学生的自我学习和实践的能力。

道德内化理论认为道德内化过程是一个由他律到自律的过程,因此,对于低龄儿童,家长对其提出明确的道德要求是必要而可行的,以让他们在适当的场合表现出适当的行为;但对于学龄儿童,给他们直接的道德规范是没有效果的,家长应该与小孩一起讨论制定道德规范,以促使儿童道德认知、道德情感、道德意志的发展。由于道德内化是普遍性和差异性的统一,因此,应该针对不同个性的道德主体以及其身心发展不同阶段的内化特点而采取不同的家庭道德教育方式方法,这样才能取得更好的道德教育效果。

然而,任何科学的理论研究及其成果都不会自动地影响到相关社会实践,道德心理学也一样,若要在家庭道德教育中发挥作用,还有赖于教育者对其理论成果的理解和主动吸纳,有赖于教育者的教育思想、教育理念的与时俱进。

所以,从更深层次意义来说,道德心理学对家庭道德教育的影响绝不止于具体的方式方法,它更直接影响到教育的价值观和教育的总原则。道德是主体在生活实践中通过人与人、人与团体、人与社会之间的交往、合作获得并发展的,那么,寓教于生活实践就应当成为家庭道德教育的一个重要原则。既然道德内化是一个主体有机构建的一个动态过程,那么家庭道德教育者就应该尊重道德主体的主动性和能动性,高扬道德主体性应该成为家庭道德教育的一个基本原则。家庭道德教育是一个系统工程,不仅要求主体在道德认知、道德情感、道德意志和道德行为的齐头并进,而且需要社会和学校道德教育的协同。凡此种种,都表明道德心理学及其所揭示的个体道德内化规律对家庭道德教育来说,意义非常重大。

第三节　家庭道德教育之社会理论基础

个体道德生成既不是生物学意义上的个体在孤立和封闭的状态中的自生自成,也不是纯粹外部环境强制的结果,而是个体与其外部道德环境的交互作用实践中发展或构建起来的。家庭道德教育之外部环境是个体道德形成、发展的"外因",其作用的发挥还必须通过"内化"作用而生效。然而,个体道德品质作为一种精神结构,它的生成是一个化外在道德影响为内在道德品质的过程。如果没有外在道德环境所提供的"建筑材料",个体对外在道德规范的"内化"就会成为无本之木、无源之水,个体也就无法生成社会所要求的道德品质。因此,只有把个体道德内化的研究与其赖以实现和实践的外部道德环境联系起来,方能透视出个体道德生成所蕴含的深刻性和复杂性。

由于个体道德生成的外部社会道德环境纷繁复杂,在此,我们根据个体道德生成的外部道德环境范围的大小将其划分为微观、中观和宏观三个层次。首先,家庭是人出生后的第一个社会生活环境,家庭道德教育是开展时间最早、范围最为广泛、方式最为灵活的道德教育,它是整个人生教育最为基础、最为重要的一环,是个体道德社会化过程中的关键阶段。家庭道德教育为学校道德教育和社会道德教育奠定了基础。因此,家庭是影响个体德性生成的首要的微观环境。其次,学校或工作单位以及生活所在社区是影响个体道德生成的中观环境。一方面,学校或工作单位以及生活社区是个体与同辈伙伴进行交流的地方,也是个体遵循集体规范、了解集体中人与人的关系与角色、追寻归宿感的场所;在另一方面,学校或工作单位以及生活社区同时也是对个体进行道德指导和道德训练的重要力量,是个体社会化、个体道德内化、个体道德实践的重要领地。最后,整个社会大背景是个体道德生成的宏观环境。宏观社会环境对个体道德生成的影响是潜移默化的,一定的社会价值取向、价值理想、社会风貌等诸多因素将决定着个体道德发展的方向和性质。其实,宏观社会、中观学校单位社区、微观家庭三者是相互联系和相互渗透的,很难把它们截然分开,其中微观家庭环境是基础,宏观社会环境居于统摄地位。为了切合本书的主题,本书所分析的外部环境主要指受宏观、中观环境渗透的微观家庭环境。

一、家庭道德教育环境释义

《辞海》对"环境"的定义有二:一是指周围境况,包括自然环境和社会环境;二是指环绕某个范围的地理区域。显然,家庭道德教育中的"环境"内涵远不止这些,它是指人所能感受到的,并能影响到人的一切外部条件的总和。它既包括有形的自然物质条件,更包括无形的社会文化条件。对于"德育环境"这一概念,《教育大辞典》是这样定义的:"是指教育者为实现德育目标、任务而设置或使用的,具有教育因素的环境。"家庭道德教育环境(我们又把它简称为家庭德育环境)既是家庭环境的一个子概念,又是德育环境的子概念,它是指在家庭范围内与家庭成员的道德活动紧密相关的环境。笔者认为,由于家庭成员的道德观念和道德行为在家庭生活中造成了一定的氛围和条件,影响着家庭精神生活中的道德风貌,从而构成了家庭环境中的德育环境。对于个体的道德发展来说,这种环境不属于道德内化的内在因素,而是道德内化过程中外部各种主客观条件的总和,它影响着个体道德产生、发展和生成的全过程。

由此可见,家庭德育环境是指由婚姻和血缘关系组成的家庭群体在相互影响和作用中形成的道德氛围对家庭成员(尤其是未成年人)个体道德品质的形成和发展起着熏陶作用的各种要素的总和。家庭德育环境的构成要素包括家庭生活条件、家庭生活方式、家庭文化气氛、家庭道德风气、家庭德育目标、家庭成员构成、家庭人际关系、家庭社会地位、家庭对外交流状况等。家庭德育环境的主体营造者是家长,家长的职业、文化素质、思想道德水平、教育理念、教育方法、教育能力等方面也是影响家庭德育环境的重要因素。任何一个家庭成员都离不开家庭德育环境的熏陶,家庭德育环境对家庭成员的个体道德发展产生的作用会因个体年龄的增大而逐渐趋弱,但家庭德育环境会给家庭成员打下深深的烙印并产生深远的影响,直至影响到他或她进入社会后与社会的道德互动方式。

家庭德育环境并不是天然而成和一劳永逸的,它本身是一个流变的过程。首先,家庭德育环境具有开放性,它不是一个封闭的系统,它是作为社会环境的一个子系统而出现的。家庭德育环境时刻与社会环境保持互动和交流,一方面,社会环境通过政治、经济、思想、文化等途径作用于家庭,制约着家庭德育环境的发展与变迁;另一方面,家庭德育环境以其特有的方式反作用于社会环境,促进社会环境的丰富和发展。其次,家庭德育环境具有家庭历史继承性。它随着家庭的出现而出现,随着家庭的发展而发展,它是这个家庭前后相继的历代人在生存、生活和发展中的表征和积淀。作为一种继承的具有稳定特质的制约力量,他反作用于家庭的变迁和发展。最后,家庭德育环境具有生成性。家庭德育环境不是一个既成不变的系统,而是自我调整、自我发展的动态系统。一方面,家庭德育环境需要适应社会道德发展变化,吸纳新的德育理念和要求,实现自我的新陈代谢;另一方面,家庭德育环境作为社会环境的一个分子而对其产生影响。

家庭德育环境除了具有社会德育环境和学校德育环境的共性外,还具有鲜明的个性特征。家庭中最重要的纽带是血缘亲情,源于这种至亲的自然感情,家长的言行举止、道德行为规范以及为人处世、待人接物的态度最易感染子女,尤其是未成年人子女,因此,家庭德育环境具有"易感性"。家庭德育往往是在环境的熏陶下,通过耳濡目染在不知不觉中完成,因此具有"潜隐性"。家庭作为一种以血缘为纽带的关系,更容易产生互动,特别是在信息化时代,在亲子之间的双向互动中,出现了子辈向父辈"反哺"知识、思想观念、道德意识的新趋势,这种"互动性"特征构成了家庭德育环境流变的内在动力。由于家庭血缘关系牵绊一生,不会因外部的客观环境而发生性质的改变,因此,家庭德育环境还具有"长期性"和"持续性"。

二、德育环境影响家庭道德教育的理论依据

(一)马克思主义的德育环境理论

马克思主义认为,道德属于意识形态的范畴,它是为了调节个人之间、个人与集体、个人与社会的矛盾而确立的行为规范。马克思从社会存在决定社会意识这一基本原理出发,对环境改造人这一观点有精辟的论述:"人们的观念、观点和概念,一句话,人们的意识,随着人们的生活条件、人们的社会关系、人们的社会存在的改变而改变。"[1]"一切以往的道德论归根到底都是当时的社会经济状况的产物","人们自觉或不自觉地,归根结底总是从他们的阶级地位所依据的实际关系中——从他们生产和交换的经济关系中,吸取自己的伦理观念"。[2]这些论述阐明了伦理道德与社会意识一样,是由社会关系特别是经济关系所决定的,并随着社会关系、经济关系环境的变化而改变。人们所处的社会环境决定人们的道德伦理观念,由此决定了人的道德发展状况。

马克思主义不仅看到了环境对人的道德伦理思想的改造作用,同时也看到了人在环境中并不是消极无为的,在接受环境改造的同时,人也在改造环境。"关于环境和教育起决定作用的学说别忘记了:环境正是由人来改变的,而教育者本人一定是受教育的。"[3]"既然人的性格是由环境造成的,那就必须使环境合乎人性的环境。"[4]通过主观能动性,人可以在社会实践中改造环境,创设适合自己发展的环境。因此,道德环境改造道德主体,道德主体改造道德环境,两者统一于道德社会实践之中。

---

① 《马克思恩格斯选集》第1卷,人民出版社1995年版,第291页。
② 《马克思恩格斯选集》第3卷,人民出版社1995年版,第433—434页。
③ 《马克思恩格斯选集》第1卷,人民出版社1995年版,第55页。
④ 《马克思恩格斯选集》第2卷,人民出版社1995年版,第167页。

(二)心理学有关德育环境的理论

心理学以人的心理与环境的交互作用作为研究的对象,从心理学、社会学和人文地理学等视角采取跨学科的研究方法来研究环境对人的情绪、情感、行为所产生的影响和作用。环境与心理、行为的关系等基本问题是其关注的重点。

行为主义代表华生认为,人的一切行为都源自于巴甫洛夫高级神经活动的条件反射所阐释的"刺激—反应"模式,人的思想行为都来源于外来的刺激,而与意识、感觉、知觉、情绪等主观因素无关。也就是说,人的道德与不道德都是受外界环境影响的结果;人格是在环境影响下形成的,它是可以改变的,其途径就是改变人所处的环境。精神分析学派主要代表弗洛伊德认为,儿童在家庭中逐渐学到了父母的各种道德观念和行为模式,父母的影响在早期留下的烙印将影响小孩的一生;儿童的早期经验和父母对儿童的教养态度将深入到儿童的心灵,家庭德育环境对孩子品德的发展有着极其重要的作用。班杜拉依据社会学习理论提出:在儿童的成长过程中,父母是孩童最主要的学习对象;在榜样的作用下,人可以形成某种行为,也可以消除或抑制某种已形成的行为;通过改变榜样和学习环境,就可以影响孩童的道德学习效果。人本主义认为应该用整体的、动态的观点来看待一个人的成长,人的成长是自身内在需要与外部环境相互作用的结果。

(三)当代有关德育环境理论的新发展

20世纪六七十年代,世界各国思想道德教育专家开始更加重视隐性教育的研究与开发。隐性道德教育是指通过间接的、内隐的活动、环境、氛围促使受教育者在不知不觉中受到影响的思想道德教育。隐性道德教育具有教育方式的内隐性、教育影响的间接性、发生作用的无意识性、教育过程的持续性和自然性、教育范围的广泛性、教育功能的双重性等特点和优点。[①] 苏联教育家苏霍姆林斯基曾经说过,教育者的教育意图

---

① 陈正良:《冲突与整合:德育环境系统的构建》,中国社会科学出版社2005年版,第102页。

越是隐蔽,就越是能为教育的对象所接受,就越能转化成教育对象自己的内心要求。"当受教育者并不感到有一位教育者站在自己面前的时候,他能受到最好的教育;当教育者能够使受教育者并不感到自己是在受教育的时候,教育者进行了最成功的教育。"①隐性道德教育无需说教和灌输,只需把教育内容和目标蕴含在人际互动、社会实践、学习生活之中,在潜移默化的熏陶中领悟生活的价值和真谛,形成良好人格,升华道德品质。由于隐性道德教育在实践中表现出诸多优越性,因而近几十年来道德环境的研究和开发受到重视。就国内近十年来说,德育环境研究被公认为德育学科的前沿问题,在这个研究领域影响较大的有以易法建教授、莫飞平教授为代表的"德育场"理论,戴钢书教授的"德育环境三维理论",等等。这些理论成果开辟了德育环境研究新视野,对本论文有很大的启迪意义。

三、家庭环境的德育机理

对于外部环境如何影响主体的道德内化并付诸实践,到目前为止还没有定论,但对此问题的认识与探索却经历了一个漫长而逐渐推进的历程。在康德那里,外部环境在主体道德发展的视野之外,康德认为,先存认知结构的两个层次——主体认识形式和先验自我意识——都是先验的产物,是个体或人类与生俱来的,因此主体道德发展与外部环境无关。现代认知发展心理学代表人物皮亚杰和科尔伯格都认为个体道德不是天生的,也不是外部环境对个体的简单映射,而是道德主体与外部环境相互作用的结果,并特别强调"社会因素",即"社会上相互作用和相互传递"在个体道德发展中的作用。对于这一点,笔者认为是合理的,是符合事实的。但他们没有进一步解释两者之间的关系和作用机理,在他们的学说里,外部环境只不过是个体道德内化与发展的补充而已。海德格尔把社会文化等外部环境因素纳入了"理解的前结构",此洞见超越了前人。但问题是,他的"理解的前结构"不是作为个体认知结构的组成部分,而是外在于个体内化过程的"前理解",因此也无法解释清楚外部环境如何影响主体的道德内化。笔者认为,家庭德育环境既不是置身于主

---

① 张楚廷:《新世纪:教育与人》,《高等教育研究》2001 年第 1 期。

体道德认知之外,也并不是主体道德认知结构的"前理解",而是通过教化等德育模式中介环节渗透积淀为道德主体内化图式的一个组成部分,从而影响到主体道德的内化与生成。家庭德育环境、德育中介、个体道德的内化与生成三者相互配合与渗透,构成了一个统一整体。家庭德育环境是德育的内容和要素,个体道德的内化与生成是德育的目标,而德育中介是介于德育环境与德育目标之间,起着既分界开来又连接起来的桥梁纽带作用的中间环节。

(一)家庭德育环境的构成要素

家庭德育环境作为一个有机整体对主体道德内化与生成产生影响,这是毋庸置疑的。其影响是如何产生的? 内在机理是怎样的? 要回答清楚上述这些更深层次的问题,则首先要明白家庭德育环境这一复杂整体的构成要素。我们知道,早期的家庭教育主要就是指道德教育,因此在某种意义上说,研究家庭道德教育要素与研究家庭教育要素应该是同一的。从研究路向来看,最初的有关家庭教育的研究基本归属于教育学领域。例如,1959 年弗雷泽提出家庭环境四要素:家庭文化背景、家庭经济背景、家庭动机背景、家庭情感背景,被广为引用;①赵忠心教授从家长的自身素质、家长对子女的态度、家庭生活环境、家庭社会背景诸方面论述了影响家庭教育的因素。② 20 世纪社会学发展起来后,家庭教育研究更加突出了社会学的色彩。例如,1967 年英国《普洛登报告》提出家庭环境因素不仅包括家庭物资设备、经济状况、父母所受教育、父母对子女学习的态度,而且包括子女人数、父母职业等变量;1984 年理查德·D. 范思科德等提出家庭环境变量有:家庭所说的语言、家庭提供的教育阅读材料、家庭谈话的质量与数量、教育年轻家庭成员的方法及一致性、家庭参观社区活动和名胜、家庭外出旅游的数量与质量、父母对学习和学校的态度;③1996 年吴奇程教授把家庭环境因素划分为:主观因素(包括家庭

---

① Kellaghan T. Family and schooling. In: Lawrence J. Saha(ed.). International encyclopedia of the sociology of education. Oxford, UK: Elsevier Science, 1997: 609-610.

② 参见赵忠心:《家庭教育学》,人民教育出版社 1994 年版。

③ [美]理查德·D. 范思科德等:《美国教育基础——社会展望》,人民教育出版社 1984 年版,第 140 页。

气氛、家长思想道德等纯主观因素),客观因素(包括物质生活条件、家庭的自然结构、子女出生第次、是否独生等),以及家长职业、家长科学文化素质等带有一定主观性质的客观因素,还包括个人能力、个性倾向、父母生活经历等因素。[①] 最近几十年,心理学、语言学、生态学的研究方法在家庭教育中取得了不少的成绩。例如,1999 年张文新博士提出了影响家庭教育的 13 个因素:社会经济地位、社会文化背景、父母被抚养的经历、父母的个性、母亲就业、压力和社会支持、儿童的年龄、性别、出生的顺序、亲子交往的情景、父母的婚姻质量、家庭的结构和规模。[②] 从上述资料分析可知,影响家庭教育的要素主要包括:家庭教育态度、家长素质、家庭生活条件、家庭人际关系、家庭教育内容、家庭教育方法、家庭结构,这些要素值得我们特别关注和思考。

　　上述对家庭教育环境构成要素的分类虽然各有自身的认识论视野和依据,但在合理性方面还存在以下问题。其一,上述定义和分类显得很笼统,不精细、不清晰,没有进一步说明要素之间的结构和联结关系,因此也无法明确各要素的主要功能和作用。其二,上述定义和分类总体感觉缺乏"历史的"和"价值关联的"底蕴,弱化和忽视了家庭教育环境的价值多元性和形式多样性。其实,家庭环境既具有异质性和多样性,又具有历史的积淀性和传承性;既具有价值普遍性,又具有价值多元性。笔者并不是刻意苛责上述不同定义的缺陷,而是借此来思考一个重要问题,即本文该如何来定义和分类家庭德育环境的构成要素。为什么不同学者对家庭环境构成要素分类不一样呢?当然是出于自己研究的不同需要,这是毫无疑问的。但这同时也为我们提出了一个疑问,仅仅为了满足自己的研究需要而依据自己的"标准"确定家庭环境构成要素是否显得偏颇和狭窄,是否合理?笔者认为,要科学地确定家庭德育环境的构成要素,还必须认清家庭教育的本质和特点。"家庭教育既指在家庭中进行的教育,又指家庭环境因素所产生的教育功能。前者所指的是受教育者在家庭中所受到的由其他家庭成员(不论长幼,但主要是指父母)施予的自觉或非自觉的、经验性的或有意识的、有形的或无形的等多种

---

① 参见吴奇程:《家庭教育学》,黑龙江教育出版社 1996 年版。
② 参见张文新:《儿童社会性发展》,北京师范大学出版社 1999 年版。

水平上的影响;后者则指家庭诸环境因素(包括家庭的社会背景和生活方式)对受教育者产生的'隐性'影响。"①这段朴素的语言揭示了家庭教育蕴含"显性"和"隐性"两类要素的本质。国内知名家庭教育专家骆风也认为家庭德育的构成要素有显性和隐性两大类:"第一,狭义的家庭德育,指家长有意识地培养子女品德的活动,就其表现形式来看是一种显性教育,主观性较强。我们把家长教育观念、家庭德育目标、家庭德育内容、家庭德育方法、家长教育能力五种因素作为评估狭义家庭德育的一级评估指标。第二,广义家庭德育,指家长素质和家庭环境对子女品德的影响,通常是'无主体'的隐性教育,主观性较强。我们把家长道德素质、家长文化素质、家庭生活条件、家庭生活方式、家庭人际关系五种因素作为评价广义家庭德育的一级指标。"②

　　所以,对家庭德育环境构成要素的分类,并不能仅仅从满足达成自己研究任务这一需要出发,还必须考虑家庭德育环境的内在规定性,只有在对两者进行辩证统一的认识和考量的前提下,才能够使家庭德育环境构成要素的定义具有必要的可信度和合理性。由此,笔者认为,对家庭德育环境构成要素的分类应遵循"合规律性"和"合目的性"的辩证统一。所谓"合规律性",主要是指家庭德育环境构成要素的分类必须符合家庭德育环境存在及运行的内在规定性,而不是主观随意;所谓"合目的性",主要是指家庭德育环境构成要素的分类应该考虑受价值法则制约的问题,既要符合自己研究的需要,又要符合家庭德育环境自行的价值属性,两者不可偏废。

　　马克思说人的本质并不是单个人所固有的抽象物,在其现实性上,他是一切社会关系的总和。家庭环境虽然包括物质条件等要素,但其核心要素应该是人与人之间的关系。而其中牵涉的道德问题,其核心也是人与人的关系问题。这样,基于家庭环境存在和运行的内在规定性以及本文研究的需要,笔者依据家庭德育环境与人的道德生成之间的互动形态将家庭德育环境划分为物质条件环境、人际关系环境和精神意识环境三种形式。物质条件环境主要反映家庭的生活环境、经济状况和消费趋

　　①　马和明等:《教育社会学研究》,上海教育出版社1998年版,第445页。
　　②　骆风等:《家庭德育类型及其对子女品德影响的实证研究》,《山东教育科研》2000年第6期。

向等,主要包括家庭生活条件、社会经济地位、家庭生活方式等要素,这是家庭道德教育的硬件,是家庭道德教育活动赖以存在的物质前提。人际关系环境是指处理家庭各种关系过程中的行为方式和关系倾向,主要包括亲子关系、家庭结构和规模、家庭情感、家庭气氛、家法家规、行为原则等要素。精神意识环境,它反映家庭的道德心理、道德价值追求,以及与之相统一的知识素养和审美取向,主要包括家长教育观念、家庭教育态度、家长素质、社会风气、传统习俗、家庭德育目标、家庭德育内容、家庭德育方法、家长教育能力等要素,它是家庭道德教育的隐性要素,是软环境。

由此,家庭德育环境是一个依循物质条件环境到人际关系环境,再到精神意识环境不断提升、不断循环的动态发展的有机整体。其中,精神意识环境是核心,人际关系环境是主体,物质条件环境是基础。物质条件环境是家庭德育存在和发展的物质基础,它制约着其他两种环境的发展方向和发展水平;人际关系环境受物质条件环境的制约,同时是精神意识环境的集中体现,是家庭德育环境的重心所在;精神意识环境是物质条件环境和人际关系环境的直接或间接反映。

(二)家庭德育环境的作用中介

家庭德育环境不能直接对个体的道德发展产生效力,它还必须借助于德育中介这个相互转化和相互作用的中间环节。没有德育中介,就等于没有工具和手段,环境与个体的相互作用和转化就会落空。何为"中介",在黑格尔的哲学中,中介概念表示的是从"绝对理念"过渡到对方的桥梁,是彼此联系的中间环节。在此,中介包含两层含义,第一层含义是指发生联系的双方或对立面在转化时可以互为中介,正如他所说,"对立面的统一是以自身为中介的运动和活动"[1]。列宁也同意这种看法,认为"仅仅'相互作用'=空洞无物,需要中介"[2],"一切都互为中介,连成一体,通过转化而相互联系的"[3]。中介的第二层含义是指对立面转化时需要的中间环节,也就是说德育环境影响到个体道德发展时,需要一定的

---

①　黑格尔:《小逻辑》,商务印书馆 1966 年版,第 111 页。
②　《列宁全集》第 55 卷,人民出版社 1991 年版,第 137 页。
③　《列宁全集》第 38 卷,人民出版社 1959 年版,第 248 页。

工具、手段、方法作为中介,德育环境需要这些工具、手段、方法来与个体道德发展发生关系。"中介是指介于环境、人的素质之间的,使这两者既分界开来,又连接起来,起着桥梁、纽带、媒介和过渡作用的不可逾越的中间环节,是在这两者之间相互作用和相互制约的关联中,具有'亦此亦彼、非此非彼'特征和属性的中性因素。"①

"事物都是一分为二的,这一点已无须论证。但是,如果我们把它放在事物的存在状态这个层次上,那么,一分为三就不仅能够存在,而且是一个很好的哲学概括。"②依据这个思路,我们可以把家庭德育环境、德育中介和发展中的道德个体看成是家庭德育的"三维"。在这个"三维结构"中,我们把德育环境看成是主体,发展中的道德个体看成是客体,各种贴近家庭德育的方法、手段、媒介和模式看成是德育中介。家庭环境不仅仅是伴随家庭活动的存在物,它从产生那一刻起,就成为一股自行组织、自行完善的有机力量,通过德育中介不断型构着个体道德的发展,在与个体不断互动的过程中,使潜在的个体变成了现实的个体,自然的个体变成文化的个体。由此,个体道德的内化和发展,可以看成是个体在极其复杂的、高度中介化的德育手段、工具、媒介作用下与家庭德育环境互动的结果。

为了明白德育中介在环境和个体之间的作用机制,我们还必须对它的内在构成和功能进行分析。我们知道,个体道德内化是道德认知、道德情感、道德意志、道德行为统一和谐发展的过程,因此,作为手段、工具的德育中介就应该通过影响道德的知、情、意、行来影响个体的道德内化。

影响道德认知、情感、意志、行为的德育中介主要包括观察学习、家风感化、情感濡染、理论指导、评价激励、生活实践等。"人的思想、感情和行为不仅受直接经验的影响,而且更多地受观察影响,称观察别人的行为及其结果而发生的替代学习为观察学习。"③观察学习是个体通过观察榜样的行为来实现的,学习者只要在一定条件下观察到他人行为,不

---

① 戴钢书:《德育环境三维理论模型及其价值》,《武汉大学学报》(人文科学版)2004 年第 6 期。

② 艾丰:《中介论》,经济日报出版社 2000 年版,第 2 页。

③ 顾明远主编:《教育大辞典》(增订合卷本),上海教育出版社 1998 年版,第 1362 页。

必直接进行反应,也可以不亲自体验直接的强化,即通过榜样替代反应和替代强化就能学会这种行为,即替代性学习。观察学习在家庭道德教育中首先体现在家长榜样示范作用中。孩子出生后就开始与父母朝夕相处,所以家庭中的耳濡目染是儿童观察学习的主要方式,家长的言行是个体(特别是儿童)道德认识的主要来源,家庭成员对问题的看法、思想作风、道德操守,以及亲子关系、家庭德育目标、家长素质等直接或间接影响到儿童道德认知。其次,在人类的观察学习中,"强化"对道德教育也起到非常重要的作用。"强化"包括外部强化、替代强化和自我强化,自我强化尤为重要。在家庭道德教育中,家长可以通过精神表扬、物质鼓励等形式强化儿童好的言、行,促使儿童形成好的行为习惯;或通过赞许、奖励其他儿童或人物好的行为表现,促进儿童模仿这种行为表现。与此同时,家长应该注意把对儿童的外在强化逐步引导和过渡到内在强化,把外在要求逐步转化为儿童的内在需要,提高儿童自我控制、自我调节、自我管理的水平,从而促进儿童更积极有效地进行道德学习,成为道德人格独立成熟的个体。再次,在人类的观察学习中,"自我效能"对道德教育也起到非常重要的作用。自我效能是指个体在特定背景中是否有能力去操作行为的期望,自我效能有着类似认知、动机和情感的功能,它在控制和调节行为方面有着不可估量的价值。个人对自我效能或成功的预期愈高,就愈能付出努力,而且这种努力也更持久。在儿童的自我效能的形成和发展中,家庭的影响非常关键,家庭应注意对儿童言行的正确引导、评价,为儿童提供丰富的活动环境,为儿童确定良好的与其年龄相近的自我效能评价模式,帮助儿童建立稳定的自我效能感,提高儿童对自我道德品质的认识、评价和判断能力。

"家风感化"是指用潜移默化的方式使家庭成员沐浴在温馨和睦的家庭氛围中,在情感上熏陶感化,促使家庭成员(特别是儿童)在道德品质上发生预期变化的过程。家风其实是家庭文化的一种外显,它植根于不同的家庭文化土壤中,由于家庭经历了不同的社会经济文化过程,由此获得了不同的生存、生产、生活和发展经验,积淀了不同的文化价值观念和取向,这些价值观念和取向以其无组织、不系统、零碎的、有意或无意的形态教育着、塑造着、影响着家庭成员的生理和心理成长。《公民道德实施纲要》指出:"要在家庭生活中,通过每个家庭成员良好的言行举止,相互影响、共同提高,形成好的家风。"家风是家庭中一个深层的信念系统,家庭价值观念、家庭人际关系、生活方式、教育理念、婚姻观念、生育观念等构成了家风的核心内容。家风在家庭成员的活动中发挥着行为导向、情感激发、教育指导、约束评价等作用,制约着家庭成员活动的各个方面,不同家风的熏陶会造就不同的行为特征。在中国传统社会,家风是家庭道德教育的重要中介,一方面,绝对权威、等级森严、保守封闭、缺乏自由、消极被动等儒家糟粕文化成为家风的消极因素;另一方面,注重家庭血缘亲情、相互尊重关爱、人际和谐、注重道德修养、重义轻利等家风积极因素则成为家庭和民族生生不息的重要动力。家风在家庭道德教育中具有培养性格情操、丰富生活、形成价值规范、提高道德素质等多种功能,具体表现为:帮助家庭成员实现道德社会化的教育功能,即帮助家庭成员提高道德认知的功能;引导和推动家庭成员道德发展的导向功能;深入人心、形成家庭舆论,并对家庭成员的言行举止具有制约的约束功能,即促进道德意志的功能;协调家庭人际关系,使家庭成员感觉心情愉快、幸福的道德情感和激励功能;促进家庭成员之间的团结、黏合家庭成员之间价值观念的凝聚功能。

　　"情感濡染"是指通过家庭的亲情感染以促进家庭成员的道德认知、道德行为的过程。"感人心者,莫先乎情",情感是人类活动的动力系统,人与人之间的活动尤其是道德教育活动,没有情感的投入,道德说教就不可能真正深入内心,不可能内化为坚定不移的道德信念。情感包括亲情、友情、爱情,而家庭中的亲情是人们内心深处一种最基本最稳定的情感体验。"在中华民族逐步形成的历史过程中,人们在道德上的感情寄托,隐然有一个从亲情、乡情推而至于整个民族的过程,从而逐步形成了作为民族成员的个体对于自己民族的深厚感情。"[1]朱小蔓教授指出:"积极的情感体验直接或间接地转化为人的动机和意志,激发、维持、强化人的逻辑——认知活动。而对逻辑——认知层面及其活动的片面强调导致人的社会性情感受损,包括感受能力的下降,认识兴趣泯灭和扭曲,以及从自尊心的丧失到社会责任感的淡薄。"[2]家庭中积极的情感体验会激

---

①　翁之光:《中国家庭伦理与国民性》,云南人民出版社 2002 年版,第 110 页。

②　朱小蔓:《情感教育论纲》,南京出版社 1993 年版,第 40 页。

励、推动家庭成员的道德成长。"情感濡染"在家庭道德教育中的中介作用既有理论依据,如赫希的"依恋"理论、埃米尔·迪尔凯姆的"归属感"理论、仲斯的"经验需求论"等,又有"感恩教育""关心教育"等实践的佐证。家庭"情感濡染"为儿童道德情感发展奠定了基础。人一生下来与其父母之间的伦理情感是一种基础性情感,这种基础性情感对其以后情感的同化、生成、发展将会起到基础性的保障作用,它的结构与特性对其以后的情感(包括道德情感)形成起到广泛而深刻的影响;当个体形成了积极、健康的基础性道德情感时,也就奠定了良好的社会道德情感基础。家庭为道德训练提供了最有效的基地,家人之间的血缘亲情关系成为"随后出现的所有关系的原型"[①]。家庭"情感濡染"还为儿童的道德发展提供了驱动力。儿童对其父母等亲属在情感上的认同使他们更容易听取亲属的建议和要求,并形成一种按照亲属的标准和期望行动的内驱力。有学者把这个过程描述为五个阶段:儿童与家长等亲属在情感上的依存把安全感和共情的回应与道德义务感联接起来;通过吸收消化家长等亲属的规范;理解到共情有利于他们对规范的严格遵守;接着选择理想和偶像,这些理想和偶像通常是在早期人际关系中学习的反应;最后,他们会把自己看成是一个道德标准的载体或实现此标准的老师。[②] 此外,"情感濡染"还对家庭道德教育具有巩固的作用,家庭伦理情感巩固了德育的成果,促使儿童形成更加坚定的道德意志和道德信念进而具有良好的道德行为习惯。

　　"理论指导"是指家长把相关道德知识和道德规范等德育内容转递给家庭成员,从而实现德育目标的过程。其实,家庭德育不能完成依赖环境的潜移默化,有时还需要家长对家庭成员直接的道德教导和现场指导,因为依靠"观察学习""家风感化"等德育中介不能涵盖所有道德问题,并且效率不高,因此,家庭的道德理论指导必不可少。特别是小孩碰到道德难题和道德悖论时,家长的及时理论指导非常重要,这样可以及时避免不必要的不道德行为,并及时为孩子的道德认知排疑解惑。理论指导是一个很重要的德育中介,它具有直接性和自觉性。理论指导既要

---

　　① Samuel P. Oliner, Pearly M. Oliner. The altruistic personality:Rescuers of Jews in Nazi Europe. New York:Free Press,1998:171.

　　② 参见 Selma Fraiberg. The magic years. New York:Simon,1959:300.

注重用马克思主义的世界观、人生观和价值观理论指导家庭德育；又要结合新的历史条件和新的历史经验，充分重视并善于运用人类已经积累起来的文明成果来指导家庭德育；还特别要重视应用中华民族的优良传统和美德来培养和塑造家人的道德素质。

"评价激励"是指家庭中运用某一思想道德评价标准对家庭成员的思想道德素质等方面作出价值判断并激励家庭成员向预期道德素质方向发展的过程。对家庭成员的道德水平认识和恰当评价，是提高家庭成员道德素质的关键环节，有助于推动家庭成员形成社会进步所要求的道德素质，抑制和纠正与社会进步相悖的道德错误倾向。合理有效的家庭道德评价应包括三个方面的内容：一是要确立一个符合社会主流的评价标准，这是家庭道德教育合理可行的前提条件；二是要有较活跃的家庭道德评价气氛，活跃的道德评价气氛能激发家庭成员的道德意识，形成道德环境的约束与激励机制；三是赏罚要分明，道德评价的目的是判断出家庭成员道德素质的高低，并通过赏罚等措施来激励家庭成员产生积极、昂扬向上的精神道德风貌。家庭德育的目的说到底，就是要给家庭成员"安装"一种保障现在和未来出现合乎社会发展要求的精神装置，创设一种提升精神状态的激励机制，不断提升家庭成员的精神境界。其实，"德育的直接对象是人的思想观念和精神状态，它的任务之一就是要调动人的积极性，从终极意义考虑，德育的内容、方法、途径等都是中介性的，改变人的思想观念以及满足人的精神需要都是激发人的精神动力、推动人的预期行为的手段。"[①]人们获得道德规范知识并内化为自己的认知结构，要表现为道德行为还需要激励作为转化机制。道德激励将经选择的精神资源转化为精神动力，提升人的精神状态和人生境界，调动人的积极性，引导人的行为方向，从而实现家庭和社会的德育目标。

"生活实践"是道德存在的主要方式。我们知道，道德不能独立存在，它具有依存性、"寄生"性。也就是说，道德存在于人们的经济活动、政治活动、文化活动、宗教活动乃至教育活动等社会生活之中，它不能单独地、孤立地成为社会生活的一种，只能融入、渗透于各种社会生活之中。实现道德与生活的完全融合是相当重要的，这不仅是道德的本质使

---

① 申来津、房海静：《精神激励与德育目标建构》，《思想理论教育》2005 年第 4 期。

然,也是道德的目的使然。凭观察和常识我们可以知道,道德就在我们的生活实践之中,比如亲子关系是否父(母)慈子(女)孝,夫妻关系是否互敬互爱,等等。实现道德与生活的融合,就尤其要实现道德与日常生活的融合,日常生活"以个人的家庭、天然共同体等直接环境为基本寓所",进行着不假思维、自然而然的重复性的思维和重复性的实践。因此,以日常生活为家庭德育中介,就可以使德育融入家庭成员的日常生活中,使践履道德成为家庭成员习以为常、不假思索的"重复性实践"活动。儒家传统非常强调德育与日常生活的融合,主张自孩童之时就应该学习"洒扫应对之礼";日本小学生至今在出门、回家时还有固定的话语向父母打招呼以表示礼貌和尊重;而反观我国新近提倡子女在母亲节给父母洗脚这一道德实践,却在实践中累累出现别扭、难堪的问题,这反映出我国目前日常生活道德实践的不足。人无时无刻不在生活的浸染中,生活中的点点滴滴都能给人以感悟,给人以启迪,能够激发人的道德需要、情感,磨炼人的道德意志,促发人的道德行为,为此,著名教育家陶行知提出"生活即教育"的命题。生活是道德的沃土,道德源于生活,要真正发挥道德教育的作用,必须紧密联系生活实践,从生活实践出发,以生活实践为中心进行德育工作。

(三)家庭德育环境的作用机制

心理学、社会学和教育学的研究结果告诉我们:人的思想道德、理想信念和行为习惯是一个复杂的过程,既可能是依照某种理论灌输的结果,又可能是受其所处环境和氛围渲染的结果,是有意识教育和无意识教育的辩证统一。我这里强调家庭德育环境的重要性,并不是反对直接的道德教导和道德灌输,也不是指让环境熏陶代替正面教育、让无意识教育代替有意识教育、让家庭德育代替学校德育和社会德育,而是指家庭德育要发挥家庭德育环境诸要素的作用,以家庭德育中介为载体,实现家庭在德育中的首要地位,切实体现德育的效果。这里所指的"环境",一是指优化的环境,与消极、反向的环境相对立;二是指有教育意义的环境,与自发偶然的环境相对立。

环境是一种教育力量,而且是一种更广泛、更重要的教育力量。正如叶圣陶先生所说:"学生不光在学校里受教育,在学校之外,在家庭里,在社会上,他们无时无刻不在受教育。"家庭环境在德育中的重要性,还在于个体具有模仿、从众、认同、感染、体验等心理机制,还由于个体(特别是青少年)的身心发展和道德素养是一个永远未完成的过程,无时无刻不受家庭环境的制约和影响。

道德素养是个人在道德教导和环境作用下、在实践的基础上逐渐生成的。这里包括三层意思:一是道德的生成是一个道德认知、道德情感、道德意志、道德行为的整体实现和提升的过程;二是家庭道德教育受到道德指导和环境作用的共同影响,前者是有意识的显性因素,后者是自发的隐性因素;三是道德素质是在长期的实践中获得或增长的素养和修养,实践既是使家庭德育环境、德育中介和个体道德素质发生联系的载体,又是这三者赖以存在的现实基础。家庭环境、德育中介、个体的道德素质三者的作用机制可以用图 2-1 表达。

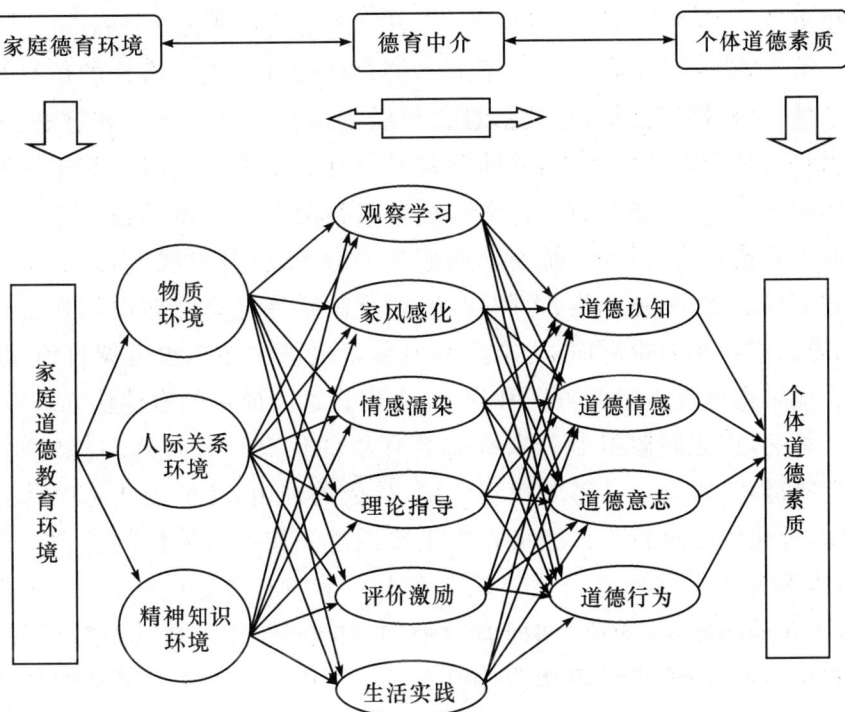

图 2-1　家庭德育环境通过德育中介对个体道德素质作用机制

　　图 2-1 清晰地表达了家庭德育环境要素通过德育中介影响个体道德素质,生成的个体道德素质又反过来影响家庭德育环境要素的互动循环过程。家庭德育环境是指影响家庭成员思想道德素质形成、发展的一切外部因素的总合,主要包括物质环境、人际关系环境和精神意识环境。家庭德育环境是家庭德育的素材和前提条件,而其发挥作用的效能则依赖于观察学习、家风感化、情感濡染、理论指导、评价激励、生活实践等德育中介,德育中介是联接德育环境与家庭成员的纽带,并通过传递机制、虑选导向机制、内化践行机制、反馈机制等实现家庭德育环境的功能。

　　第一,传递机制。德育中介是联接家庭德育环境与家庭成员的桥梁和纽带,正如列宁所指出的:"一切都是经过中介,连成一体。"[1]德育中介在联接环境要素与家庭成员的同时,传递着德育环境的思想道德信息,家庭成员通过德育中介接受和理解着德育环境的信息。离开德育中介,思想道德信息就会阻隔而无法传递,思想道德教育就无法进行。

　　第二,滤选导向机制。由于家庭德育环境各要素所携带的信息具有复杂性、多样性等特征,这些信息必须经过德育中介的选择和过滤,才能确保符合社会发展的要求,才能确定对家庭成员道德发展具有正面影响的作用。今天,日益开放的社会环境要求社会个体应该具备一定的道德判断力和选择力,但并不是要求我们袖手旁观、任其发展,而是要求我们通过家风感化、情感濡染、人际互动、评价激励等德育中介以加强信息传递、思想引导和舆论导向,为家庭环境要素提供主导思想道德价值观,为家庭成员德育发展指明方向和道路,以促进家庭成员的道德认知。

　　第三,内化践履机制。家庭德育环境的信息经过传递、过滤、筛选、导向等过程,家庭成员需要找到认同、接受的理由,才能内化为个体道德认知,外化为道德行为。涂又光先生曾说过一句广为流传的话:"知道为智,体道为德。"[2]关于"内化",笔者在上一节中有详尽论述,在此不再赘述,现在的问题是"知道"如何有效地向"体道"转化。在"知道"阶段,应以观察学习、理论指导等德育中介为主,它需要受教育者更多的道德理性成分的参与与渗透;而在"体道"阶段,应以家风感化、情感濡染、评价

　　① 《列宁全集》第 55 卷,人民出版社 1990 年版,第 85 页。

　　② 涂又光:《大学人文精神》,《高等教育研究》1996 年第 5 期。

激励等德育中介为主,凸显了情感和审美等非理性因素的重要性。情感和情景对实现家庭环境德育的内化践履过程有着非常重要的作用,儿童在他人生的早期(0~10 岁之间)就奠定了他(或她)一生的道德基础,这段时间的道德教育的成效为何会如此之大呢? 除了生理和心理上的原因之外,最根本的原因就在于儿童是在家庭的真实生活场景中和活动之中接受德育的。儿童最初的道德认知、情感、意志、行为是在家庭生活环境熏陶中极其自然地获得的,是在吃饭时妈妈念叨"粒粒皆辛苦"的诗韵中,是在爷爷奶奶给你糖果时妈妈教导你"快谢谢爷爷奶奶"的嘱咐声中,不知不觉将道德认识内化并形成道德行为习惯的。

第四,反馈机制。家庭德育环境的德育过程是一个动态的过程,一方面,因为有正向的道德信息传递、筛选、内化过程,就必然有逆向的道德信息反馈过程。比如,因为社会道德要求发生了变化,家庭就应该相应改变德育内容、德育方法等环境要素,并相应调整和优化德育中介,并期望获得德育新效果。其结果如何,必然要通过家庭成员的社会化道德行为或其他渠道获得道德信息并作出相应评估后才能确定,更为重要的是,还要以结果为依据对家庭德育环境要素或德育中介进行调整,以期达到预定的德育目的,这种反馈是常规性的、有序的反馈。另一方面,由于家庭德育环境要素、德育中介发生重大变化,或因为某一德育环境要素、某一德育中介因长期量的积累而导致质的变化,都会引起家庭德育结果的急剧变化,这种急剧变化的反馈和紧跟其后的调整、优化,就是非常规的或无序的反馈。反馈机制使家庭德育环境获得了优化和发展的能力,是不断推进家庭德育效果过程中的重要一环。

通过以上对家庭德育环境作用机制的分析,我们明白了家庭环境、德育中介和个体道德素质三者之间的互动关系,并获得以下启示:

首先,家庭德育要与家庭环境相协调,既要发挥环境要素的作用,还要发挥德育中介的作用。就家庭道德教育而言,可以从家庭环境要素和德育中介两方面入手,分别发挥它们的作用:一是要把家庭德育环境建设和完善好,正确认识环境要素对家庭德育的基础作用;二是精心组织德育中介的实施,努力使其功能发挥到极致。

其次,家庭环境要素对个体道德素质的影响是一个各有侧重、相互影响的有机整体。其中家庭物质环境对家庭道德教育具有基础性作用,人际关系环境对家庭成员道德素质起着渲染激励的作用,精神意识环境起着塑造作用,三种不同类别的环境相互配合,形成合力。由于这三种家庭环境各自又由多种要素构成,家庭德育环境因此而具有复杂性和多样性,既存在正面的影响,又存在负面的影响。由此,要抑制负面影响的作用,发挥正面影响,就必须发挥各种德育中介对道德信息的筛选、导向、内化和践履作用。

最后,在家庭德育环境对家庭成员的思想道德素质的影响中,各种德育中介起着传递、过滤、转化、放大、内化等作用,本书前面所列举的观察学习、家风感化、情感濡染、理论指导、评价激励、生活实践六种主要的德育中介,都与家庭德育效果有着密切的联系。这六个德育中介相互补充、相互支持,构成了一个较完备的整体。总体来说,凡是对这六种德育中介应用得比较好的家庭,则家庭德育效果比较好,反之,则比较差。

第三章　家庭道德教育之历史镜鉴

之所以要对传统家庭道德教育的历史进行梳理和回顾,主要是因为教育的演变和发展总是具有历史的继承性,家庭道德教育的演变和发展也不例外。中国自古以来就十分重视家庭道德教育,他们把家庭的兴衰寄托在子孙的教育上,正所谓"子孙贤则家道昌盛,子孙不贤则家道消败"。子孙是贤还是不贤,则"由乎蒙养"。"蒙以养正",家庭德育不仅在于保家立业,而且有助于安国。正是在这一认识指导下,中国传统思想非常重视家庭德育,不但积累了大量的家庭德育经验,而且形成了有特色的家庭德育传统。通过对中国传统家庭德育的梳理和回顾,有助于我们汲取其中的养料和合理成分,以资参考和借鉴。

第一节　中国传统家庭道德教育的历史演进

我们把中国古代的家庭道德教育称为"传统"家庭道德教育。中国传统家庭道德教育主要表现为家训的形式,家训又称庭训、庭诰、家戒、家范、家法等,是中国宗法社会重要的文化现象。它萌芽于五帝,产生于先秦,发展成熟于两汉至隋唐,宋、元、明、清从繁荣鼎盛走向衰微,晚清至新中国成立前历经了转折与变革。①

一、中国传统家庭道德教育萌芽时期（先秦）

家庭教育在中国有非常悠久的历史，中国古人非常重视家庭道德教育，据考证，我国最早从事家庭教育活动几乎与一夫一妻制家庭制度同时起步，《商君书·画策》中说，"黄帝为君臣上下之义，父子兄弟之礼，夫妇匹配之合"②，也就是规定了君臣、父子、夫妇的道德规范，其中包含了家庭道德教育的内涵。另外，家庭道德教育的萌芽也在五帝禅让中初露端倪，"禅让制表明子孙或幼弟如果不遵守父祖、兄长之训，缺乏德行，是不能继承王位的"；"五帝对子孙的要求是很高的，也是经过考察和训导的，这种考察、训导，虽然具有君臣、上下的性质，但从氏族内部角度来看，包含着长辈对幼辈的训诫的意思"。③

西周时期是我国奴隶社会的鼎盛时期，典章制度完备，礼乐文明高度发达，为家庭道德教育奠定了物质和文化基础。《周易·家人卦》比较系统地论述了当时家庭道德教育思想，首次提出了严与爱、威与信、教子与律己等道德范畴，这是我国古籍有关家庭道德教育的最早记载。④ 春秋战国时期，礼崩乐坏，官学废弛，私学兴起，形成了百家争鸣的格局，带动了学术思想的大发展大繁荣，社会上出现了文化下移现象，文化开始进入平常百姓家。诸子争鸣虽然观点各异，但在教育思想上表现较为一致，例如，重视环境影响，重视家长自身修养和以身作则，教子以德等。由此形成了传统家庭道德教育的基本特征，典型的案例如曾子身教、孟母三迁、断杼教子等。

二、中国传统家庭道德教育发展成熟时期（秦汉—两晋—隋唐）

秦汉时期是我国封建集权专制体制确立的时期，也是我国传统家训

---

① 传统家庭道德教育的历史演进阶段划分基本与传统家庭教育一致，因为道德教育是传统家庭教育最主要的内容。通过对传统家庭教育历史演进阶段多种不同划分进行比照，本人比较认同邹强博士的观点。具体参见邹强：《中国当代家庭教育变迁研究》，2008年华中师范大学博士学位论文，第19—23页。

② 黄崇岳：《中华民族形成的足迹》，人民出版社1988年版，第2—3页。

③ 徐少锦、陈延斌：《中国家训史》，陕西人民出版社2003年版，第46、48页。

④ 《易经》，山西古籍出版社1999年版，第19页。

框架定型时期。秦朝中央集权制的建立和汉朝"罢黜百家,独尊儒术"文教政策的确定,使读经做官成为当时的一种普遍社会意识,"学而优则仕"的成才模式大大地刺激了平民百姓家庭教育的积极性。同时,儒学被推崇到至高无上的地位,此时的家训也以儒家思想为指导,提出了家教、家训、家学、家戒、门法、门风、家声等基本概念;家训内容多样化,显现出重儒的趋势;重视对女子的训诫;家训的形式也越来越多样化,如采取家约、家书等形式进行训诫。这一时期产生了一系列的家训著作,如班昭的《女诫》、蔡邕的《女训》、荀爽的《女诫》等等。秦汉时期"形成了以儒家思想为主导,以官僚士大夫为主体,包括帝王家教、女子家教、胎教等在内的各级各类的家教的框架,以后的家教发展都是在此框架内丰富完善而已"[1]。

两晋、隋唐时期是社会动荡频繁,社会变革剧烈的时期。官学的时废时兴,使家庭教育获得了蓬勃的发展,时局的动荡使人们普遍有一种危机感,深感家训的重要性,并竭力教子以立身处世的知识,使子弟避免灾祸,立足于社会。于是家庭道德教育盛行,主要表现在以下两个方面:

第一,这一时期家训著作激增,日臻成熟,如曹操的《诫子植》、诸葛亮的《诫子书》、嵇康的《家诫》、王修的《诫子书》、王祥的《遗令训子孙》、陶渊明的《与子俨等疏》等等。其中,出现了士大夫家训的成熟之作,即《颜氏家训》,也出现了较为系统的帝王家训《帝范》。"家教中已积累极丰富的正面经验和反面教训,对之加以概括、提炼、升华的条件已经具备,于是产生了系统化、理论化的家训著作,使中国传统家训趋于成熟。"[2]

第二,本时期家训的内容涉及更为广泛,涵盖了修身、立志、为政、德性,处事、尊师、理财等各个方面,不仅大大丰富了家训的功能,而且为后世的家训发展拓展了新的空间。

三、中国传统家庭道德教育由繁荣鼎盛走向衰微(宋元—明清)

到了宋、元时期,儒学发展为理学,理学大师朱熹非常强调德育的重

---

①　马镛:《中国家庭教育史》,湖南教育出版社 1997 年版,第 4 页。

②　徐少锦、陈延斌:《中国家训史》,陕西人民出版社 2003 年版,第 236 页。

要性,"圣贤千言万语,只是教人明天理,灭人欲"①;"立学校以教其民……使之敬恭,朝夕修其孝弟忠信而无违也"。② 家训著作呈一片繁荣之势,有北宋司马光的《家范》,叶梦德的《石林家训》;南宋陆游的《放翁家训》,陆九韶的《居家正本制用篇》,袁采的《袁氏世范》;元郑太和的《郑氏规范》。明代的代表性家训有袁衷的《庭帏杂录》,温璜记述的《温氏母训》。清代代表性的家训有孙奇逢的《孝友堂家训》、张履祥的《训子语》、朱柏庐的《朱子家训》、张英的《聪训斋语》、曾国藩的《曾国藩家书》、康熙帝的《家训格言》等等。

宋、元、明、清时期传统家训达到繁荣与鼎盛,从该时期家训著作数量急剧增多可窥见一斑。据《中国丛书综录》记载,中国古代家训类书籍总共有 117 种,其中宋代 16 部,明代 28 部,清代 61 部。③ 其次,这一时期家训质量高,对后世影响大。例如,司马光《家范》中的道德教育思想开始从描述性向规律性探索,意味着家庭道德教育理论在一定程度上出现了转折。再次,家训的发展与家庭道德教育的普及,表明此时"对家庭教育的重视,对于家庭文化的建设,已经成为自觉的文化活动"④。

从清朝家训的数量和质量上看,虽然还显现出传统家庭教育的繁荣之色,但疲态已显,特别是到了晚清时期,作为儒学的继承者"朴学"逐渐走向衰弱,儒学的逐渐衰微意味着以儒学为精神支柱的传统家庭道德教育也将走向衰微。

四、传统家庭道德教育的转折与变革(鸦片战争后—新中国成立前)

鸦片战争后,西学东渐,中国掀起了一股变革和学习西方的浪潮。传统的思想观念和教育体系受到了冲击,逐渐坍塌,新文化和新式学堂迅速崛起,逐渐占领文教阵地。随着国门洞开,大量西方的教育思想和伦理道德理念被吸引和介绍进来,这不仅打乱了中国传统家庭教育的思维模式和理论框架,拓宽了封闭的道德教育内容,而且促进了家庭道德

---

① 《朱子语类》卷十三。

② 《王文成公全书》卷一《传习录》。

③ 赵忠心:《家庭教育学》,人民教育出版社 1994 年版,第 14 页。

④ 张艳国等编著:《家训辑览·前言》,湖北教育出版社 1994 年版,第 11 页。

教育走向开放,促进了道德教育观念迈向近代,为家庭道德教育过渡到现代奠定了一定的基础。家庭道德教育受到了大环境的影响,开始了变革与转折的历程,并逐渐延续到新中国成立前夕。

西学东渐的近代,不少学者试图利用西方引进的教育学、伦理学、心理学、社会学的新知识来建立家庭教育的科学理论体系。例如,朱庆澜先生撰写的《家庭教育》一书,这是民国时期有关家庭教育的第一本白话文著作。该书对家庭教育的重要性、原则、内容等问题进行了较为系统的论述,对其后的家庭教育和家庭道德教育具有较强的指导意义。近代中国家庭道德教育的发展,逐渐从重视传统家教经验向科学化转向,例如,陈鹤琴先生于 1925 年出版了《家庭教育》,就是科学化转向的典范,该著作奠定了我国现代家教的基础。

总之,中国传统家庭道德教育以培养君子为德育目标,以推崇仁爱、注重整体和谐为主要内容,以强调因材施教、躬身实践、自省自律、改过迁善为主要原则和方法,虽然由于其时代和阶级的局限,不免带有一些糟粕,但从总体上讲,它仍不失为家庭道德教育的典范,其中一些闪光的有价值的内容,对于我们今天的家庭道德教育仍具有启示意义。

第二节　传统家庭道德教育的优良传统

一、以培养君子为家庭道德教育主要目标

人总是在追求理想中提升自己,德育的要义之一就是要用理想的道德人格来塑造教育对象。德育目标既然是对教育对象品格规格的理想设计,就要预设一个理想的人格,对教育对象起到一个导引、参照的作用。在传统儒家的德育思想中,这个理想的人格就是成圣成贤,"圣人,人伦之至也","圣人之于民,出乎其类,拔乎其萃"。[1] 圣人在儒家道德思想中成为超现实的全知全能的人格神,正可谓"儒者论圣人,一位前知千岁,后知万世,有独见之明,独听之聪,事来则名,不学则知,不问自晓,故

---

[1]　杨伯峻:《孟子译注》,中华书局 1981 年版,第 329 页。

称圣"①。儒家把圣人理想化、神化,表达了人类难以释怀的乌托邦情结,同时也铸就了儒家德育目标的超越品性。

对于凡夫俗子来说,圣人是理想人格,是儒家德育的终极目标,是高不可攀的,君子才是现实的人格追求标准。"君子人格"是孔、孟为普通人所设计的做人规范,是圣人人格的补充。在传统儒家的心里,道德教育的目标是成为君子,君子是道德高尚、学问广博的人。对于君子特征的论述不计其数,有论者将其概括为:仁、义、礼、智、信、忠、恕、勇、中庸、文质彬彬等十三种素质。②

第一,作为君子,必须穷其一生,志以求道,即勇于追求理想。明朝永乐皇帝朱棣说:"人须立志,志立则功就。天下古今之人,未有无志而建功。"③"志不真则心不热,心不热则功不贤"④,故此,百学须先立志。传统家庭道德教育思想中,有大量告诫子孙立志的文字。如"一代廉吏"于成龙在《治家规范》中训示子孙道:"人贵立志,念念向上一径做去,有志者事竟成矣。"南宋经学家胡安国在写给儿子的信中说:"立志以明道,希文自期待。""志",不仅是指路的航标、奋斗的方向,更是前行的动力。在"一人得道鸡犬升天"的传统社会,每一个家长都希望自己的子女出人头地,以光宗耀祖、荫庇家族。但更有远见的父母是希望自己的后代修身知理、志存高远、志在圣贤、修身济世。

实现理想需要后天学习,因此父母应该督促、劝导子女学习,"大志非才不就,大才非学不成"⑤,但学习的目的并不仅仅是为了做官谋求富贵,"读书志在圣贤,非徒科第"⑥,"古人读书,取科第犹是第二事,全为明道理,做好人"⑦。颜之推也是这样对自己子女勉学的,"夫所以读书学问,本欲开心明目,利于行耳……夫学者犹种树也,春玩其华,秋登其实;

---

①　孟宪承、孙培青:《中国古代教育文选》,人民教育出版社 1985 年版,第 177 页。

②　汪凤炎、郑红:《孔子界定"君子人格"与"小人人格"的十三条标准》,《道德与文明》2008 年第 4 期。

③　〔明〕朱棣:《明太宗实录》。

④　〔清〕颜元:《颜习斋先生言行录》。

⑤　〔明〕郑晓:《家训》。

⑥　朱柏庐:《朱子治家格言》。

⑦　〔清〕孙奇逢:《孝友堂家规》。

讲论文章,春华也;修身利行,秋实也"①。"君子学以致道","朝闻道,夕死可矣"。实现君子理想目标,系一生所思、所想、所学、所实践在此。

第二,作为君子,应该舍生取义,保国安民,价值取向崇高。"义以为上"是传统儒家对君子人格境界所作的一种界定,并把义利关系作为区分君子小人的重要分水岭,所谓"君子喻于义,小人喻于利"即言此理。君子为品行端正、道德高尚的人,不应把义利两者等量齐观,应"见利思义""先义后利""以利从义""以义导利""舍利取义",视"仁义之德"为安身立命之本,必要时付出自己的生命也在所不惜,正所谓"苟利社稷,死生以之"。② 为了崇高的价值,君子乐于为国奉献自己的生命,可谓是"出门忘家为国,临阵忘死为主"③。

俗话说:"国难显忠臣,乱世出英雄。"多灾多难的历史给中国人民带来了无穷尽的苦难,同时成就了无数爱国志士的报国宏愿,造就了不少正人君子。但是,并不是每个人都有这样的历史机遇,因此要教育子女哪怕是平凡的老百姓,也应该"位卑未敢忘忧国"④。明朝成化间的罗伦,幼年家贫,学成满腹经纶期盼报国,但因上书得罪权贵,宦途终不得意,即便如此,他报效祖国的忠心始终不改,他在家书中写道:"惟愿家庭中有好子弟。所以好子弟者,非好田宅、好衣服、好官爵,一时夸耀闾里者也,谓有好名节……足以安国家,足以风四夷,足以尊苍生,足以垂后世。如汴宋之欧阳修,如南渡之文丞相者是也。"⑤

教育子女爱国须先教育子女爱民,重国先重民。传统家庭道德教育也包含了亲民和爱民思想情结。被朱元璋赐为"江南第一家"美称的郑氏家族,其传世家训《郑氏规范》在勤政爱民方面写道:"子孙倘有出仕者,当早夜切切,以报国为务,抚恤下民,实如慈母之保赤子,有申理者,哀矜恳恻,务得其情,勿行苟虚。又不可一毫妄取于民,若在任衣食不能给者,公堂资而勉之,其或廪禄有余,亦当纳之公堂,不可私于妻孥,竞为华丽之饰,以起不平之心,违者天实临之。"晚清重臣曾国藩虽然戎马倥

---

① 〔北齐〕颜之推:《颜氏家训·勉学篇》。
② 《左传·昭公四年》。
③ 〔宋〕呼延赞:《训子》。
④ 〔宋〕陆游:《病起书怀》。
⑤ 《诫族人书》。

愧,但不忘爱民之责,在他的家书中写道:"余自军以来,即怀见危授命之志……余久处行间,日日如坐针毡,所差不负吾心,不负所学者,未尝须臾忘爱民之志也。"①"义以为上"的生死观和保国安民的人生观突显了君子的崇高价值取向。

第三,作为君子,应以"仁"为根本,必须有崇高的道德修养,具备和践行礼、义、忠、恕、孝、悌诸德,并且有坚强的道德意志、非凡的勇气和多种才干。孔子说:"君子道者三,我无能焉:仁者不忧,知者不惑,勇者不惧。"可见,"君子之道"最为紧要的是"仁、智、勇"(三达德)。此三者分别从情、知、义三个方面构筑了君子之所以为君子的人格特质。

"仁"是儒家伦理的核心范畴,同时也是君子最重要的德性和人格特质。仁德包括所有的德目,是最高的德行,因此"仁"也是判断君子与小人的重要标准,孔子说:"君子去仁,恶乎成名?"②孟子更直接地说:"君子亦仁而已矣。"③荀子强调君子"唯仁之为守"。"仁"的内涵非常丰富,"仁"之爱的主要对象是"人"而非"物","仁之法在爱人,不在爱我"。④ 那如何爱人呢,"己欲立而立人,己欲达而达人",⑤"己所不欲,勿施于人"。⑥"仁"之爱人有三种境界:修己以敬,修己以安人,修己以安百姓。由此可见,"仁"体现的君子的崇高道德修养。

中国传统儒家思想认为,尽管"人之初,性本善",但人的良好品质却不会与生俱来,必须依靠后天的培养和自修。传统家庭在教育子女"父慈、子孝、夫义、妻顺、兄友、弟悌"为主要内容的家庭道德规范上有较全面的论述,并且认为只有把夫妻、父子、兄弟三种关系理顺了,其他家庭关系也就好处理了,家庭就会和睦,就会兴旺。"戒尔学立身,莫若先孝悌。恰恰奉亲长,不敢生骄易。"⑦"孝弟为人之本,本之不存,学也何用!"⑧百善孝为先,父慈子孝,但父母对子女的慈爱不是单单的疼爱、呵

---

① 〔清〕曾国藩:《谕纪泽纪鸿》。

② 《论语·里仁》。

③ 《孟子·告子下》。

④ 〔清〕苏舆:《春秋繁露义证》卷八,中华书局 1992 年版,第 250 页。

⑤ 《论语·雍也》。

⑥ 《论语·颜渊》。

⑦ 〔宋〕范质:《诫从子书》。

⑧ 〔清〕张之洞:《致儿子书》。

护,更要加强对子女的教育。"为人母者,不患不慈,患于知爱而不知教也。"

自古以来,中国被称为"礼仪之邦"。如何待人,是传统家庭中又一重要教育内容。"礼"根源于人的恭敬之心、辞让之心,在行动上表现为谦虚和气、谨言慎行、严于律己、宽以待人。古人认为,谦恭是众德之首,"与人相处之道,第一要谦下诚实"。① 传统家庭的谦恭教育,多在进行抽象的道德规范说教之后,辅之以具体的道德行为告诫。如:"凡为人要懂道理、识礼数。在家庭事父母,入书院事先生。并要恭敬顺从,遵依教诲。与之严则应,教之事而行,毋得怠慢,自认己意。"②"让"是一种美德。中国古代有很多谦让的典范,大至"夷齐让国",小到"孔融让梨",均传为千古佳话。"终身让路,不枉百步;终身让畔,不失一段。夫辞让之心,人皆有之,推而行焉,于己既无大损,而又能革薄从厚,亦何惮而不为也。"③言谈举止不仅仅反映了一个人的人格修养,更是影响人际关系的双刃剑,因此要"谨于言而慎于行"。"行止与人,务在饶之。言思乃出,行详乃动,皆用慎实道理,违斯败矣。"④要做到谦恭辞让的人格品质,则要有"恕己之心恕人"的广阔胸怀。"吾平生所学,得之忠恕二字,一生用之不尽。以至立朝事君,接待僚友,亲睦宗族,未尝须臾离此也。人虽至愚,责人则明;虽有聪明,恕己则昏。苟能以责人之心责己,恕己之心恕人,不患不至圣贤地位也。"⑤

中华民族历来格外重视个人名声,诺守信约,孔子曾说,"人而无信,不知其可也",为此,在家庭道德教育中,诚实守信的个人品质教育是极为重要的教育课题,"曾子杀猪"是我国传统家庭诚信教育突出的典范。"言忠信,行笃敬,乃圣人教人取重于乡曲之术……不所许诺。纤毫必偿,有所期约,时刻不易,所谓信也。"⑥"忠信笃敬,是一生做人根本。若子弟在家不敬信父兄,在学堂不敬信师友,欺诈傲慢,习以性成,望其读

---

① 〔明〕杨继盛:《谕应尾应箕两儿》。

② 〔宋〕真德秀:《教子斋规》。

③ 〔唐〕朱仁轨:《诫子通录》。

④ 〔三国·魏〕王修:《诫子书》。

⑤ 〔宋〕范纯仁:《家训》。

⑥ 〔宋〕袁采:《袁氏世范》。

书明义理,日后长进,难矣。"①

"君子人格"不仅是儒家人格的典范,而且是中国传统文化所建构和设计的理想人格模式。君子以天下乐为己乐,天下苦为己苦,胸怀宇宙、关怀众生,有着悲天悯民的关怀意识,融合了人的感性和理性理想于一体,成为中华民族传统精神的精粹。与此同时,我们也应该清醒地看到,君子人格毕竟是以私有小农经济为基础的意识形态,是剥削制度下产生和形成的精神文化,毕竟带有历史和阶级的局限性,体现出明显的依附性和保守性。

二、以"修身"为家庭德育主要内容

传统家庭德育以培养君子为主要目标,在这一思想的影响下,其德育的内容就围绕教育子女"如何做人"的"修身"教育展开。所谓"修身"教育,顾名思义,就是教育受教育者使其通过自身的努力提高和完善自己的思想道德品质,成为一个素质优良、精神高尚,对国家和社会有用的栋梁之才。

《大学》认为,"修身"是"三纲领""八德目"的根本,"自天子以至于庶人,壹是皆以修身为本"。"格物""致知""诚意""正心"是"明明德"的功夫,是"修身"的具体方法,应从属于修身,其目的是使修身"止于至善"。如果没有目标,修身就会偏离方向;与此同时,没有做好修身,则不可能"齐家""治国""平天下"。关于修身的具体内容,提法各不相同,但从儒家的德性要求和"八德目"对个体修身要求大致可以看出,应该在忠、信、义等德行修养的基础上,力行仁、礼,从而达到"内圣""外王"的理想境界。对于家庭德育来说,修身教育的主要内容包括:

第一,勉学励志教育。立志是修身的基础,古人非常重视立志、持志在修身中的作用。人无志不立,王守仁说:"志不立,如无舵之舟,无衔之马,飘荡奔逸,何所底乎? 志不立,天下无可成之事。虽百工技艺,未有不本于志者。"②立志才有了明确的目标,才能够谈得上读书、进德、做人。因此,古人非常重视教育子女立志,清末将领左宗棠领兵在外,仍念念不

---

① 〔清〕张履祥:《示儿》。

② 〔明〕王守仁:《教条示龙场诸生·立志》。

忘对子女的励志教育,在家书中写道:"读书做人,先要立志……心中要想个明白,立定主意,念念要学好,事事要学好;自己坏样,一概猛省猛改,断不许少有回护,断不可因循苟且,务期与古时圣贤、豪杰少小时志气一般,方可慰父母之心,免被他人耻笑。"①立志当高远,曾国藩说:"凡人才高下,视其志趣,卑鄙者安流俗庸陋之规,而日趋污下;高者慕往哲隆盛之轨,而日即高明。贤否智愚,所有区矣。"百折志不易:"古之成大事者,不惟有超士之才,亦有坚韧不拔之志。"②立身以立学为先,立学以读书为本,诸葛亮在《诫子书》中说:"夫学须静也,才须学也。非学无以广才,非志无以成学。"

第二,待人处世教育。待人处世是传统家庭道德教育的重要内容,教育子女在家庭中对父母兄弟要孝悌,在社会上与人交往要谦恭礼让、谨言慎行、诚实守信等。具体内容在上一节的第三点中已详细论述,在此不再赘述。

第三,勤俭节约教育。在农业文明的传统社会,由于生产力低下,生活物品比较匮乏,家庭德育非常重视对后代的勤俭节约教育,希望通过这种教育培养后代的居安思危品质和家庭责任感,以求得更好地"齐家"和立足于社会。司马光在《训俭示康》中写道,"吾本寒家,世以清白相承",教导子弟"成由俭,败由奢","由俭入奢易,由奢入俭难","俭,德之共也;奢,恶之大也"等哲理,向子弟传以俭朴家风。朱柏庐在其《治家格言》中也教育后代:"一粥一饭,当思来之不易;半丝半缕,恒念物力维艰。"居家之要,克勤克俭,但节俭也应有一定的"度",不当节俭而节俭,就是吝啬。林则徐在写给妻子的一封信中说道:"家中用途如何?可省则省,也不必过事俭啬。王戎钻核,终非佳士;公孙布被,亦属嫌伪。接人处事,当从大处着墨。一钱不舍,余不取也。"③勤俭节约教育是我国传统家庭道德教育的特色教育内容,塑造了我国劳动人民勤劳俭朴的优良传统。

第四,重视礼仪和行为习惯的培养。传统家庭德育除了重视道德观念的教育灌输外,还非常重视礼仪和行为习惯的培养。传统思想认为礼

---

① 〔清〕左宗棠:《与子书》。

② 〔宋〕苏轼:《晁错论》。

③ 〔清〕林则徐:《示妻》。

是"经国家、定社稷、序民人、利后嗣"的头等大事。所以家庭德育要培养后代所言所行循礼而动,严格按照礼的规定做到"非礼勿视,非礼勿听,非礼勿言,非礼勿动",成就正人君子风范。对于行为习惯的培养,传统家庭对子女后代在举止、言谈、饮食、起居等诸多方面提出了详尽的要求,这也是着眼于子女后代的"养正"教育。如宋代朱熹提出"习与知长,化与心长"的思想,主张日常生活的教化。"古者小学教以洒扫应对进退之节,爱亲敬长隆师亲友之道,皆所以为修身齐家治国平天下之本,而必使其讲而习之于幼稚之时,欲其习与知长,化与心成,而无扦格不胜之患也。"①

中国传统家庭德育是培养良风美俗的重要途径,有不少德育内容如爱国主义、敬老爱幼、勤俭持家,邻里和睦等,到目前还为人们所认同和推行,是我国优良文化传统的一部分。但同时我们也应该看到它带有浓厚的封建性和其他历史局限性,如:权利和义务不平等;强调外在的道德权威,强调封建纲常名教对个体的灌输,而忽视了道德主体自觉性、主体性;强调血缘亲情的重要性,而忽视了道德及其教育中的理性作用。

三、以德教为本、慈严相济、言传身教等为主要原则和方法

中国传统家庭道德教育在长期的教育实践中积累了丰富的经验和思想,同时也形成了富有特色的教育原则和方法。

(一)德教为本

中国的先哲们不大情愿去探索自然的奥秘,他们把自然界看作一个具有人伦情感的整体来体验,把自然知识视为雕虫小技,只注重践履人伦关系、道德原则。在我国教育史上,孔子是第一个把德育置于首位的教育家,他说,"君子博学于文,约之于礼","行有余力,则以学文"。孔子认为教育的目的是培养有道德品质的君子,育德是一切教育的基础。其后的思孟学派继承了这一思想,《大学》开篇就写道:"大学之道,在明明德,在亲民,在止于至善。"汉代董仲舒提出了更具影响的命题:"正其谊不谋其利,明其道不计其功。"他的非功利价值观,奠定了重精神、轻物质

---

① 马镛:《中国家庭教育史》,湖南教育出版社 1997 年版,第 250 页。

的德育基调。自此，以德育为中心的传统教育完全定型。

　　传统家庭教育之所以以德教为本，除了人们对美好道德生活追求之外，还与以下两个因素有关。首先，德育最直接地体现教育的社会性、历史性、阶级性，直接决定所培养出来的人是否有益于社会，是否符合统治阶级的利益和愿望，因此，统治阶级利用各种方式强化家庭德育意识和作用，宣传和教育有利于自身统治的家庭德育思想。其次，与浸染于传统文化的宗法制度有关。宗法制度使原本单纯的血缘关系附上了复杂的政治关系，家庭成员不仅仅在生活上彼此依赖，而且在政治和道德上命运相连、荣辱与共，个体直接影响到家庭和家族前途命运，可谓是"一人得道，鸡犬升天""一人获罪，株连九族"。因此，为了家庭、家族的兴旺发达，传统家庭特别关注和重视德育，人们盼望培养出符合统治阶级道德要求的人才，以显赫门庭，光宗耀祖；同时也竭力避免家庭中出现道德败类致使家门蒙羞。

　　家庭教育以德教为本，帝王家庭教育也概莫能外。如西周时期，周朝统治者总结其前代商朝覆灭的教训，提出了"敬德保民"的家教理念，把德教看成是治国的首要任务。唐太宗为教育其子孙后代著《帝范》一书，在论及君主自身的修养所要达到的境界时，其文曰："人主之体，如山岳焉，高俊而不动；如日月焉，真明而普照。亿兆之所瞻仰，天下之所归往。宽大其志，足以兼苞；平正其心，足以制断。非威德无以致远，非慈厚无以怀民。抚九族以仁，接大臣以礼。奉先思孝，处后思恭，倾己勤劳，以行德义。此为君之体也。"[1]人君应该行仁德，成为帝王家庭教育的重点。对于士大夫阶层、贵族阶层和下层平民百姓，德教为本的思想更是在他们的家训、家范、家规中体现得淋漓尽致。如宋代司马光《家范》开篇就提出"君义、臣行、父慈、子孝、兄爱、弟敬，所谓六顺也"[2]。开宗明义地提出其所要达到的伦理道德教育要求。此外，如我国流传甚广的《增广贤文》《治家格言》等老百姓家教、治家典籍，都强调了德教为先、德教为本的思想。

---

　　① 　吴云等：《唐太宗集》，陕西人民出版社 1986 年版。

　　② 　司马光：《家范》。

（二）慈严相济

　　家庭德育以血缘关系为依托,教育过程中的情感色彩比较浓郁。由于亲情的关系,一方面,家长的教育思想容易被接受和信任;另一方面,却有可能使教育过程走向极端,或过于宽厚、疏于教育,或过于严格、甚至棍棒相加。因此,怎样处理好爱与教、严与慈的关系非常重要。在长期的家庭德育实践中,我们的先人积累了丰富的教育经验,提出了许多有价值的思想和方法,例如宋朝司马光在《家范》中提到"为父母者,慈、严、养、教并重";严之推在《颜氏家训》中说道:"父母威严而有慈,则子女畏慎而生孝矣。"

　　爱而不溺,有爱有教。父母对子女之爱,是人之天性。在父母眼中,"孩子都是自己的好",都会尽可能从各方面对自己孩子加以关怀和呵护。可以说,家长正确的爱,是子女晚辈茁壮成长的沃土和健康发展的摇篮,传统典故"孟母三迁"就充分说明了这个道理。家长都有爱自己孩子的天性,但未必知道该如何去爱自己的孩子。有不少家长对子女过于骄纵、迁就,甚至护短,萌生溺爱思想,正如袁采在《袁氏世范》中所描述的一样,"人之有子,多于婴孺之时,爱忘其丑,恣其所求,恣其所为;无故叫号,不知禁止,而以罪保母;凌轹同辈,不知戒约,而以咎他人。或言其不然,则曰小未可责。日渐月渍,养成其恶,此父母曲爱之过也。"因此,爱子女应该爱在心里,不只浮在表面,更不能庸俗化。按严之推的说法就是:"父子之严,不可以狎;骨肉之爱,不可以简。简则慈孝不接,狎则怠慢生焉。"[1]子不教,父之过;爱子女,一是要养,二是要教,"教"更重于"养"。"人爱其子,当教子成人","爱而不教,反害其子"。[2]

　　慈严并重,相辅相成。孔子曾提出,"为人父,止于慈"的观点,《孝经》有"严父莫大于配天"之语。可见古人教育晚辈既讲"慈",亦讲"严",讲究"慈严相济"。颜之推认为,"父母威严而有慈,则子女畏慎而生孝矣";[3]司马光也认为应该爱教结合、慈训并重,他说:"慈而不训,失尊之

---

①　〔北齐〕颜之推:《颜氏家训·教子篇》。

②　〔宋〕司马光:《家范》。

③　〔北齐〕颜之推:《颜氏家训》。

义;训而不慈,害亲之理。慈训曲全,尊亲斯备。"①即父母对子女只讲慈爱而不加训教,便会失去作为尊长的大义;相反,只训教而不慈爱,则会有损骨肉相亲相爱的大道理。只有慈训结合,才具备了大义和亲情,是完备的家庭德育。慈严相济还表现为父母之间角色"严""慈"互补上,母亲慈祥,父亲严厉,似乎是人类与生俱来的情感法则,至少中华民族是这样的。父亲是一座山,教会了子女坚强和刚毅;母亲是一片海,教会了子女包容和谅解。父母刚柔相济使家庭德育慈严结合、张弛有度,教育效果更好。

（三）言传身教

在人际关系中,父母与子女的关系最亲近,由于长期生活在一起,父母的言行举止直接熏陶和影响到子女,正如颜之推所言:"夫同言而信,信其所亲;同命而行,行其所服。"②也就是说,同样一句话,人们相信亲人所说的;同样一个命令,人们听从其所敬佩的人。家长的一言一行都对子女产生重要的影响。

语言是人类心灵交流的重要媒介,在特定情境下,语言对道德教育有着非同凡响的作用。隋朝徐善心少时,有一天去当地首富孔鱼家,与孔家公子孔绍新对饮高谈阔论,很晚才带着醉意回家,其母范氏,流着眼泪说道:"汝是寡妇之子,为俗所轻,自非高才异行,不可以求仕进。孔绍新是当朝允子,易获声誉。彼宜逸乐,汝宜勤苦,何地殊而相效也。"③徐善心跪拜受教,从此闭门读书,涉猎万卷,官至朝散大夫。

父母不仅要重视"言传",更要重视"身教",甚至"身教重于言教"。孔子就主张正人先正己,要通过个人人格来影响他人,"其身正,不令而行;其身不正,虽令不从"。颜之推也认为家长需要对后代以榜样示范,如果自身品行不正,晚辈自然跟样模仿。"夫风化者,自上而行于下者也,自先而施于后者也。是以父不慈则子不孝,兄不友则弟不恭,夫不义则妇不顺矣。"④被誉为"江南第一家"的郑氏家族在族规中明确规定家长的言行:"为家长者,当以至诚待下,一言不可妄发,一行不可妄为,庶合

---

① 〔宋〕司马光:《家范》。
② 〔北齐〕颜之推:《颜氏家训·序致篇》。
③ 翟博:《中国家教经典》,海南出版社 2002 年版,第 260 页。
④ 〔北齐〕颜之推:《颜氏家训·治家篇》。

古人以身教之意。临事之际,须察察而明,毋昧昧而昏,更须以量容人,常视一家如一身可也。"①

言传身教注重榜样的教育力量,这个榜样不仅仅是眼见为实的父母等长辈,而且可以是从未谋面的德高望重的列祖列宗。通过祭祖尊长,以血缘亲情敦促德化,这是我国传统家庭的一个创举。《礼记·祭统》中说:"祭者,教之本也。"《尚书·太甲》中写道:"奉先思孝,接下思恭。"祭祖敦德,并不仅仅局限于祭祀时的德育,只要有可能,都是追思祖先功德、教育后代学习仿效的时机。如《郑氏规范》第十一条规定,每月初一、十五日,家长率全族男女仵立祠堂,恭敬聆听祖先孝悌事迹一遍。通过奉先追远、缅怀祖德,激励后代避恶趋善、修养品行、戒慎言行,为祖先和家族争光。在传统家庭德育过程中,不但可以把家族中的道德典范奉为学习的榜样,而且还时常把社会上的道德典范或用于佐证道德规范的意义,或用来阐明道德实践的可能,或干脆用于比照的榜样,作为道德培养的目标。正如孔子所说的"见贤思齐,见不贤者而内自省也"。

(四)量资循序

由于教育对象的自然禀赋、性格存在差异,再加上个体处在不同的年龄阶段,其认识能力、理解能力、实践能力也不同,因此,在进行家庭德育时应因人、因时而采用不同的教育方法。既要考虑到教育对象的"资",又要遵循其年龄阶段特征的顺序,把"量材"与"循序"结合起来考虑施教。我国传统家庭德育在这方面已经有很好的探索和实践,值得我们思考和借鉴。

传统家庭德育充分体现了因材施教的方法:一是"量"家庭背景之"资",对不同家庭背景侧重不同的教育内容。"人家子弟惟可使觌德,不可使觌利。富者之教子须是重道,贫者之教子须是守节。"②二是"量"个人品行之"资",对不同的资质、个性特征和爱好兴趣个体进行不同的教育和引导。德育要根据被教育者的实际情况而定,量体裁衣,顺势而为,把被教育者的潜质或者特长挖掘和发挥出来,就得到了最佳的德育效

---

① 〔元〕郑太和:《郑氏规范》。

② 〔宋〕家颐:《教子语》十章。

果。三是"量"教育素材之"资",对晚辈进行针对性的道德劝说。由于家庭德育不像学校那样有上课和下课之分,而是随时随地的即景式教育,一经发现孩子在某个问题上不当,父母就可以就事进行教育,这应该是更符合家庭的德育方式。

我国先哲们认为,人的知识积累,智力增长,道德认识能力和实践能力的获得,都是一个循序渐进的过程。并且,我国在很早就发现儿童在不同阶段具有不同的发展特点。因此,德育就应该根据认识的发展规律和儿童的年龄发展特征进行。早在西周时期,当时贵族家庭就有一套按照儿童年龄安排教育的程序,《礼记·内则》记载了这一程序:"子能食食,教以右手。能言,男唯女俞。男鞶革,女鞶丝。六年,教之数与方名;七年,男女不同席,不共食;八年,出入门户及即席饮食,必后长者,始教之让;九年,教之数日。十年,出就外傅,居宿于外,学书计。"①宋朝司马光根据该记载,还制定了幼儿教育的十年教学安排。汉代犍为太守赵宣的妻子杜泰姬,一生育有子女十四,她在家庭德育中也贯彻了循序渐进的方法,她说:"吾之妊身,在乎正顺,及其生也,思存于抚爱。其长之也,威仪以先后之,礼貌以左右之,恭敬以监临之,勤恪以劝之,孝顺以内之,忠信以发之,是以皆成而无不善。汝曹庶几匆忘吾法也。"②古代家庭德育运用循序渐进的教育方法主要立足于两个要点,一是特别重视对孩子的早期教育,强调"训子须从胎教始",既要发挥儿童好学易记的特长,又防止了孩子因疏于教育而养成不好习惯;二是强调教育勤而有常,讲究的是循序,追求的是渐进。

(五)环境濡染

环境本身就是一种教育资源,好的外部环境可以促进家庭德育,而不良的外部环境,则会冲淡甚至抵消家庭德育的效果。先哲们非常重视居住环境、择师交友对小孩道德修养的影响,孔子提出了"里仁为美"的教育思想,认为乡里邻居都是仁人君子,就很美了。荀子更是认为"蓬生麻中,不扶而直;白沙在涅,与之俱黑";故"君子居必择乡,游必就士,所

---

① 马镛:《中国家庭教育史》,湖南教育出版社1997年版,第17页。
② 〔汉〕杜泰姬:《戒诸女及妇书》。

以防邪僻而近中正也"。①

　　生活环境行的是无言之教,潜移默化人的思想道德。为了孩子的德性修养,古人特别注重选择和创设教育环境,广为流传的"孟母三迁"就是一个生动的例证。除了"孟母三迁"外,中国传统文化中还有很多择邻而居的典故,如"百金买屋,千金买邻","插篱护枣,锯树留邻"等。这些故事都成为千古美谈,同时反映了一个共同的问题,即古人已经非常注重周边环境对人的思想道德的教育作用。此外,家庭是人们生活最贴近的场所,家庭环境,特别是家庭的人文环境对孩子的影响更大。为此,古人非常重视营造家庭的人文环境,提高家长的素质,正如颜之推所言:"与善人居,如入兰芝之室,久而自芳也;与恶人居,如入鲍鱼之肆,久而自臭也。墨子悲于染丝,是之谓矣。"②

　　人生在世,需要亲情,也需要友情。朋友对人的思想道德影响甚大,接近好人,就会使自身受益,接近恶人,就可能使自身受害。因此,家庭德育强调交友要慎重,要择善而交。"与人交游,宜择端雅之士,若杂交终必有悔,且久而与之俱化,终身欲为善士并不可得矣。"③"夫交友之美,在于得贤,不可不详。而世之交者,不审择人,务合党众,违先圣人交友之义,此非厚己辅人之谓也。"④我国传统家庭德育中注重人文环境和生活环境塑造的教育方法,在当今仍不失其现实价值。

　　(六)明刑弼教

　　在中国传统社会,一个人违背伦理道德,不仅仅是个人的事情,家庭乃至整个家族都跟着"丢脸",甚至连带"遭殃"。所以家庭、家族不仅需要采用积极、正面的道德教育引导,为了防患于未然,还必须采用监督、威慑、刑罚等强制方法。对违背家规、族规者,家长、族长可以施以鞭挞杖打、开除家籍、族籍,乃至置于死地,这在中国传统社会并非罕见。

　　为了教育和警醒子孙后代,传统家庭中常将家训、家范、家规、家书等核心内容制成碑牌、匾额、屏风、铭文等或竖于庭院、或悬挂于厅堂、或

---

① 《荀子·解蔽》和《荀子·劝学》。

② 〔北齐〕颜之推:《颜氏家训·慕贤篇》。

③ 〔宋〕江端友:《家训》。

④ 〔东汉〕刘廙:《戒弟伟》。

摆放于室内,时时处处使人触目能及,进而检讨和约束自己的道德行为。这种教育形式虽然不能算是刑罚,但"弼教"的作用还是显而易见的。传统的"弼教"方式除了以上提及之外,还有摘抄家训语录、背诵家规条律、朗诵先人遗训等,都能起到强化、警醒道德意识和规范道德行为的作用。

为了震慑损害门风的不肖子孙,几乎成文或不成文的家法族规中都有刑罚的条文,"子孙故违家训,会众拘于祠堂,告于祖宗,重加责治,谕其省改。若抗拒不服,及累犯不悛,是自贼其身也"①。对于实在不肖的子孙,免不了棍棒相加,"子孙有过,俱于朔望告于祠堂,鸣罚罪,初犯责十板,再犯责二十,三犯责三十"②。对于累教不改者,则可能处罚以告庙出族,"子孙赌博无赖及一应违于礼法之事,家长度其不可容,会众罚拜以愧之。但长一年者,受三十拜;又不悛,则陈于官而放绝之。仍告于祠堂,于宗图上削其名,三年能改者复之"③。

四、以家国一体、圣凡同类为主要意识观念

(一)"家国一体"的意识观念

在中国传统自然经济的社会结构及其运作机制中,"家"本初含义是以血缘亲情为纽带的"家庭",是社会生产的基本单元,其延伸为网络结构的社会关系——"家族",进而拓展为整个社会关系——"国家"。在传统儒家思想观念里,"家"即"小国","国"即"大家","家""国"一体。这种由家—家族—国家所构成的社会结构形式,是以血缘亲情为纽带的,因而"家"不仅是社会经济结构、政治秩序的基础,也构成了社会精神文化的堡垒,成了人们道德生活的价值根源。④ 在"齐家"与"治国"相联系、"私德"与"公德"相统一的"家国一体"宗法意识观念指导下,形成了一整套传统道德教育模式与方法。中国传统社会非常重视家庭、家族在道德教育中的特殊地位和重要作用,并把家庭、家族道德教育和社会、国家的道德教育

①　〔明〕庞尚鹏:《庞氏家训》。
②　〔明〕霍韬:《渭崖家训》。
③　〔元〕郑太和:《郑氏规范》。
④　贺韧:《儒家传统道德教育思想探析》,2006 年湖南师范大学博士学位论文,第139 页。

以及学校道德教育紧密结合起来,逐渐演变成以血缘关系为基础、以亲情感化为纽带、"家""国"结合、政教合一的传统道德教育理论和实践特征。

"家国一体"作为一种传统主流文化认同和接受的思想观念,它的出现可以追溯到西周甚至更早,到秦汉时期已经非常成熟。它的产生并非偶然,是中国古代特定的历史文化条件下的必然产物。首先,从政治经济条件来看,古代社会以小农经济为经济基础,在此基础上建立的封闭政治系统和与此相适应的单一社会意识形态,这种简单的社会结构由于缺乏社会中介组织,从而凸显了家庭在社会中的重要地位和作用。单个家庭或家族成为政权最直接、最根本的依托点和整合对象,家与国的近距离接触和"对峙",这一社会特征是"家国一体"关系出现的前提条件。其次,从我国古代社会制度更替来看,中国古代政治的发端走了一条明显差别于西方的道路。西方如希腊、罗马,是通过奴隶主民主派推翻氏族贵族的统治而实现原始社会到奴隶社会的过渡。而中国从原始社会到奴隶社会转变,是通过氏族部落之间的兼并战争来实现的。战胜部落的血缘组织不但没有被破坏,反而得到了加强,氏族观念得以保存并升华为奴隶宗法观念。从奴隶社会向封建社会的过渡,则是在对立割据的奴隶主、贵族集团之间内部进行利益重组与重建。家族宗法制度不但没有瓦解,反而大大巩固和完善,日益与政治关系水乳交融,这是"家国一体"历史与逻辑的根源。最后,"家国一体"观念的产生还是基于文化心理结构的原因。中国不曾经历过西方那样的宗教文明,苦难的人们找寻不到聊以慰藉的精神家园,世俗的心灵只能关注现实人生和现实社会。于是把摆脱苦难的希望维系于"明君",将理想社会寄托于"圣人"。当然,直接催生这一观念的主要原因是儒家伦理学说。儒家历来主张以己推人、由近及远,将处理血缘关系的原则推广到社会关系之中。按这一由近及远的思想逻辑,家是缩小的国,国是放大的家,家与国就一体了。

"家国一体"观念产生,背后隐藏着更深层的内在逻辑。家族为了维护其内部依血缘辈分自然序列形成的等级秩序,需要依靠一个稳定而统一的帝国行政来保护;而帝国自己想保持统一稳定和长治久安,就必须把宗法制的原则完全渗透到自己的组织形式中去,从而使"国"成为"家"的延伸。"国"的统治秩序是"家"的伦理秩序的推广,"国"的君臣关系是"家"的父子关系的引申。由是,君父权威相得益彰,忠孝观念遥相呼应。

君是国君，一国之主；父是家长，一家之君。在一家内，父亲拥有绝对权威，家庭成为维系、传递国家政治的宗法系统，担当着培养家人服从权威的道德和政治功能。在一国内，君以父的身份出现，民以子的身份出现，整个国家被看成是一个大家庭，国家的一切权力都集中到国君一人的手里，百姓只有服从，任凭"父亲"随意差遣和奴役。以君父权威为核心的家长制统治的确立、巩固，需要忠孝观念的维系和保证。《礼记·祭统》说："忠臣以事其君，孝子以事其亲，其本一也。""孝"，最初多指敬奉鬼神，孔子说，禹"致孝于鬼神"①；接着，被用于区分人类和禽兽的突出特征，社会伦理意义凸显，并被作为道德的根本系统而展开，"夫孝，德之本也，教之所由生也"（《孝经·开宗明义》）；其后，"孝"被区分为天子之孝、诸侯之孝等，"孝"便从一个家庭伦理范畴扩展为社会政治等级范畴，与忠、义、礼等观念贯通起来，主张在家为孝便是在国为忠，形成了"以孝治天下"的政治伦理主张。以忠孝伦理为核心，封建传统还构建了"三纲""五常""六顺""七教""十义"等一系列繁琐而严密的伦理规范。至此，家庭伦理关系与国家政治关系相互契合，个人社会关系与个人道德意识相互契合，家与国实现了一体化，伦理、政治、道德实现了一体化，整个社会都置于封建伦理道德的严密规范之下。

传统儒家深谙家庭在维护社会稳定中的重要作用这一道理，从"家国一体"观念出发，提出了修、齐、治、平的道德修养序列，将家庭教育视为个人从政治国的基础，"天下之本在国，国之本在家"（《孟子·离娄上》），把家庭道德教育提高到关乎国家兴衰存亡的高度，"一家仁，一国兴仁；一家让，一国兴让"。（《礼记·大学》）并把家庭中"以德治家"的思想推广为国家层面的"以德治国"，主张"道之以政，齐之以刑，民免而无耻；道之以德，齐之以礼，有耻且格"。（《论语·为政》）

(二)"圣凡同类"的意识观念

传统儒家不仅赋予了圣贤以高尚的品德与超凡的智慧，使之具有追求和模仿的参照目标，而且在德育目标的可能性问题上，有许多合理的论述。

首先阐述了圣凡同类的人性基础。孟子最先把凡人放在与圣人同

---

①　《论语·泰伯》。

等的地位来考虑。孟子强调"圣人与我同类","人皆可以成尧舜"。荀子认为"涂之人可以为禹",凡人与圣人具有相同的人性,凡人可以通过持之以恒的进德修业成为圣人。"今使涂之人伏术为学,专心一志,思索孰察,加日县久,积善而不息,则通于神明,参与天地矣。"宋朝二程主张"人皆可以成圣人",明朝的王阳明更是认为"满街都是圣人"。由此可见,传统儒家从人性相同的角度在逻辑上肯定了人人可以成为圣人的可能性,并提出了通过学习打通圣凡之间的隔阂。

其次,设计了一个由低级向高级循序渐进的德育目标分层系统。传统儒家设计的德育目标或人格台阶由三个不同层级,由低到高分别为士人、君子和圣人。朱熹认为:"古之学者,始乎为士,终乎为圣人。""士"的标准是"行己有耻,使于四方,不辱使命,可谓士矣。"按孔子所言,士人是内有知识学问、外能应物办事、有文明教养的人,这是儒家德育的基础目标。君子是现实的人格标准,上文已多有论述。达不到圣人君子水平的人,需要从学习"士"的基础目标开始。两千多年来,正是在儒家德育目标的指引下,无数志士仁人学子把实践仁义道德作为人生的最高义务,从而推动了中华民族道德文明的进步。

第三节　传统家庭道德教育与中国传统社会

前面对中国传统家庭道德教育的历史进行了动态的分析,并概括了它的主要特征。为了了解传统家庭德育对传统社会的作用机制,有必要进一步对传统家庭德育与传统社会的相互作用机制作静态分析。众所周知,中国传统家庭道德教育既是传统文化的产物,又是传统文化的重要内容和载体,分析传统家庭道德教育的作用机制,必须结合其赖以产生、发展的社会经济、政治和文化根源进行分析。

家国同构,德政合一是儒家道德哲学的集中体现。就个人而言,既要有"仁、义、礼、智、信"的德性,更要有"修身、齐家、治国、平天下"成圣成贤的道德理想。伦理道德的教化作用是造成中国传统社会超稳定状态的主要原因,"中国古代思想传统最值得注意的重要社会根基……是氏族宗法血亲传统遗风的强固力量和长期延续。它在很大程度上影响和决定了中国及其意识形态所具有的特征",因此,"农业家庭小生产为基础的社会生活和社会结构……很少变动"。① 家庭道德教育是传统社会伦理道德教化的重要形式,它不但通过日常生活传递国家政权的道德教化,而且借助家族宗法制度的儒家文化对个体进行道德濡化,维系了社会传统。

一、传统家庭道德教育的社会基础

任何社会都是一个有机的生态,中国传统社会也不例外,它由经济生态、政治生态、文化生态所构成。家庭道德教育作为人的实践活动,只有回到人的存在即"实际生活的有机生态"中去考察,才能找到其存在的根据和理由。

(一)乡土社会与自然经济

中国传统社会的经济形态是自然经济,这是公认的。带有农耕文明色彩的以家庭为主要生产单位的自给自足,则是中国传统自然经济的主要特征。在此经济基础上,中国传统社会的人们聚族而居,世世代代生活在同一片土地上,深深地扎根于乡土之中,生作耕,死作葬,由此形成了所谓的"乡土社会"。"乡土社会"安土重迁,从而形成了生活共同体与大自然融为一体,同呼吸、共命运的生活方式。"温馨的家庭,带有浓郁乡土气息的礼俗民风和交往关系,使人们在价值观上稳定,社会标示功能清楚,个体成长有序。"②生活于乡土社会中的人们,在长期的共同生产、共同生活和相互交往中形成了"熟人社会"。熟人社会是依据共同生活而形成的习惯作为行动的指南和原则,因此,这样的社会没有"法律",也不需要"法律",社会秩序是通过"礼治"来实现的。礼是人们稳定的价值观基础上形成的社会公认的行为规范,它"并不是像一个外在的权利来推行的,而是从教化中养成了个人的敬畏之感,使人服膺;人服理是主动"③。故此,在这样的社会里,道德教化是必需的,也是非常重要的,长期的道德教化是使外在的道德规范内化为人们的习惯,从而维护乡土社会礼治秩序的必然手段。

---

① 李泽厚:《中国古代思想史》,人民出版社 1986 年版,第 299 页。
② 任平:《交往实践与主体际》,苏州大学出版社 1999 年版,第 276 页。
③ 费孝通:《乡土中国 生育制度》,北京大学出版社 2004 年版,第 5 页。

（二）家国一体与伦理政治

正如前文所言，中国古代社会发展脉络的连续性，铸就了中国社会特有的结构特征，形成了"家国一体"的社会结构和社会政治体制。这种由家—家族—国家所构成的社会结构形式，是以血缘亲情为纽带的，因而"家"不仅是社会经济结构、政治秩序的基础，也构成了社会精神文化的堡垒，成了人们道德生活的价值根源。君主专制中央集权制和宗族组织一体同构，家庭是国家的缩小，国家是家庭的放大，两者相互依存，彼此强化，不仅形塑着中国传统社会政治结构的超稳定性，而且直接决定着家庭道德教育的形态和功能。

中国传统社会是在自然经济基础上以血缘关系为纽带构建起来的宗法社会，这种社会使得君主专制制度成为其合理的选择。君主专制制度的最大特征，是君主一人独裁天下，"王者执一，而为万物正。……国必有君，所以一之也；天下必有天子，所以一之也；天子必执一，所以搏之也。一则治，二者乱"①。君主具有上通天、下彻地、中理民之能，君主作为上达天意而下达黎民的"天子"而掌握着通天彻地的权力，成为天道在人间的政治、文化的代表者。由此，"政治权力和文化权力都集中到天子手中，他既是薄天之下子民与人臣的君主，也是薄天之下道德与人格的楷模，既是政治领袖，又是精神领袖，后来的'天地君亲师'的牌位可以由他一人居中代表"②。于是，天道、圣人、君主相通并逐渐一体化，天道通过圣人环节与君主的专制权力相勾连，不断强化着君主的专制权力。与此相对应，君主被要求具备杰出的德行，他不仅仅是权倾天下的人主，而且理应是道德的楷模。在此影响下，中国传统社会的政治与宗教、政治与道德就结合到了一起，形成了政治、伦理和宗教合一的形态，也就是我们所说的伦理政治。

君主因"天子受命于天"而获得合法性依据，不过君主必须"敬德配天"，从而有了限制君权的依据。对君权的限制性依据打通了君主专制制度到伦理政治的进路，此一进路经宗法制度而贯穿到社会基层，使整个社会笼罩在伦理政治的温情脉脉之下，不仅政治离不开道德的合法性

---

① 《吕氏春秋·执一》。

② 刘建军:《中国现代政治的成长》，天津人民出版社 2003 年版，第 112 页。

论证和调节,道德也离不开政治的强力推行和教化,对道德理想国的追求则成为伦理政治的目标指向。① 强调统治者的道德修养,劝诫为政者以自身崇高的道德行为和人格风范感化和引领民众,无疑创建了一个上行下效的良好社会道德教化环境,例如,汉文帝刘恒和唐太宗李世民在个人道德修养方面可以算得上是垂范于民的典范。"传统的社会结构比较简单。家庭是支配一切的社会单位,并通过部落、家庭或封建秩序的面对面关系作为整个社会的特征。"②中国传统社会的"家庭具有两个典型的特征,即父权至上和家庭利益高于个人利益。而且正是这种父权主义和家庭主义,是乡村社会的家庭向家族和宗族发展的决定性基础"。③因此,由家庭组成的家族成为中国传统社会的基层组织,家族势力也一直是中国传统社会的主要统治力量。家族以血缘宗法关系为依据,在其组织内部形成了严格的长幼尊卑秩序。家族是家庭的扩大版,"尊卑关系表现为'孝',长幼关系表现为'悌',孝是核心,……宗族关系的生活准则即孝、悌、睦,这是家族伦理的基本内涵"。④ 维系以伦常为核心的伦理,既需要族长的道德权威,又需要家族、家庭的道德教化。

(三)儒家独尊与文化结构

中国传统文化主要受儒、道、释三家影响,但儒家文化占据主体地位是毫无疑问的。

一方面,儒家伦理根据中国传统社会的结构特点,把伦理建立在家族血缘基础之上,并设计了一套适合中国传统社会特点的修、齐、治、平的"大学之道",保证了儒家伦理自身的合理性地位。中国传统社会强大的宗法制度,使个体无法摆脱对家族集体的依赖,个体成为家族集体的附庸。个体为了生存和发展,必须成为家族中合格的一员,也就是所谓的个体的家族化。个体通过"克己"压抑自我的利益需求,使自我的发展服务于家族的发展;通过"修身",把家族和社会的制度规范体系自觉地

---

① 参照姚建文:《政权、文化与社会精英》,2006年苏州大学博士学位论文,第29页。

② 西里尔·E.布莱克:《比较现代化》,杨豫等译,上海译文出版社1996年版,第239页。

③ 于建嵘:《岳村政治》,商务印书馆2001年版,第81页。

④ 李文治:《中国家法宗族制和族田义庄》,社会科学文献出版社2000年版,第134页。

与自我意志、内心法则相融合,内心苦修,提升自我,养浩然之气,从而实现修身、齐家、治国、平天下的理想之道。于是形成了儒家文化的特点,那就是深深扎根于家族血缘之中,建立起"家国一体"的伦理实体;在个体道德上表现为情感本体,以血缘情感基础上形成的道德情感作为认识与判断的机制;在精神性格上表现为道德性的进取,修身养性,自强不息,最终达到"至善的境界;在价值取向上是整体至上,秩序至上,以整体和谐与社会之需为最高价值。①

另一方面,自汉代统治者采用"罢黜百家,独尊儒术"政策后,使得儒家得到了政治的强力支持,获得了独尊的地位。儒家将政治之"忠"建立在人生不可改变的父子之"孝"的关系推演上,将政治之"忠"扎根于中国最深厚的宗法传统之中,使得臣对君主的忠诚变成先天的、无条件的和绝对的义务,从而巩固和维护了统治者的统治地位。

二、传统家庭道德教育与国家政权的道德教化

社会控制是为政的基本内容,通常来说,社会控制有两条路径:一是强控制,即用酷刑峻法严厉约束人们的言行;二是弱控制,即通过思想控制、善化人心来实现。我国自殷商以来,统治者走的是一条重视德教的弱控制的路径,把道德教化作为治国安邦的核心。中国传统主流政治思想认为,为政的根本在于得民心,得民心关键在于道德教化,因此,道德教化是为政的根本,即"德教乃为政之本"。这一传统政治思想认为,君主、皇帝是天命、道德的秉承者和体现者,君子、士是道德的弘扬者和实践者,一般民众则通常被认为是愚民、顽民而理所当然地排除在认知、发现道德价值之外。但并不意味着要把一般民众排除在道德的规约体系之外,与此相反,他们意图把道德内化于一般民众的心灵深处,收到以伦理政治兼通内外,涵化四方的理想政治效果。故此,为政之首要责任就是使一般民众接受并内化意识形态化的伦理道德规则。"故中国传统政治形态就是依赖一整套的道德教化确立一种符合礼制的存在状态,官员在很大程度上不是依靠技术的力量致力于公共建设的领导者,而是将合法化知识中的规则沉淀到一般大众中去的教化者。用政治科学术语来

---

① 参见樊浩:《中国伦理精神的历史建构》,江苏人民出版社 1992 年版,第 43 页。

说,教化体系的确立就是中国古代政治社会化过程的必然结果。"①

代表国家政权存在的帝王、官员和国家教育机构依凭政治权力和文化权力的双重力量,一方面,通过政权的行政影响力,直接灌输统治者的社会道德价值观,如乡举里选、科举取士的制度性道德教化,吏治"官箴"的劝诫性道德教化,形塑道德典型和象征物的激励性道德教化;另一方面,由于传统的国家政权与广大基层乡村社会的隔离,自上而下的国家权力难以全面介入以小农经济为基础的分散性日常社会生活,国家政权还必须借助于家族制度和家庭教育开展日常性道德教化。② 马克思·韦伯在论述中国传统社会组织和权力结构的时候,就认为村落是一种离旧体制很遥远的自治单位。政权对村落的控制力很弱,它把自己的监察功能让给村庙、地方名人,家族族长。"传统国家实际上没有能力对全部社会生活实施严格而全面的控驭,其职能与能力都甚有限,除了少数例外情形,国家既无意也无力去规划和控制整个社会生活。"③不过,对于建立在自给自足的自然经济基础之上的传统中国国家政权而言,广袤的乡村是其统治基础,国家政权虽然没有通过强力直接控制乡村社会,但是从来没有放松过对乡村社会的政治意识形态控制。为了巩固和维护自己的政治统治,国家政权借助于乡村家族制度和家庭教育的日常性道德教化,推动了国家政治权力的下移和国家意识形态的普及,在广袤的乡村构筑起无所不在的教化网络,实现了对广土大众的有效统治。

其一,对家族组织领袖和乡村士绅予以认可和收买,对家族族法族规予以承认,充分利用乡村宗法制度的教化功能。在中国传统乡村社会,世代聚族而居的乡民由于血缘和地缘的认同远远高于国家的认同,将自己束缚于家族的身份网络之中,没有独立的意识,没有独立的个人财产,甚至不能自由支配自己的身体,必须服从于家族强加的规则和身份。这样的乡村社会无疑强化了家族族长、长者和乡村绅士的教化权

---

① 刘建军:《中国现代政治的成长:一项对政治知识基础的研究》,天津人民出版社2003年版,第118页。

② 参见姚建文:《政权、文化与社会精英》,2006年苏州大学博士学位论文,第50—61页。

③ 梁治平:《民间、民间社会和 CIVIL SOCIETY——CIVIL SOCIETY 概念再检讨》,《云南大学学报》2003年第1期。

力。国家政权或通过法律形式确定这些家族领袖的各种权力,或通过保甲组织收买这些家族领袖,不仅使他们成为生产、交换、分配和消费的组织者和管理者,成为生产和生活秩序以及家族成员人身安全的维护者,而且实现了皇权在家族中的延伸,承担其日常道德教化的职责。①"临以祖宗,教其子孙,其势甚近,其情较切,以初法堂之威行,官衙之劝戒,更有大事化小,小事化无之功效","以族房长奉有官法以纠察族内子弟,名分既有一定,休戚原自相关,比之异姓乡保,自然便于察觉,易于约束"②。与此相协同,族规乡约规定了族人之间以及族人与家族组织之间的权利和义务,规定了族人与家族组织对皇权与社会的义务,宣传人伦、孝悌,以正纲常。如《南赣乡约》申明其宗旨曰:"孝父母,敬兄长,教训子孙,和顺乡里,死丧相助,患难相恤,善相劝勉,恶相告诫,息讼罢争,讲信修睦,成为良善之民,共成仁厚之俗。"③起到了对家族日常性道德教化的功能。

其二,通过科举取士的引领、示范,通过道德观念的渗透、监控,国家政权把家庭纳入其教化的序列,充分利用了家庭德育的教化功能。中国传统家国同构的社会结构,决定了家与国是联系在一起的命运共同体,因此,国家政权非常重视对家庭德育的引导、渗透和监控,对家庭德育做出突出贡献的家长和事迹予以通报表彰,例如,郭巨"为母埋儿",丁兰"刻木事亲"等,成为遵循"父为子纲"的道德榜样,起到了推行孝道的人格范导作用,从而把政权的教化思想以家庭德育的途径和方式实现。中国传统社会的修、齐、治、平的"大学之道",也指出了家庭作为整个政权的范型地位。家庭在中国传统社会的核心地位,决定了家庭德育在传统政权教化中的重要性,"一家仁,一国兴仁;一家让,一国兴让",汉代以后,甚至有"以孝治天下"的说法。家庭德育教化功能的实现与其教化特征密切相关,因为中国传统德育非常注重幼教和蒙教,主张从小孩一生下来就开始进行道德教育。透过历代诸多的"家训""家规""诫子书""训子语"等略显零散却众多的资料中,可以发现传统家庭对德育的重视。

其三,国家政权通过道德典范的形塑和象征物的激励加强道德教化

---

① 参见姚建文:《政权、文化与社会精英》,2006 年苏州大学博士学位论文,第 57—58 页。

② 陈宏谋:《谕议每族各设族正》,见徐栋:《保甲书辑要》3 卷《广存》。

③ 牛铭实:《中国乡约》,中国社会出版社 2006 年版,第 29 页。

的功能。榜样的力量是无穷的,道德典范和象征物在激励当事人的道德
行为的同时,也能引导和感化芸芸众生趋向于道德践行。与西方基督教
倡导的道德观不同,意识形态化后的传统儒家道德,既不化身为人格化
的上帝,也非以上帝为中保,它更需要一个人格魅力的道德榜样的存在,
进而给人们的行为提供一个外在的道德激励和来自外界评价的道德压
力。① 因此,为了增加道德的感召力和吸引力,统治者以提升自身的修身
养性水平来"弘道"显得特别重要。他们一方面将儒家的"纲常"奉为"国
宪"的圭臬,对儒家经典典籍进行有利于自身的注释和解读;另一方面则通
过各种方式大力形塑道德典范和象征物,以达到"正人心,厚风俗"的"化民
成俗"之目的。对于国家政权来说,首先需要发现和了解道德典范性人物,
以免使他们的忠烈行为湮没无闻,正如《州县初仕小补》中写到:"访查境内
历年以来有无被难将士,殉节贞女、烈妇以及苦节完贞孀妇,著名孝子顺
孙,如有未经具报者,即会同学官,协同绅士认真确查,如果名实无亏,与例
相符,取具各项册节,详情旌表,庶免湮灭其忠烈,并可勉励其风俗。"②通过
造册旌表,塑造典型,例如始成于元代的《二十四孝图》,就集中了历代推颂
的 24 位具有广泛代表性的"孝子"典范,借以达到宣传封建伦理道德、引导
百姓向善、净化社会环境之目的。为了宣传忠孝节义等道德规范,统治者
甚至不惜重金为孝子、节妇等刻碑立坊,通过这些象征物的形塑,吸引民众
向这些行为靠拢,为统治者的道德教化起到了强大的导向作用。

三、传统家庭道德教育与文化的道德濡化③

儒家文化是中国传统文化的核心,儒家文化的骨架和支撑是儒家道
德。儒家道德衍射到儒家文化的各个环节、层面,因此,儒家文化被认为

① 参见姚建文:《政权、文化与社会精英》,2006 年苏州大学博士学位论文,第 58 页。
② 郭成伟主编:《官箴书点评与官箴文化研究》,中国法制出版社 2000 年版,第 354 页。
③ "文化濡化"概念是美国人类学家赫斯科维茨(M. J. Herskovits)在其 1948 年出版的
《人及其工作》一书中首次提出和使用的。姚建文在其博士论文《政权、文化与社会精英》中
写道:所谓道德濡化,即一种文化中的道德以拟子或拟子族的形式不断复制、传承与延续的
社会机制过程。文化的道德濡化不仅形成和形塑个人的道德价值观念和伦理道德习惯、生
发与维系社会道德体系和群体伦理道德习俗,而且道德"化"社会的法律、法规和其他种种制
度性规则、规章和规程,是个人、社会群体和社会政治法律制度等不断道德"化"的过程。中
国传统儒家文化作用一种伦理政治型文化,内含着极强的道德濡化功能。

是无处不在、无时不在的所谓"泛道德主义"。儒家文化对社会道德秩序有着深切的关怀,儒家在面对春秋以降之"礼崩乐坏"局面,既表露出深深的忧虑,又积极求解走出道德困局之道。儒家的这种求解集中体现在其德治的思维取向上,即通过赋予伦理道德以天然合理性和神圣性价值,以此论证以德化治道谋求建立一个伦理王国和道德理想国。儒家以"仁义"为道德核心价值,构筑了以"亲亲""尊尊""贤贤"三位一体为特征的"礼治"社会蓝图,并通过天地间万事万物的秩序安排,赋予"圣王""君子"以统摄性的中心地位,使其具有浓厚的政治意识形态色彩。"赋予伦理道德准则以'天命'的神性特征和'德治'的伦理政治致思,则使儒家文化与国家政权相结合并国家意识形态化以后,极大地增强了儒家文化的道德濡化功能。"①恰如梁治平所言:"作为一种特定的道德立场,和谐的观念、无私的理想,对于人类大同的向往,以及因此制定出种种原则和制度,无不具有某种反技术的性格。在中国传统文化的语汇里面,有一个词足以表明这种道德的立场和要求,那就是'礼义'。礼义的概念难以界定,它包罗万象,无所不在,既可以是个人生活的基本信仰,又可以是治理家、国的根本纲领;它是对他人做道德评判和法律裁判的最后依据,也是渗透到所有制度中的一贯精神。"②

(一)儒家文化与家族的道德教化

与西方文化的个人本位不同,中国文化把人理解为类的存在物,重视人的社会价值,把人看作是群体的一个分子,因而主张无条件地将自己的命运和利益都托付给所属的群体,个体被固定在某一固定的关系网上,并在这个"网"中满足自己的一切社会性需要。"中国传统文化崇尚家庭中心,以家庭为基础单元的社会结构形式决定了中国人的社会存在首先是依存于以血缘为纽带的家庭和宗族集体,是一种典型的集体本位的道德文化。"③作为个体依附对象的家族,既是传统社会的基层社会组织,又是不可替代的伦理道德教化单位。"宗族组织就是士绅地主以血缘关系约束族众的社会组织,祠堂、宗谱、公产等均是为族权系统服务的

---

① 姚建文:《政权、文化与社会精英》,2006 年苏州大学博士学位论文,第 62 页。

② 梁治平:《寻求自然秩序中的和谐》,中国政法大学出版社 1997 年版,第 222 页。

③ 徐行言:《中西文化比较》,北京大学出版社 2004 年版,第 81 页。

组织设施。涣散的血缘关系被宗族组织所强化,并加以伦理化,成为维护尊卑长幼秩序的血缘伦理制度,以实现农业宗法社会晚期社会经济与专制王权对宗族组织的功能要求。"①与家族制度有着天然亲和力的儒家文化,不仅通过家族制度有效传播其精神要义,而且通过文化的濡化机制强化着家族制度的道德教化力量。

在家唯家长是尊,在家族唯族长是尊。族长是家族内外代表和族权的人格化载体,一般为族内公认的德高望重之人担任,拥有很高的道德权威。因此,在宗族组织内,族长多为道德教化的实施主体,"如族众某房有不孝不弟,习匪打将等事,房长当即化导,化导不遵,告知族长,于祠中当众劝戒,如有逞强不率,许其报告惩处"②。为了维护族长对家族成员的道德教化权威,儒家文化从三个方面强化和维护着对族长的道德权威和教化权力:其一,通过对宗法血缘伦理的维护,把家庭中家长的权威平移到家族中的族长身上,从而把服从父家长权威作为第一孝道选择的价值移植到了族长身上,提出对待族长就像对待家父一样:"见父之执,不谓之进不敢进,不谓之退不敢退,不问不敢对。此孝子之行了"(《礼记·曲礼上》)。其二,强调"尊尊",将儒家伦理渗透到各种符号化的宗族仪式和家法族规中,维护家族等级的绝对权威,明确上下长幼尊卑和嫡庶亲疏关系。族长在家族中的道德教化至尊权威,不仅来自于天然的血缘关系,还来自于家法族规的合法性依据。其三,倡导"亲亲",使族人在内心认同族长的道德教化权威。《礼记·大传》认为:"人道,亲亲也。亲亲,故尊族,故敬宗;敬宗,故收族。收族,故宗庙严;宗庙严,故重社稷;重社稷,故爱百姓。"在等级尊卑的家族秩序中注入"亲亲"原则,使族人在服膺于宗族权威的同时,也感受到了一种血缘亲情的温情抚慰和归属感,使宗族权威在族人的心理、情感处共鸣。

(二)儒家文化与家庭道德教化

儒家文化特别重视个人的道德修养,要求人人致力于道德人格的完善。通过个人道德自律,维持一种道德理性,以道德规范作为稳定社会

---

① 林济:《长江中游宗族社会及其变迁》,中国社会科学出版社 1999 年版,第 7 页。
② 陈宏谋:《选举族正族约檄》,见贺长龄等编:《清朝经世文编》,卷五十八,礼政五,宗法上。

秩序的调节杠杆,建立一个道德理想国。在这个理想国的蓝图中,统治者以自身道德修养为本,将儒家的人伦道德发扬光大,并以此教化百姓,希冀人人皆成为尧舜,达到臻于至善的道德境界。"儒家主张培养意志,净化人的思想,回到天德良知、'天地之性'中去,实现一种道德自觉的境界。它相信人的理性力量,强调以理主情、以理制欲,依靠理性的力量进行心理调节,而不是靠宗教式的禁欲主义和对外在权威的崇拜和信仰,但在这一点上它也自有高于宗教之处。"①对于长期浸淫于儒家文化熏染之中的民众,无疑有利于道德素质的涵养和提升。随着儒家文化独尊地位的确立和国家意识形态化,尤其是与科举制度和家族制度相结合并渐行成为家庭教育的主导思想后,儒家文化对个人道德素养的涵养更是发挥了重大作用。

在儒家文化的伦理政治视野当中,社会治理的成败系于明君贤相自身。君王是否有行"仁德"之心,臣下是否有向善行德之意,这成为国家实现"德治"、达到政通人和的关键所在。为此,君主应该成为道德上的圣人、贤人、君子,既是政治领袖,又是精神权威。"为政以德"是对"君德"的总括要求。对于"君德"的培养,文化濡染下的家庭教化非常重要,正如李世民对他的继任者谆谆教诲道:"汝以幼年,偏钟慈爱,义方多阙,庭训有乖,擢自维城之居,属以少阳之任,未辨君臣之礼节,不知稼穑之艰难,余每此为忧,未尝不废寝忘食。自轩昊已降,迄至周隋,经天纬地之君,篡业承基之主,兴亡治乱,其道焕焉,所以披镜前踪,博采史籍,聚其要言,以为近诫云尔。""战战兢兢,若临渊而驭朽;日慎一日,思善始而令终。"②儒家文化在提供了"圣王"理想的同时,也为传统广大知识分子提供了一个"君子"的范本,君子就是"士德"的总括要求。君子异于小人的根本,就在于其道德品行,在于其自觉的道德主体意识,所谓士志于道、君子谋道不谋食是也。虽然与理想相比,现实是那么的无赖和无情,传统知识分子或迫于权威的淫威、或出于对名利的追逐、或因为生活的窘迫而丧失了作为君子的道德本性,甚至沦为"伪君子""假道学"。但在传统文化的熏染和形塑下,他们对道德的使命感和责任感,对"士君子"

---

① 刘宗贤:《儒家伦理——秩序与活力》,齐鲁书社 2002 年版,第 8 页。

② 吴云等:《唐太宗集》,山西人民出版社 1986 年版,第 205 页。

人格理想的追求和信念从来没有熄灭过。

在传统儒家思想观念里,君子、士、仁人是道德的承担者,他们秉德而生,秉德而行,是伦理的楷模,是道德的旗帜;而一般民众是不具有积极道德意义的,但并不表明民众可以不受儒家文化的熏染,也并不表明民众可以游离于儒家文化所构设的道德秩序之外。与此相反,使民众服膺于儒家道德秩序则是文化渲染的目的和传统政权全力以赴的天职。儒家文化在民间大众中的广泛传播以及道德教化影响,主要是借助于经过从精英到次精英的层层过滤并通俗化了的、颇具传播性的"劝善书""家书"等一类读物来普及和流行,而家庭训诫和家庭教化则是其绕不过去的必经环节。"劝善书"是一些贴近日常生活规范的大众化读物,这类书易识易记,可以直接得到读者的认同并直接指导其实践。而"家书"则是那些"以诗书传家"的殷实人家,将那些经父辈咀嚼过的、已显生活化的儒家伦理道德,通过"严父慈母""舐犊之情"的情感濡沫,由父辈传递给了子辈。儒家文化在民间大众的广泛传播以及道德教化影响,还需借助于社会日常化的行为方式和生活方式的熏染而形成文化心理,这样才能落地生根。在儒家文化的渲染和渗透下,辅之以血缘亲情的情感濡沫,加速和深化了儒家道德伦理的社会化进程。在"儒家文化—家庭(家族)—个体"这三重关系互动中,个体通过家庭和家族环节浸润于儒家伦理道德氛围之中,使得儒家文化成为传统社会有效整合的一种极端重要力量。作为文化濡沫成果的个体,即一般民众,服膺并身体力行着儒家伦理道德规范,维护着传统社会的道德秩序。

第四章　家庭道德教育之当代境遇

　　要研究当代中国家庭道德教育,必须将其放在其所依存的社会转型、家庭变迁、教育变迁和道德理论变迁等宏观背景下来进行分析。一方面,任何时代的家庭道德教育总是依托当时所存在的社会历史条件,在某种意义上来说,是当时社会历史条件的产物并反映当时的社会历史特征;另一方面,任何家庭道德教育又是由那个特定时代的家庭来实施,家庭是实施家庭道德教育的平台。家庭道德教育的目的是促进个体的道德发展,以道德发展促进人的全面发展,而个体的道德发展既与家庭的道德价值观直接相关,又与社会的道德价值观相连。

第一节　社会转型与伦理道德嬗变

　　马克思主义认为,人类的家庭一开始就表现为两重关系:一方面是通过劳动维持自己生命的生产和通过两性关系的结合进行种族的繁衍,这是人与自然的关系;另一方面是通过个人之间的合作关系推动上述两种生产的发展,这是人与人的关系,即夫妻之间的关系和父母与子女之间的关系。[①] 家庭是社会的基本单位,是社会的细胞,家庭和家庭道德教

---

　　① 恩格斯:《家庭、私有制和国家的起源》,人民出版社 1972 年版,第 3 页。

育将随着社会的转型而发生变迁。社会转型是社会结构的重组,也是人们社会关系的重新调整,更是人们生活方式的重大改变。社会转型时期是价值观多变和重组的时期,社会结构和利益结构发生重大的变动,表现在人们的道德意识和道德行为上,则是评价和选择的标准不一。个体思想和行为在道德上表现出来的困惑以及社会道德现象的混乱是转型社会的突出特点,这既为家庭道德教育提出了挑战,又为家庭道德教育提供了新的发展契机。

一、何为社会转型

(一)何为社会转型

从字面意思来说,社会转型是指由一种社会存在类型向另一种社会存在类型的转变,意味着人们的生产方式、生活方式、价值观念、心理结构等各方面各个层次都发生了深刻的革命性变革,意味着社会系统内在结构的巨大变化。在当代,对于包括中国在内的广大发展中国家来说,社会转型是指在特定的国际环境中,由某种非市场经济社会向市场经济社会的转变,用当代发展理论的术语来说就是由传统社会向现代化社会过渡。①

社会转型意味着旧秩序的打破和新秩序的建立,转型在本质上是指从一种旧平衡态过渡到另一种新的平衡态,就是以变革的方式去适应新的深刻变化了的环境,也就意味着社会整体形态的转变。马克思依据作为主体的人的生存发展状况,把人类社会划分为依次更替的三种形态(三个阶段):人的依赖性社会、物的依赖性社会和个人全面自由发展的社会。他指出:"人的依赖性关系(起初是自然发生的),是最初的社会形态,在这种社会形态下,人的生产能力只能在狭窄的范围内和孤立的地点上发展着。以物的依赖性为基础的人的独立性是第二大形态,在这种社会形态下,才形成普遍的社会物质交换,全面的关系,多方面的需要以及全面的能力的体系。建立在个人全面发展和他们共同的社会生产能力成为他们的社会财富这一基础上的个人自由个性是第三阶段。第二

---

① 陈晏清:《当代中国社会转型论》,山西教育出版社 1998 年版,第 28 页。

个阶段为第三个阶段创造条件。"①

　　用马克思社会三形态的理论框架来分析当代我国的现实,当代社会转型就是指我国从以人的依赖关系为特征的传统型社会向以物的依赖性为基础的人的独立性为特征的现代型社会的转变和过渡。从一社会之型转变到另一社会之型往往需要经历一个过渡时期,这个过渡时期就是社会转型时期。这个时期是新旧形态交替的过渡阶段,其中既有旧社会形态的成分,也有新社会形态的成分,新、旧社会形态的相互交融和激荡使这个阶段表现出特殊面貌,使社会历史呈现出阶段性的特征。

　　(二)对我国当代社会转型的理解

　　对我国社会转型的理解,还必须在把握社会转型的基本含义基础上结合我国当代社会发展实际进行分析。

　　1. 我国当代社会转型的性质是从传统型社会向现代型社会的转变

　　关于社会类型的划分,依据不同的划分标准会产生不同的社会类型划分结果。通常人们以生产关系的所有制形式作为标准将社会类型划分为五种,即原始社会、奴隶社会、封建社会、资本主义社会和社会主义社会及高级形式共产主义社会;也有人从经济结构的角度将社会类型划分为农业社会、工业社会和后工业社会等。② 本文所讲的社会转型,不是试图将社会转型建立在上述两种社会类型的分类理论基础之上,而是建立在传统社会与现代社会这种更具包容性、综合性的社会分类基础之上。有论者认为,中国当代的社会转型绝不是笼统地从"传统社会"转向"现代社会",而是从初级阶段的社会主义向发达社会主义的转型;不赞成社会转型的本质是社会从传统向现代的变迁和发展的提法,认为这样的说法等于承认人类社会发展到目前仅仅有一次"社会转型",以往的原始社会、奴隶社会、封建社会乃至不发达的资本主义社会和社会主义社

　　① 《马克思恩格斯全集》第 46 卷,人民出版社 1979 年版,第 104 页。

　　② 前一种社会类型的划分是根据马克思主义对社会类型的划分。后一种类型划分更多见于西方学者,如美国著名学者托夫勒在《第三次浪潮》中把社会划分为农业社会、工业社会、信息社会;丹尼尔·贝尔在《后工业社会的来临》中把人类社会的发展进程区分为"前工业社会"(农业社会)、"工业社会"和"后工业社会"三大阶段。我国著名学者吴康宁在《教育社会学》(人民教育出版社 1998 年版,第 56—75 页)中也赞同后一种社会类型的划分。

会都是"传统社会";认为这种提法否认了西方的现代化与社会主义现代化的本质区别。① 但笔者认为,这种分类更有助于在更宽泛的意义上和更广阔的视野上把握社会的转型与变革。因为这种分类更切合中国社会转型的现实,更趋向于揭示出中国当代社会转型所具有的丰富内涵,所具有的复杂国内现实基础和国外环境。把社会转型看成是由传统社会向现代化社会的转化,既可了解历史的继承性,又可表白凝重的传统历史给我国社会转型带来的重重阻力。这种经济政治文化的转型实际上体现着社会结构的转型,在这个意义上,"社会转型"和"社会现代化"是重合的,几乎是同一的。②

2. 我国向现代型社会转型过程中经历的四个主要发展阶段

社会发展由传统社会向现代社会转型是历史发展的必然。在这个转型过程中,有些国家的社会转型是经由社会自然发育生发而成的,有些国家则是在外在的诱因下由外力推动而渐行的。从社会学研究来看,我国的社会转型属于典型的后者。"由于政治结构、社会习俗、法制规章、锁国政策等诸多方面的障碍,特别是缺乏推动技术创新机制,也缺乏大突进的国际条件,这些因素都没能通过自身的力量突破传统,使中国自行向现代社会转型。"③鸦片战争后,中国才被迫开始其现代社会转型的历程。初始,我们对这次社会转型的性质、目的、任务等并不清楚,也没有形成统一的认识,直到1978年后,这些问题才逐渐明晰起来。到目前为止,这一转型过程已经历经了四个主要阶段:

第一阶段(1840—1911年),这一时期,一批仁人志士开始探索中国的现代化道路,他们在"中学为体,西学为用"的思想指导下,在器物层开展了以"船坚炮利"为追求的"洋务运动",在制度层面开展了以"戊戌维新"和"立宪改制"为中心的君主立宪制变法图强,以中国历史上最后一

---

① 参见刘宏春:《中国当代社会转型探析》,《武警学院学报》2004年第3期,第13—16页。笔者认为,对社会转型这一范畴应该秉承它的中性原则来理解,不应该赋予其倾向性的政治意义内涵。也就是说,不可对"社会转型"做政治意识形态的和道德理想的理解,而是把"社会转型"作为分析社会结构发生巨变的分析工具。

② 郑杭生:《转型中的中国社会和中国社会的转型》,首都师范大学出版社1996年版,第1页。

③ 罗荣渠:《现代化新论——世界与中国的现代化进程》,商务印书馆2004年版,第261页。

个皇权专制统治于顷刻间土崩瓦解宣告中国第一次现代化转型失败。

第二阶段(1911—1949年)。"从1911年到1949年,近40年时间,中国旧秩序的崩溃和旧结构的分化比前50年要快些。国际资本主义渗透大大加强,群众性的社会动员和革命运动风起云涌,民族资本主义发展出现小小高潮,这些不同方向的趋势交互地扭在一起,推动中国社会向现代社会缓慢的转变。"①

第三阶段(1949—1978年),是两面性并存时期。一方面,奠定了中国重工业基础;另一方面,由于一次又一次的政治运动,特别是"文化大革命"的浩劫,对中国政治、经济和文化的发展造成了历史性的大破坏,使中国的现代社会转型出现停滞甚至倒退的状态,正如有论者说:"这十年中国的演变不是冒进了多少的问题,而是在发展全局上背离了现代化方向。"②

第四阶段(1978年至今),是快速发展时期。自十一届三中全会以来,中国又开始了一次社会发展模式的大转换,社会转型进入了加速发展时期。社会转型全面而深刻,从总体上而言,社会转型呈现出全面性的特点,表现出中国社会正在从计划经济社会向市场经济社会转化,由农业社会向工业社会转化,从乡村社会向城市社会转化,从封闭半封闭社会向开放社会转化,从同质单一性社会向异质多元性社会转化,从论理型社会向法理型社会转化。③ 韩庆祥把当前社会转型的具体内涵细分为十大方向:由权力社会走向能力社会;由人治社会走向法治社会;由人情社会走向理性社会;由依附社会走向自立社会;由身份社会走向实力社会;由注重先天给定社会走向注重后天努力社会;由一元社会走向多样化社会;由人的依赖社会走向物的依赖社会;由静态社会走向动态社会;由"国家"社会走向"市民"社会。④

---

① 罗荣渠:《现代化新论——世界与中国的现代化进程》,商务印书馆2004年版,第313页。

② 罗荣渠:《现代化新论——世界与中国的现代化进程》,商务印书馆2004年版,第514—515页。

③ 参见陆学艺、景天魁主编:《转型中的中国社会》,黑龙江人民出版社1994年版,第32—43页。

④ 参见韩庆祥:《当代中国的社会转型》,《现代哲学》2002年第3期。

3. 我国向现代型社会转型过程中呈现的主要特征

自鸦片战争以来,中国就开始了由传统农业社会向现代工业社会的转型,改革开放后转型进入加速期。由于中国的农业文明非常发达,传统文化源远流长,对人们的思想观念、生活方式等方面的影响根深蒂固;中国超大型社会如何转型也是一个前所未有的新课题,两者决定了其过程的漫长性。作为后发型国家,中国的社会转型是在已实现现代化转型的西方国家遭遇深刻危机之后开始的,在转型中如何扬长避短,避免遭受"现代化陷阱"也是一个复杂的课题。特别是在农业文明、工业文明和后工业文明依次更替的历时文明形态以共时的方式展示在中国社会面前,这种"双重转型"使中国社会转型面临极端的复杂性。从目前中国的现实情况来看,社会原有的政治、经济、文化的同质性遭到了破坏,异质性和多元性快速发展,传统的与现代的、东方的与西方的,封闭的与开放的,计划的与市场的、人治的与法理的、依附的与独立的等因素同台并存,并相互交织、相互激荡、此消彼长,从而引致社会结构改变和重组。

利益结构重组和社会结构改变。社会改革的实质就是改变社会的利益关系,对社会利益进行重新分配。社会利益格局的重组是社会转型的基础。市场经济体制下,市场在资源配置中起基础性作用,个人的利益受到重视、个人的自主性、创造性得到社会的肯定,利益主体多元性、利益关系多元性趋势明显。利益结构的调整和重组必然加速我国经济结构、政治结构等的深刻变化,伴随着所有制成分的多样化,新的社会阶层和职业群体也相继出现,这就意味着社会结构正在发生深刻变化。

主体意识的凸显和价值观念的冲突。随着市场经济体制的建立,国家权力下放,地方、单位、个人的本位意识和主体意识明显增强。事实上,市场经济的自主性、平等性因素促进了人们摆脱传统的等级、特权、依附观念,自主、自尊、自立、自强的主体意识逐步觉醒。社会转型,正是作为实践和认识主体的人以主体的身份和姿态,根据社会发展的要求对旧的社会结构、社会体制进行全面自觉的系统转变,对新的社会结构和体制进行自觉构建的过程。[1] 主体意识的觉醒和权威话语的质疑与旁落,引发人们的生活方式、思维方式和价值观念的深度分化,表现出多元

---

[1] 参见陈章龙:《论主导价值观》,江苏人民出版社 2006 年版,第 31 页。

的价值取向。一方面,由于人们的意见和行为源于评价和选择标准不一样而越来越难以统一,进而造成价值取向的无序与混乱,价值观念的多元化也会侵蚀理性和自我选择能力;另一方面,价值冲突打破了已有社会价值体系的沉默,人们对社会问题的关注、思考和论争,使得社会的价值精神在寻求新的价值观念的意识中得到新的提升,由此促成转型期社会各种价值观念之间的新的融合,构建起更高层次的社会价值体系,使整个社会走向新的良性发展之路。①

社会发展进程的不平衡性和社会冲突的并发性。中国现阶段社会转型的发展进程极其不平衡,这种不平衡主要表现在:经济发展与政治、文化、价值观念等发展的不平衡,经济、政治制度转型速度较快,而社会的价值观念转型速度慢且冲突异常激烈;地区间发展的不平衡,城市与农村之间发展的不平衡,东部沿海发达地区以及城市发展和转型呈现加速度,而中西部地区和农村发展缓慢甚至呈现停滞状态;社会总体发展与个体发展的不平衡;个体间发展的不平衡。社会转型的不平衡性诱发和加剧了社会冲突,典型表现为:贫富之间、劳资之间的利益冲突;主流价值观与非主流价值观的价值冲突;个人与集体之间的权利义务冲突;经济发展与精神迷失、道德滑坡的冲突,等等。

二、社会转型与道德嬗变、道德教育的转换

伦理道德变化是人们所关切的社会转型的一个方面,由于道德对社会生活的渗透性,伦理道德的变化又成为反映社会转型的一面镜子,从伦理道德的变化可以管窥社会转型的价值向度,可以略知社会转型的进展状况。"伦理道德的变化与社会转型的丰富性、复杂性、曲折性联系在一起,道德进步不是社会某个方面(如经济等)进步的直接函数,与社会转型不能等同于社会进展和社会进步一样,伦理道德的变化不等于伦理道德的发展,但内含着自身发展和进步的方面。"②

---

① 参见郭良婧:《论我国当前社会转型期的价值冲突》,《河南大学学报》(社会科学版)2004年第2期。

② 李彬:《走出道德困境——社会转型下的道德建设研究》,2006年湖南师范大学博士学位论文,第40页。

（一）社会转型与伦理道德的嬗变

社会每一次大的变迁都会相应带来伦理道德的巨大变动,春秋战国时期被孔子称为"礼崩乐坏",因此出现了"百家争鸣";鸦片战争后的社会被康有为称之为"自古以来未有之变局",因此有了近代对旧道德的批判和对未来道德的新构想。当前中国的社会转型作为一个整体运动,深入地触动了旧有的道德秩序,引发了伦理道德体系的混乱和重构。

其一,社会转型的加速造成了伦理道德准备不足。改革开放前,传统道德价值观的精华和糟粕鱼目混珠一同从封建社会进入社会主义社会,既没有对其"糟粕"进行科学的批判,又没有对其"精华"很好地继承,道德的政治意义被强化了,使道德失去了独立的功能。改革开放后,经济改革先入为主,一方面调动了人们的经济建设积极性,改善了社会面貌和经济基础,另一方面刺激了人们对物质利益的期望,人们的欲望空前膨胀,对原来的重义轻利的道德价值观造成了广泛而深刻的冲击。理论界的仓促应对和准备不足、社会心理的调整不及、社会舆论引导的滞后和政治形态化,促使改革开放后的社会伦理道德出现了普遍"不适症状"。

其二,社会转型的后发性使人们更倾向于接受西方道德价值而抛弃优良道德传统。不可否认,中国的近代化历史就是一部激进的反传统的历史,保留下的优秀传统道德经过"文革"的折腾,已经被破坏得体无完肤。新中国所提倡的伦理道德也因党的种种错误路线而让人们丧失信心。改革后,西方成熟的资本主义和市场经济孕育的个人主义、利己主义、消费主义乘虚而入,与人们渴望追求物质利益的心理快速结合起来,成为目前市民社会的主流道德价值观,而传统道德从整体上看是完全被冷落了。

其三,社会对道德控制的弱化和道德价值的多元化并存。改革开放前,整个社会高度政治化,国家权力渗透到社会生活的各个方面,社会成员的价值观表现出高度的一致性,一致地认同了国家所倡导的价值观的正确性和不可违背性。改革开放后,国家对社会生活控制或管理减弱,社会的丰富性得以逐步展开,道德作为意识形态的功能下降了,道德开始在社会生活的各个方面承担价值评判和规范引导的角色,并接受来自西方的各种价值冲击,社会生活各个领域出现了新的价值观念。道德价值观的多元化存在并相互激荡和此消彼长,具体表现为:道德价值观的一元主导与多元诉求、传统道德与现代道德的冲突、本土道德与异域道德的张力。

其四,社会转型对个体道德发展造成了全方位的影响。社会转型促成了个人的独立性和个体主体的生成,带给个体生活的巨大变化无疑构成了时代的一大景观。社会价值观从一元到多元共存、从社会本位到兼顾社会与个人、从理想型到理想与世俗并立、从精神型到精神与物质并重等,都可以从个体的思想、行为方式或者个体道德行为方面体现出来。一方面,社会分层对个体道德产生重大影响。社会结构的剧烈变动加速了社会分层,由此进入不同阶层的人们基于各个不同阶层的工作和生活而形成的个体道德价值观在阶层之间也存在着较大差异,从而构成了个体间道德冲突、价值不一的根据。另一方面,经济理性对个体道德产生了相当大的影响,个体利益成为个体道德变化的根本动力。为此,个人利益的扩展造成了新的道德后果和伦理责任;正当个人利益和非正当个人利益的区分,对个体道德素养提出了新要求;获取个人利益手段的多样化,使社会对个体道德评价需要更切合实际的标准;个体之间的利益冲突,对个体道德提出了新的挑战。

(二)社会转型与道德教育的转换

道德教育是指一定社会、阶段或社会集团依据一定道德原则和道德规范,有目的、有计划地对受教育者施以道德影响的教育活动。道德教育存在的意义在于有目的地引领个体追寻美好的精神生活,实现人生的觉解,从而自觉"追求善的伦理秩序、善的道德理想、善的行为方式,过'真正人'的生活"①。社会转型一方面为道德教育提供了更多的物质资源、法制保障和外部环境,形成良好社会道德氛围的可能性大大增加。另一方面,现实的社会道德建设并没有走向一条人们预期的健康之路,很多人认为我们的道德出现了严重的滑坡;道德教育依然抱残守缺,漠视自身的责任和使命,存在着工具化、功利化、科学化等诸多问题。

1. 道德教育由"人学空场"向"人学在场"转换

"人学空场"是萨特在他的代表作《辩证理性批判》中指责"现代马克

---

① 孙美堂:《文化价值论》,云南人民出版社 2005 年版,第 110 页。

思主义"时所用的一个术语。他认为"现代马克思主义""忘记了具体的、实在的人",在理论上出现了"人学空场"。客观地说,回顾一下早前的道德教育历史不难发现:由于长期受教条主义影响,片面地甚至错误地理解马克思主义,往往从社会出发去说明人,以社会考察代替对人的研究;越是大讲"社会存在决定社会意识",越是难以见到现实的、具体的"人";人的主体性地位丧失和人的价值与意义的扭曲,人不是一种目的,而是一种工具和手段。这一严重错误长期影响了我国道德教育实践,这种"人学空场"的道德教育实践不是以受教育者为主体,而是把受教育者看成知识的接收器和存储器;所传授的知识也是剥离了人性内涵的空洞的道德规范;在实施过程中背离了人性要求,把本来充满人性魅力的德育,变成了毫无主体能动、枯燥无味、令人厌烦的说教与灌输。"人学空场"的道德教育只会培养出单向度的、缺乏主体性的"机器人"。

　　社会转型激发了人的主体性意识,价值多元化及其冲突凸显了个人的意义和价值,"人学空场"的道德教育不能适应时代的诉求,必须向"人学在场"转换。"人学在场"的道德教育预示着人的主体性呈现、人的交互性实现。作为主体的人与人之间在语言、思想和行动上相互作用、相互理解、相互沟通,在双向互动中实现了主体间性的品质。主体间性被称为"主体共同体""你我共同体""共在共同体",是对主体性的发展和超越。主体间性视阈中的道德教育对教育过程提出了新的要求:其一,以培养主体性道德人格为德育目标。道德教育就是育心、育德的文化——心理过程,是人与人之间的精神交流活动。其二,道德教育方法从灌输走向对话。主体间性的对话是双方内心世界的敞亮与接纳,是双方共同在场的相互吸引和相互包容,是从主客间"我—他"关系到主体间"我—你"关系的飞跃,从而实现了相互尊重、相互理解、相互信任和相互合作。其三,道德教育过程从单一走向复合。道德教育过程不仅仅是传递道德知识的过程,同时也是通过认知、体验和践行把道德知识内化为道德信念并养成道德行为习惯的过程;受教育者不仅仅是增长道德知识的过程,更重要的是激发道德情感、坚定道德信念、磨炼道德意志的过程。其四,道德教育内容从"悬空"回归现实生活。回归生活,关注人的生命,就是要使道德教育从科学化、形式化、理想化的迷雾中重返现实生活,找回其本来面目,并以生活为基点来考虑道德教育中的所有问题。

2. 道德教育由利益缺位向利义协同转换

"以社会为本位"是中国传统社会政治文化和道德文化中的主导思维,整体凌驾于个体之上,个体的基本正当权益普遍遭到践踏。改革开放前的新中国也是如此,在集体的名义下,衍生出来的个体被完全遮蔽在"大公无私""公而忘私"的光环下,个体"私利"未得到丝毫的肯定。在此情境下,道德与私利是绝缘的,在道德面前谈私人利益是令人不齿的。

社会转型使现代社会的道德出现了"公私分离",生命个体有可能从"集体意识"的绝对控制中解放出来,获得自主、自律、自由的精神空间。每个个体都将"拥有按照我们自己的道路去追求我们自己的好处的自由"。应该说,相对于被控制来说,这种解放具有进步的意义。其实人们误解了马克思主义只讲政治和阶级斗争而不讲物质利益,与此恰恰相反,"马克思主义的道德观就是以马克思主义利益观为核心的价值观。所谓马克思主义利益观是指以马克思主义关于物质决定精神、利益决定思想为基本出发点,揭示当代社会发展的源泉、动力、过程和目标。阐述当代全球化和市场经济中的理想、信仰、人生和价值等一系列重大问题的基本观点"①。马克思主义利益观可以概括为四个主要方面。其一,利益是人类赖以生存和发展的基础,"'思想一旦离开'利益,就一定会使自己出丑"②。其二,利益是生产力乃至社会发展的内驱力,"人们奋斗所争取的一切都同他们的利益有关"③。为了满足物质生活资料和精神生活需要,人们创造满足一切需要的各种工具和方式,推动生产力和社会的发展。其三,利益关系是经济关系的表现,社会的基本矛盾集中表现为利益矛盾,恩格斯说:"每一既定的经济关系首先表现为利益。"④其四,上层建筑的任务就是代表那些在经济关系中占统治地位的阶级利益,维护和调整一定社会各阶级、阶层的利益关系。⑤ 马克思说:"正确理解的个

① 参见谭培文:《以马克思主义利益观为核心价值的高校德育定位研究》,《思想理论教育》2007 年第 6 期。

② 《马克思恩格斯全集》第 2 卷,人民出版社 1957 年版,第 103 页。

③ 《马克思恩格斯全集》第 1 卷,人民出版社 1956 年版,第 82 页。

④ 《马克思恩格斯选集》第 3 卷,人民出版社 1995 年版,第 209 页。

⑤ 参见谭培文:《以马克思主义利益观为核心价值的高校德育定位研究》,《思想理论教育》2007 年第 6 期。

人利益,是整个道德的基础。"①马克思主义利益观是以科学世界观为基础,以"每个人的自由个性的全面发展"为目标的价值观。

在多元利益主体的市场经济条件下,各种利益矛盾和利益冲突上升为当代社会个人生活和公共生活的主要矛盾,个人利益按照市场等价交换是市场经济的通行规则。因此,道德教育并不是不讲个人利益,合情、合理、合法的个人利益并不与道德相冲突、相矛盾。但是,道德行为一旦与利益相瓜葛,就很难探测到行为者的动机,在利益的诱导下的道德行为也难以达到道德自律的程度,也会引发以利益为目的的非纯粹性、非本真性的道德行为。故此,道德教育由利益缺位向利义协同转换,在社会主义市场经济建设中应该高举马克思主义利益观,以此协调多元利益主体在市场经济中的利益矛盾和冲突,为市场经济中个体道德选择提供价值尺度和标准,为个体正确理解和处理利己与利他、整体与局部、长远与眼前之间的辩证关系奠定基础。

3. 道德教育由精英化向精英化与平民化相结合转换

中国传统的道德教育走的是一条精英化的道德教育路线,精英化表现为两层含义:一是道德教育所依托的主体是社会的少数"精英";二是他们所追求的道德目标是更为精英化的"成圣""成贤"理想。正如何怀宏先生所指出:"传统社会是一个君主下的精英居上的等级社会……当时社会道德实际上主要是一种精英道德,一种士大夫道德,而在民众那里,则甚至不是'道德'(圣贤人格与德性)的问题,而主要是风俗的问题。"②作为传统道德的主流,儒家提倡君子人格,这不是对普通民众的道德要求,而是对少数知识精英的道德要求,他们试图通过精英道德来影响民众的道德风尚。新中国成立后,道德要求虽然没有精英与平民之分,但以精英化道德标准来要求广大民众是普遍的共识和通行的做法,为此提出了"毫不利己,专门利人""全心全意为人民服务"等高标准的道德口号。

精英道德作为一个社会的道德理想和道德典范,对于提升社会的道德水准,自有其积极意义。但是,精英道德之所以为精英道德,决定了其不可能为社会大多数成员所接受和践行。随着时代的移易,社会精英与

---

① 《马克思恩格斯全集》第3卷,人民出版社1960年版,第275页。

② 何怀宏:《良心论》,上海三联书店1994年版,第50页。

平民之间的等级关系也由清晰向模糊变迁,但人们却把精英道德看成是全社会普遍的道德标准。一旦把精英道德看成是唯一的、强制性的全社会的普遍道德标准,就一定会因为道德标准的错位而引发一系列严重后果。其一,会导致道德虚伪化。由于社会大多数成员达不到精英道德标准,达不到标准又被看成是"不道德"而受到舆论的谴责甚至政府的制裁,于是人们便不得不"包装"自己的言行,必然会出现当面一套背后一套、说一套做一套的道德虚伪现象。其二,引起道德价值的片面化。对于传统社会的精英来说,由于已经解决了物质上的生存问题,所以个人可以超越对物质利益的追求和关注,而将"内圣外王""逍遥游"作为自己的道德理想。但对于普通老百姓来说,如果人人都持"何必言利"的态度,则社会的延续都存在问题,更甭说个体的自由发展和道德理想。其三,引起道德义务的单极化和道德功能的凝固化。将精英道德泛化为社会的普遍要求,造成的结果是一部分人以冠冕堂皇的理由要求他人履行高要求的道德义务,而自己则利用他人履行极端的道德义务来满足个人私利。于是,普通老百姓背负太多的道德责任,而某些人则利用别人的单极化道德义务来为自己牟利。精英道德作为一种最高的道德要求,体现了道德的终极目标,如果把精英道德等同于社会普遍的道德要求,那就是把活生生的道德等同于僵死的道德教条,道德也就失去了对社会生活具体而灵活的调节功能。

如果说传统社会是以精英道德为主流,那么它在现代社会则已失去了道德主流地位,现代社会要求道德主流由精英化向精英化与平民化相结合转换。根据社会学公认的观点,现代化总是伴随着世俗化。在西方,文艺复兴和启蒙运动使人们从神学的统治下解放出来,从而肇始了现代化进程。在中国,虽然宗教没有产生类似于基督教在西欧所产生过的那样广泛而深刻的影响,但中国的现代化进程一样与摆脱宗教与准宗教相伴随。总之,一切在传统社会被当作"神圣"而尊崇的东西,如王权贵族、圣贤经典都逐渐失去了往昔的灵光,"一切固定的东西都烟消云散了,一切神圣的东西都被亵渎了。人们终于不得不用冷静的眼光来看他们的生活地位、他们的相互关系"①。从这个意义上来说,世俗化也就是

---

① 《马克思恩格斯选集》第 1 卷,人民出版社 1972 年版,第 254 页。

平民化。科学技术、商品经济和民主政治是推进现代化的最强大力量，同时也是实现世俗化和平民化的最强大武器。现代社会经济的快速发展，使经济取代政治成为了人们生活关注的重心；政府功能紧缩，社会功能扩大；道德功能萎缩，法治作用增大。由此带来了社会道德的一系列变化：市场经济打破了从上到下的集权式的行政管理模式，肯定了个人在社会生活中的自主和自由，实现了道德选择的民主化；市场经济主体利益的多元趋势，反映在价值追求的道德上，就出现了道德目标的多元化；在现代社会，道德并不规避利益，更不压制利益，而是鼓励人们在大胆追求利益的同时，合理调节利益关系，规范逐利行为，因此出现了道德基础的直接化。

平民化使社会的中心由精英转向平民，也使社会的价值取向由"成圣"转向"入俗"。道德教育不是对世俗化、平民化的简单认同，而是在适应市民社会的前提下对其进行规范和整合。具体表现为：一是个人本位与社会取向的有机结合；二是物质利益与精神追求的内在协调；三是正当享受与合理创造的动态平衡。①

第二节　家庭变迁与当代家庭道德教育

研究家庭道德教育，必须立足于家庭这一特定环境，必须观照当代家庭的变迁。因为家庭道德教育是家庭的一种基本职能，是随着家庭的产生而成产生、发展而发展、变化而变化。家庭作为社会最基本的单元，它随着社会的转型而不断发生变迁，当代中国的社会转型正在促使着当代家庭由"传统型家庭"向"现代型家庭"变迁。在这一变迁中，家庭结构、家庭关系、家庭功能、家庭观念等发生了巨大的变化，与此相对应，也必然引致家庭道德教育的诸多变化。

一、家庭变迁的含义

家庭是社会发展到一定阶段的历史产物。尽管在人类社会发展的

_____

① 参见沈晓阳：《论道德的精英化与平民化》，《华南理工大学学报》（社会科学版）2001年第6期。

不同阶段,家庭的功能和意义不尽相同,但家庭作为最基本的社会组织,在不同社会系统中占据的重要地位和作用这一点并没有改变。家庭的结构、功能、状况与社会发展密切相关,家庭既是一种制度,又是一种文化。家庭是社会的缩影,家庭与社会是双向互动的关系,社会的转型必然会影响到家庭的变迁,家庭的变迁也会影响到社会的转型。人类从血缘家庭到普纳路亚家庭,再到对偶家庭,最后到一夫一妻制家庭,家庭的每一次变迁都是随着社会的变迁而变迁。从全球范围来看,20世纪50年代以前,家庭的变化还是比较缓慢的,50年代后,家庭的变迁加剧。从我国家庭变化情况来看,70年代末以前,家庭变化是比较缓慢的,改革开放后,家庭的变化随着社会转型的加速而加速,家庭与其他社会事物一样,走向了快速与西方接轨的通道。

所谓家庭变迁,就是指家庭的结构、功能的变迁,是一种自然的历史过程。探讨当代我国的家庭变迁,必须把它置于当代中国社会正由传统型社会向现代型社会转型这一历史大背景下进行分析,因此,文中社会转型所用的二分法,即"传统"与"现代"相对比的分析方法,也适用于阐述当代我国的家庭变迁。

二、当代中国的家庭变迁

(一)我国传统家庭的演变历程及其特征

自一夫一妻的父系氏族公社形成后,家庭便成了社会最基本的结构单元。这一时期的家庭"像单个蜜蜂离不开蜂房一样",公社共同体的组织形式保存了下来。于是,同一祖先的家庭聚居在一起,成员依据血缘辈分、社会资历和财产的标识而形成身份不一的社会结构,这样就形成了以血缘和地缘为特征的宗族。周代所实行的是宗法制和分封制,所以大家族盛行。如晋之六卿,鲁之三桓,郑之七穆,楚之昭、屈、景都是大家族,其特点是血缘与政治关系相结合,宗族与君权相统一。从春秋初年开始,宗族组织和宗法制度经历了一个相当长的瓦解过程,如宋代陈祥道说道,周代宗族制度盛行,到了商鞅变法,人们早已不知道敬宗收族了。① 两汉时期,父子两代组成的"异财别籍"小家庭大量涌现;三国时期,祖孙三代组成的"共财合居"的大家庭得到迅速发展,并逐渐模塑成历代统治阶级所推崇的理想家庭模式,父家长制也逐渐成为主要的家庭制度。东晋末年到魏晋南北朝,世家大户荫庇人口,形成了史书上记载的"千丁共籍""百户合室"的大型家庭。唐朝更加鼓励大家庭的出现,《唐律疏义》写道:诸祖父母、父母在而子孙别籍异财者,徒三年;若祖父母、父母令别籍及子孙妄继人后者,徒两年,子孙不坐。因此唐代家庭规模更大,扩展家庭、联合家庭、主干家庭等家庭样态也更多。直到清朝,地主阶级的宗族大家庭和平民百姓的小家族家庭已经成为家庭的主要样态。

"自殷周至民国,家族势力虽然时遭贬抑,但家族的观念意识和结构组织却绵延不绝地存续了三千余年。"②总体来讲,建立在自给自足的自然经济上的传统家庭,具有如下特征:

其一,从家庭功能来看,家庭既是生产单位、生育单位、生活单位,又是分配单位、教育单位,承担着生产、分配、生活、教育甚至医疗等功能。

其二,从家庭成员关系来看,是以父权、夫权为中心,儿女对父亲、妻子对丈夫的依附性较强。在生产力发展水平较低的情况下,物质上的相互依赖必然产生感情上的依恋,因此家庭关系比较稳定、有很强的聚合力。

其三,从维系家庭的意识观念来看,严格的道德规范和家族本位主义是封建家庭延绵不绝的支柱。植根于中国封建文化的中国传统家庭,其家庭文化与中国的伦理道德体系一脉相承,融等级主义、封闭主义、家族主义于一体。"每个家族都有十分严格的成文或不成文的约束族众行为的制度规范体系:祖训、家礼、宗法、族规、宗约。这是封建理论纲常的运用和具体化,其基本精神和教义皆取之于礼教经典——《三礼》《孝经》《四书》及各种专门的有关妇女和家庭生活的伦理著作等。"③

其四,从婚姻关系来看,夫妻关系稳定。婚姻的基础是家庭的需要、

---

① 顾炎武:《日知录》卷十三。

② 唐军:《蛰伏与延绵:当代华北村落家族的成长历程》,中国社会科学出版社2001年版。

③ 邵伏先:《中国的婚姻与家庭》,人民出版社1989年版,第181—182页。

物质的依赖、父母的意志,因此婚姻演变成一种社会义务和人生的责任。由于社交少、人际关系单纯,夫妻双方一般能相濡以沫,白头偕老,但女人无论在社会上或家庭中都处于无权地位。

　　总而言之,中国传统家族家庭是封建制度的堡垒,它集族权、父权和夫权于一身,寓血缘和政治于一体。缘于土地的束缚而自成一个自给自足的封闭系统。在家庭内部,盲目要求尊祖敬孝,藐视人的个性,铸就了顽固保守的社会意识和麻木苟安的生活方式,社会生活因此而趋于封闭、停滞。我国封建家庭制度一直延续了数千年,直到新中国成立前夕,仍然保有封建家庭的特征。

　　(二)当代中国的家庭变迁

　　近代以来,中国社会面临数千年未有之大变局,传统的农耕社会面临工业文明的冲击。这种冲击首先体现在维系传统家庭的思想观念上,例如,西方传教士宣扬纳妾是不符合伦理道德的,宣扬人与人之间的平等也包括父、子之间的代际平等,等等。五四运动爆发后,掀起了一股批判封建宗法家长制的斗争潮流,并发起了一场向封建伦理道德全面而有力量的进攻与清算,使有关家庭的思想观念达到了一个新的阶段;它倡导男女平等,推进妇女解放运动,激励青年知识分子挣脱家庭的束缚,使封建家庭制度受到巨大冲击。其次是近代工业的出现对传统家庭组织模式的现实冲击。西方先进的工业制成品逐渐取代了农民自给自足的家庭手工业,不管是生活资料还是生产资料,农民越来越依赖于市场的供给,洋货充斥市场,如洋布、洋面、洋纱、洋油等生活必需品,以及糖、纸等普通消费品均系舶来物,由此可见中国传统家庭所遭受的冲击。民国时期,这种冲击加剧,传统大家庭原有的生产功能已经丧失,核心家庭逐渐盛行。

　　新中国成立后,新的社会制度为我国传统家庭制度的根本改变奠定了基础,新婚姻法废除了娶妾,确立了一夫一妻制的家庭样态,标志着我国的婚姻家庭进入了一个新的历史时期。随后土地改革与宣传、贯彻新婚姻法运动相结合,在中国历史上是空前的家庭革命,中国传统家族家庭制受到了致命的打击和彻底的清理。这一时期家庭革命性的变化表现为:废除了娶妾陋习,维护了真正的一夫一妻制;废除了包办买卖婚姻,实现了婚姻自主、自由,主张以爱情为基础的婚姻;反对夫权制,倡导夫妻双方平等;反对父权制,实现家庭中父子关系的平等。这些变化符合社会历史发展的潮流,是家庭制度的巨大进步。

从1958年开始到"文化大革命"结束为止,中国的家庭变迁历经了巨大的曲折。在"大跃进"和人民公社化运动中,埋葬祖先的墓地变成了农田,支配经济生活的不再是宗族而是公社,乡村的居住格局得到了新的调整,打破了原来由宗族关系所决定的地缘联系,试图将一家一户的家庭生活纳入集体化的社会模式之中。其结果是严重干扰和阻碍了人们的正常生活,违背了家庭发展规律,扭曲了家庭的形态。激进的"文化大革命"与旧传统"彻底决裂",破"四旧"使传统社会的残迹遭受了空前的涤荡,所有过去的象征物都在铲除灭绝之列。但与想象的结果恰恰相反,这次冲击所造成的恶果是使家庭生活中的封建主义的垃圾空前地暴露出来,使家庭质量下降,家庭关系出现了大混乱和大倒退。[①]

1978年,农村开始了家庭联产承包责任制,改变了这之前的社会及家庭组织形式。20世纪80年代兴起了传统文化热,家庭的价值被重新强调,整个社会热烈呼唤家庭的温情、呼唤人与人之间的真情,期间热播的电视剧《渴望》就是这一心理的反映。这一时期,改革开放把中国引入了一个超快速转型阶段,或者说是全面转型阶段。社会快速转型的一大结果就是社会迅速分层与观念代差扩大。长期以农为本而缺少变化的我国农民群体由改革开放而发生了前所未有的大分化,越来越多的农民已经或正在转化为农民工人、个体工商户、私营企业家等等。而在城市里,非公有制经济迅速发展,职业分工加快和深化,导致城市群体重新组合,不同所有制单位之间、不同行业之间、不同职业之间,也产生了较为显著的分化。由此,简单的社会结构变得更为复杂,同质的社会不断地异质化。在家庭中,家庭成员之间日益增强的异质性进一步扩大了代际间的异质性。在社会变迁缓慢之时,代际间的异质性往往会被社会的同质性慢慢消解,在家庭中,年长一代能够较为顺利地把他们的生活方式、价值观念和道德标准传递给下一代。但是当社会迅速转型时,新的生活方式、价值观念和道德标准层出不穷,更新换代速度极快,年轻人成为接

① 参见张敏杰:《二十世纪中国家庭的变迁》,《浙江学刊》1989年第6期。

受和实践新价值观的急先锋,从而与年长一代形成矛盾与冲突。这种代差不仅表现在家庭之中,而且表现在整个社会的年长一代与年青一代,加深了传统道德文化的代际断裂。

与此同时,社会分化引起社会流动,社会流动则加速社会分化。在中国传统乡土社会,人们生于斯、死于斯,流动几乎很少发生,常态是"老死不相往来",终老于某一固定地域,形成了费孝通所言的"熟悉"社会。现代社会流动加速,人成年后远离家庭学习、工作的情况越来越普遍,家庭成员不再长相厮守,不断投身到陌生的社会中。地域的隔离和日常生活接触的减少,使得"大家庭"的控制力和影响力不断减弱。"市场化改革引起的'单位社会'的移位使得个体取代集体,并逐渐成为社会的基本行动单位。由此带来原来传统社会惯有的、建立在血缘与地缘基础上的身份关系逐渐弱化并受到挑战。同样,由市场化改革引起的社会合理化进程致使中国社会家庭结构分化之势逐渐增强,由原来的一种社会制度承担多种社会功能的情形逐渐演变为多种社会制度各自承担某一种功能的家庭新格局。"[1]

(三)当代中国家庭变迁的特点

美国学者摩尔根认为,家庭是个能动的要素,它从不停滞在一个地方,而是随着社会由低级阶段发展到高级阶段,从低级形态发展到高级形态。市场经济的逐步确立和对外交流日渐频繁,我国家庭无论是生存模式,还是结构形式、观念意识,都发生了深刻的变迁,体现出鲜明的新特点。

1. 家庭结构小型化、核心化和多样化

家庭结构的变化,从家庭人口数量上来看,户均人口从 1974 年的 4.78 人,到 1998 年的 3.63 人,再到 2005 年的 3.13 人,[2]呈现出户均人口逐渐下降的趋势。伴随着家长制的削弱与瓦解,联合家庭已经失去了存在的现实基础而逐渐趋于消失,主干家庭也呈下降趋势。而核心家庭则逐步得到巩固和扩大,20 世纪 50 年代核心家庭占各类家庭总数的比

---

① 史秋琴主编:《城市变迁与家庭教育》,上海文化出版社 2006 年版,第 1 页。

② 段成龙等:《新世纪之初的中国人口变化》,《人口研究》2006 年第 5 期。

重为 50％左右,70 年代上升为 58％,1987 年上升为 71.3％,1990 年上升为 77.12％。① 家庭结构的核心化、小型化已成必然趋势。从家庭类型来看,呈现出多样化的趋势,具体表现为:跨国婚姻的家庭增多,丁克家庭有所上升,单身、单亲家庭在城市快速增长,空巢家庭增多,非婚同居家庭有所蔓延,隔代家庭、再婚家庭有所增加。

2. 家庭功能的弱化与转换

传统中国的家庭作为社会的中心,承担了大部分的社会功能,如经济、教育、宗教、娱乐等功能,近一个世纪以来,特别是改革开放后,经济、社会发展带来了家庭功能的重大变化。

家庭生产功能的社会化。社会主义三大改造完成后,家庭不再是生产单位。然而在改革开放后,生产功能又重新赋予家庭,在城镇,少部分家庭又重新拥有了若干生产资料,生产功能得到了恢复,不过,对于大多数城市家庭来说,生产功能不可能恢复。对于农村来说,家庭生产功能的恢复表现十分突出,到 1986 年全国有 1.8 亿农户实行了家庭联产承包责任制。但随着农村生产的市场化进程深入,农村家庭生产功能也逐步走向社会化,不仅产品输入市场,满足社会需求,而且生产本身的化肥、农药、动力、设备等的供应等在很大程度上也取决于社会条件的变化。

家庭生育职能的减弱。人口生育率的下降预示着家庭生育功能的退化,一方面是计划生育政策对家庭生育职能的抑制,计划生育政策使生育不再是家庭的私事而成为社会责任;另一方面是生育观念的变化,传统的"传宗接代""养儿防老"生育观念正在消失。

家庭教育功能分化与强化。在传统自然经济社会,家庭是子女社会化的重要场所,教育基本是由家庭来承担的。近代后,社会办学发展迅速,削弱了家庭的教育功能,教育逐渐走向社会化。改革开放后,家庭规模的小型化和独生子女的逐渐普遍化造成了家庭重心下移,"子女优先"的观念开始左右家庭关系,家长对子女的成长倾注了全部的心血。因此,虽然社会承担了小孩的教育功能,但家庭从胎教开始到家教的盛行,家庭教育得到了强化。

此外,家庭养老、家庭保障、家庭消费等功能都在向家庭之外转移,

---

① 张键、陈一筠主编:《家庭与社会保障》,社会科学文献出版社 2000 年版,第 185 页。

都有社会化的倾向。随着家庭功能的弱化和转换,家庭正趋向于以满足家人感情需要为主。家庭与工作相分离,家庭与社会相分离,使富有意义的邻里关系丧失殆尽,家庭成为更加私人化、隐秘性的生活领域,个人对社会、大家族的情感依赖被只有对家庭成员的情感依赖所代替。未来学家托夫勒说:"家庭一向被称为社会的'大减震器',是同世界搏斗,被打的遍体鳞伤的人们的栖息地,是日益动荡不安的环境中的一个稳定点。随着超工业革命的发展,这一'减震器'也将经受本身的一些冲击。"①

3. 家庭观念的淡化和婚姻观念的多元化

中国社会的现代转型,使传统文化在同外来文化及本土新文化的冲突、碰撞、交流、渗透中,迅速向现代文化过渡,由此,国人的思想观念和心理状态发生了许多新的变化,从而推动了家庭观念的更新和多元化。

伦理孝道的重新阐释与孝道观念日趋淡薄。"孝"是中国传统家庭的象征,也是父权专制的象征。中国传统的孝道要求晚辈对长辈的绝对服从,服从被视为美德,不孝在中国传统家庭中是不可饶恕的罪恶。现代意义的孝道,在内涵上与传统相比发生了变化,逐渐从"愚昧的孝"发展到"尊老爱老之情",子女尊敬父母,但不盲目顺从。今天提倡的孝,是建立在亲子人格平等前提下对父母的道德义务,是调节现代家庭亲子关系不可或缺的道德规范,是老年人享受天伦之乐的伦理保障,因此,是对传统的扬弃和超越。客观而言,传统的孝道观念日趋淡薄,社会上忽视和虐待老人的事件时有发生。

家人相聚时间减少,交流和沟通减少,家庭观念有所淡化。随着生产的社会化,也带来了家庭关系的社会化。父母与子女之间工作和居住都相对独立,客观上造成了相聚时间减少、沟通减少的事实;生活节奏的加快也迫使家庭成员待在工作岗位比待在家里的时间长,即使是夫妻间也相聚甚少、交流甚少;另外,现代社会竞争加剧,工作和生活的精神压力增大,家庭成员常处于满负荷状态,疏于交流和沟通。虽然家庭成员之间的纽带是"血浓于水"的血缘关系,但由于现实种种原因阻滞了交流

---

① [美]阿尔温·托夫勒:《未来的冲击》,任小明译,中国对外翻译出版公司1985年版,第211页。

和沟通,这种"血"也近乎于水了。家庭关系疏远、家庭观念淡化的另一个重要原因是原先用于家庭成员之间沟通的传统纽带也正被"现代化"所割裂。一部电话或互联网,虽然两端连着亲人之间的信息,但总不如长途跋涉,面对面的久别重逢来得温暖和亲昵。传统家庭生活知识获取的主要方式是长辈对晚辈的谆谆教诲和亲手示范,现在则是寻找快速解决的办法,电视节目、自助书籍、网络都能快速提供解决答案;传统家庭成员参与式的娱乐活动,以及空闲的促膝长谈,正在被单体式的看电视、上网取代,活色生香的近距离交流与沟通减少了,家庭观念淡化了。

家庭婚姻观念发生了大的改变,日趋多元化。一是择偶观发生了变迁。新中国成立前,人们在择偶时更注重家庭条件,如"门当户对""亲上加亲"是主要的择偶标准;20世纪50年代至70年代,社会政治面貌、家庭出身成为择偶首先考虑的标准;改革开放初,个人学识、才干成为人们择偶的主要标准;90年代后,随着生活水平的改善,人们对婚姻的追求逐渐多元,一些人在择偶时注重经济实惠,"物化"因素占据重要位置,一些人择偶注重情感、品质及能力。二是生育观有了大的改观。在自然经济时代,子女是一种财富,也是一种保障,在"传宗接代""多子多福"观念的支配下,人们普遍多生并重男轻女。现在"养儿防老"已经失去了市场,"少生、优生、优育""生儿生女都一样"的观念为大多数家庭所接受,生育与婚姻相分离,无生育的婚姻增多。三是对离婚的态度也发生了相应的变化,"从一而终"的传统观念受到了深度冲击。较之过去,无错的离婚增多,因感情转移的离婚增多。离婚率的提高一方面说明人们更注重婚姻自由,有利于提高家庭婚姻的质量,另一方面也会使家庭稳定性下降。

4. 家庭关系的轴心位移和重心下沉

家庭结构的小型化和功能的转换,引起了夫妻、亲子、兄弟姐妹等家庭关系的重大变化,我们可以把这种变化概括为轴心的位移和重心的下沉。所谓轴心的位移,指的是家庭关系的轴心已由亲子关系转移到夫妻关系,家庭之轴心由纵向转变为横向。所谓重心下沉,指的是家庭的不断核心化和小型化,家庭的关注重心开始由长者下沉到年轻人和儿童身上。[①]

---

① 　参见赵庆杰:《家庭与伦理》,2006年东南大学博士学位论文,第116页。

　　传统家庭中纵向的血缘关系重于横向的婚姻关系,父子纵轴是家庭的主轴。父子相承的家庭经济权和家庭主导权,使父子关系凸现出来,在家庭中占有主要的支配地位。在这一家庭制度安排下,父家长和他的嫡长子成为整个家庭关系的轴心,其余家庭成员则按照血缘亲疏远近和长幼尊卑辈分,围绕这个轴心形成"长幼有序,尊卑有等"的差序等级格局。可是,随着现代家庭的变迁,原来的联合家庭和主干家庭逐渐演变为三口之家或四口之家的核心家庭,在人口很少子女又尚未成年的小家庭中,夫妻关系必然居于首要和支配地位,成为家庭关系的轴心。于是,家庭关系轴心位移,婚姻关系开始重于血缘关系,家庭关系轴心从纵向的"亲子轴心"向横向的"夫妻轴心"转移。

　　夫妻轴心家庭的突出特点是家庭关系简单,相互之间关系趋于民主平等。夫妻平等已经成为家庭生活的发展趋势,越来越多的人认识到男女平等对于提高婚姻家庭生活质量的极端重要性,重视夫妻关系,重视夫妻的相互依赖,注重夫妻"两人世界",于是,渐渐松弛了与其他亲属的联系,家庭日益成为个人的私生活场所。夫妻平等促进了婚姻自由和婚姻质量,在缔结、维持和结束婚姻状态时,感情的含量在上升,感情与义务、情爱与责任统一,正逐渐成为人们的理性选择和对婚姻的道德评价。与此同时,家庭关系的稳定性在下降,离婚率不断上升,非婚同居、婚外情增多,这些现象从反面证实了家庭关系轴心的位移。

　　在传统的家长制家庭中,家庭重心在长者身上,作为"一家之长"的父亲具有至高无上的权威。他不仅掌握家庭的财政大权,还对家庭具有绝对的支配权,子女不过是父亲的私物,绝对遵从父亲,听从父亲的支配,没有独立的人身自由。随着现代工业对小农经济的摧毁,彻底动摇了父权存在的社会根基。而计划生育政策突出了三口之家中独生子女的特殊地位,则进一步削弱了传统父权地位,增添了家庭中的民主平等气氛。从当今中国核心家庭把孩子的重要性排在第一,小孩像太阳,父母和四个老人整天围着小太阳转,可见传统父权确实已无可挽回地衰弱了,家庭重心由长者下移到年轻人和儿童身上。对于当今的大多数家庭而言,亲子之间生活上相互扶持,感情上相互依托,心理上相互理解,人格上相互尊重,这已成为主流,传统的"家长制"家庭正在向现代的"民主制"家庭转化。

三、当代中国家庭变迁与家庭道德教育

家庭作为道德教育的历史价值始点,在中国道德教育传统中得到最为典型的体现。我国古代的先哲们很早就认识到家庭伦理道德教育对人格培养具有重大作用,持有"育善在家"的理念。伴随着社会转型和家庭变迁,传统文化结构解体了,家庭道德教育日趋蜕变和弱化。整体性的社会转型给社会带来了进步,同时也伴随着一系列的价值迷茫和精神危机,社会弥漫着一种喧嚣浮躁的情绪,人们的感情脆弱而飘摇。这是一场深刻的社会变动,这是一段活力与张力并存、兴奋与痛楚同在的时期,为家庭带来深度变迁,也给家庭道德教育带来挑战和机遇。

（一）家庭结构的变迁与家庭道德教育

家庭结构、家庭规模及其成员构成,是家庭生活方式赖以形成的客观基础,直接影响到家庭关系、家庭成员的互动以及家庭的道德教育。当代中国的家庭结构日益核心化,联合家庭正在消失,主干家庭正在减少,核心家庭成为占主导地位的家庭结构模式。"从户规模分布来看,2002 年,3 人户比例最高,占到 31.69％,其次是 2 人户和 4 人户,分别为23.06％和 18.14％。以核心家庭为主体的两代户类型占全国家庭总数的比例为 59.25％,应该说,核心家庭确已成为主流的家庭模式。"[①]

核心家庭是指已婚夫妇和未婚子女组成的家庭,它包含了两种最主要的家庭关系,即夫妇关系和亲子关系。家庭人口少、序列少、家庭关系简单是核心家庭的最大特点。由于家务负担的减轻,父母有更多的时间和精力去照顾、陪伴子女,对子女的道德培养与熏陶既可以做到更多的言传身教,又增加耳濡目染的机会;家庭结构核心化使家庭内部代际序列减少,结构简单,家庭内部互动对象减少,因此家庭内部更容易达成对小孩道德教育内容、方法和观念的一致,形成合力,减少家庭德育过程相互掣肘;家庭结构的核心化还加深了家庭成员之间的感情交流,密切了家庭成员之间的亲情,容易引起感情互动和共鸣,家庭成员之间的亲情纽带能够促成子女接受道德教育的积极性情绪,产生良好的道德教育效

---

① 　傅迦天:《家庭规模日趋小型化》,《人民日报》(海外版)2005 年 7 月 30 日,第 3 版。

果。与此同时,由于家庭内社会互动的对象和内容单一,小孩在家庭中扮演的角色单调,缺少与兄弟姐妹同辈、叔叔阿姨上辈和爷爷奶奶祖辈接触的机会,使孩子失去了在多维人际关系中成长的机会,缺少担当不同角色的锻炼机会;另外,独生子女成为家庭生活的中心,小孩的唯一性使父母不自觉提高了小孩在整个家庭中所占据的地位,出现了对子女过分宠爱、过度保护、过高期望的倾向。因此,不利于小孩形成社会义务感、协作精神和集体观念,同时容易滋生独断独行、唯我独尊等不良习气,成为小孩道德发展的障碍;家庭结构的核心化意味着小孩与祖辈分开居住,在一定程度上减弱了祖辈所代表的传统生活模式和道德观念对小孩的影响,没有祖辈参与的家庭道德教育对小孩的道德发展并不完全是一种福音。社会学功能学派认为老年人对下一代的社会化具有非常重要的作用,老年人历经沧桑,长期积累了丰富的经验,是道德和文化的传播者,即把道德和文化传播给下一代,使道德和文化持续不断地绵延下去。目前我国妇女就业率高、社会流动性加速,祖辈分担年轻父母的家庭教育责任,对于稳定家庭、减轻社会负担都是有利的,问题在于如何通过克服祖辈在教养孩子方面的某些缺陷,如溺爱、娇宠等,发挥他们在促进儿童社会化包括道德社会化方面的优势。

家庭结构的核心化,还引起了居住方式的重大改变,家庭居室日趋独立化。独门独户使小孩在家庭拥有了更多的生活空间,在一定程度上限制了孩子们从事室外活动的机会,无形中减少了小孩与同龄群体的交往频率,导致越来越多的"城堡儿童"寻求虚拟网络等大众传媒的途径来扩展自己的交际。大众传媒进入家庭领域的途径越来越多,对小孩的道德社会化产生的影响越来越大。网络等大众传媒对小孩价值观的导向作用和暗示作用不仅直接影响到小孩的道德观念和道德发展,而且加剧了家庭代沟的深度和广度。一方面,媒体是社会道德观念的灌输者,通过媒体能使儿童有效地了解社会、分享经验、增长知识,能够促使儿童接受社会所公认的道德观念和行为方式;另一方面,大众传媒对儿童道德发展的消极作用也很明显,其中的暴力、黄色等非道德情节直接影响到儿童的道德观念和道德行为。另外,过度沉迷于网络媒体还会导致儿童自我封闭,影响和淡化了儿童与父母、老师之间面对面的情感交流,削弱了父母、老师人格力量对小孩的直接感染效果,影响小孩融入社会生活,进而引致小孩产生人际交往障碍、价值观迷失、角色认同危机等问题。大众传媒使道德教育失去了日常生活的现实基础，由于现实世界没有可交流的兄弟姐妹，子辈序列关系便不复存在，长幼观念也就难以建立，"孔融让梨"这样的道德故事就成了一个无法讲述的遥远故事；由于在家庭中没有同龄楷模，其人生态度和生活方式深受传媒网络等外界因素的影响，传统文化中孝、悌、让、和等道德价值取向，渐渐失去了赖以存在的现实根基，难以在小孩心中落地生根。

中国现代家庭结构变迁还表现为家庭类型的多样化，因此，我们还应当重点关注单亲家庭和留守儿童隔代家庭这些家庭类型因结构的变化而可能产生对道德教育的影响。过去我国单亲家庭大多以丧偶式单亲家庭为主，现在随着离婚率的大幅度提高，离婚式单亲家庭比重加大，并引发了一系列社会问题，其中包括家庭道德教育问题。父母离婚对子女道德品行的影响很大，甚至引起子女的道德危机和信任危机。不少离异单亲家庭因为父母（或一方）的作风或道德败坏而导致离异的，这样的家长本身德性就有缺陷，不但不能对子女起到正面的榜样示范作用，而且可能会使子女在父母潜移默化的影响下建立一种扭曲的道德认识，阻碍子女正常的道德发展。核心家庭中的夫妻和子女是"社会结构中的真正三角"，而一旦夫妻一方从家庭中分离，这个"三角"就失去了一条边，孩子从家庭中得到的爱抚和教育便会不完整，甚至是畸形的。单亲家庭因亲子关系单一而使家庭伦理关系简化为单亲一方与子女一方的双向情感依赖模式，情感寄托单一化；因家庭角色关系简单化而缺乏第三方参与的平衡调节机制；因家庭语言表达成为单一性别语言系统起支配作用，缺乏另一种性别的表征。[①] 相对于完整家庭而言，单亲家庭中的子女德育问题突出：教育方法简单粗暴，缺乏温情，或迁就溺爱，加倍娇宠；对子女期望过高；对心灵沟通重视不够；等等。

隔代家庭是主干家庭的一种特殊形式，由祖父母或外祖父母中的一方与孙子女或外孙子女组成的家庭。近年来因农民外出务工人员大增，衍生出来的"留守儿童"隔代家庭数量猛增，带来了一系列社会问题，引起了全社会的高度关注。隔代家庭在传承优良道德传统这方面存在一

---

① 参见王世军：《单亲家庭及其对子女成长的影响》，《学海》2002 年第 4 期。

定积极意义,但更多地表现为消极影响。首先,隔代家庭由于没有中间一代,祖辈与孙辈代际特征异质性明显,往往难以沟通,对道德教育带来了不利影响。其次,由于受到教育程度、教育理念、教育方式以及忙于农事、无暇管理等因素的影响,大多数祖辈仅停留在孩子身体健康的表面层次上,而对事关孩子成长的重要因素,如心理健康、道德行为、价值观等方面却不能够予以关注与重视,不利于孩子的身心发展和道德发展。再次,在亲子关系上缺少有效沟通,导致亲子间的隔阂,在亲情上缺少关怀,也会导致心理问题,等等。

(二)家庭功能的变迁与家庭道德教育

美国社会学家威廉·F.奥格伯认为,在现代社会以前,作为一种社会制度的家庭在社会的延续和发展中发挥着经济、教育、宗教、娱乐、情感,为其成员提供威望和社会地位等功能。[1] 随着社会的发展,传统家庭的诸多功能不断缩小以至于丧失,为各种社会机构和新因素所替代。随着学校教育的产生和发展,幼儿园、托儿所和学校也取代了家庭教育方面的部分功能,但家庭对儿童的抚育和教育功能是不可替代的。人们尝试用各种社会机构替代家庭在人的早期社会化中的作用,但集体机构无法代替家庭而成为人早期社会化的场所。[2] 因为家庭不仅要完成人口的自然再生产,而且要完成人口的社会再生产,即家庭不仅要为社会提供一个个"生物人",重要的是要为社会培养一个个"社会人"。"家庭自产生之日起,就担负着为社会培养未来公民的重要使命。这不仅是家庭亘古不变的功能,也是家庭之所以存在的理由之一。"[3]

从总的趋势来看,家庭的教育功能表现为从最初的未分化到占据主导地位,然后又逐渐弱化,直至今日的弱化与回归共存。目前,一方面学校教育承担了主要的教育功能,另一方面,学习化社会要求打破传统时空限制,社会、学校和家庭共同承担了教育任务,家庭的教育功能在新的

---

① 参见〔美〕J.罗斯·埃什尔曼:《家庭导论》,潘允康等译,中国社会科学出版社 1991 年版,第 13 页。

② 参见邱泽奇:《社会学是什么》,北京大学出版社 2002 年版,第 189 页。

③ 吴铎、张人杰:《教育与社会》,中国科学技术出版社 1991 年版,第 218 页。

水平上实现了回归。"家庭最基本的功能是对人起培育作用的社会化"①,这项功能不会随着社会的变迁而消失,而是越来越凸现出来。

许慎在《说文解字》中说:"育也,养子使作善也。"就是说,父母教育子女是使之从善,这一解说深刻概括出了家庭教育的主要功能是道德人品教育。儿童时期形成的道德、情感、性格等往往决定了人一生的基本走向,一般来说,这些因素是在家庭教育中形成的。家庭教育应以非智力教育为主,依据社会规范重点培养孩子的理想、道德、人格、志趣,所以家庭教育对孩子的良好品德和行为负有不可推卸的责任。为此,《公民道德建设实施纲要》指出:"家庭是少年接受道德教育最早的地方,高尚品德必须从小开始培养,要在孩子刚懂事时,就深入浅出地进行道德启蒙教育,要在孩子成长过程中循循善诱以事明理,引导其分清是非。"

家庭教育、学校教育和社会教育并列成为人一生中的三大教育形式,自然有其各自无可取代的功能和地位。知识教育的功能已经从传统家庭教育中分离出去,成为学校教育的主要功能,事实上也证明了学校教育能很好地履行这一功能。我们不排除让家庭承担一部分知识教育的职能,与学校教育相辅相成,使小孩的科学文化素养快速提升,但家庭教育的主要功能应是道德教育。然而目前大部分家长出于某些功利的教育目的,自发地偏重于履行知识教育的功能。家庭教育成了学校教育的延续,家长以检查和帮助儿童完成学校教育的内容为主,陪读陪练,督促小孩完成作业,使得家庭教育俨然成为学校教育的附庸,从而忽视了家庭教育自身的德育功能特点。家庭教育是全面的教育,在德、智、体、美、劳各方面都具有启蒙的性质,但其功能主要是向子女传授社会规范、行为准则、人生意义等等,即道德教育。家庭教育绝对不是一般意义上的智力教育,认清这一点,有利于摆正家庭教育、学校教育、社会教育在培养小孩这一系统工程中各自的角色和位置,明确各自的功能和责任。

在一个教育功能正常发挥的家庭中,小孩的各种正常精神需要基本都能得到满足,其健全的人格和道德素质也相应容易形成,从而为未来走向社会奠定良好基础。反之,当家庭教育功能未能正常发挥时,生活

---

① ［美］J. 罗斯·埃什尔曼:《家庭导论》,潘允康等译,中国社会科学出版社 1991 年版,第 508 页。

于这样家庭中的孩子的身心健康就会出现不同程度的障碍,其人格也容易扭曲,道德素质也难以提高。目前儿童道德水平滑坡,很多学者把它主要归因于家庭结构不健全。其实,不健全的家庭结构未必缺失家庭道德教育的职能,同样,家庭道德教育缺失的家庭结构未必是不健全的,两者不能等同。有关研究表明家庭结构不健全与家庭道德教育功能之间存在关联性,虽然家庭结构的不健全会影响到家庭德育功能的正常发挥,但直接导致儿童道德水平滑坡的原因并不是家庭结构的变化。在家庭结构变迁不可逆转的条件下,健全和充分发挥家庭道德教育功能是预防儿童道德水平滑坡的可行途径。

从历史的发展来看,家庭教育的功能必将得到加强,正如未来学家托夫勒所预测的一样,近年来,在美国、日本等发达国家,由于一些国家对学校教育的不满,由父母尤其是母亲当家庭教师的情况不断增加。[①]我国的家庭教育功能也将表现出明显的强化趋势,这一方面是因为经济发展,许多家庭有能力加强对小孩的教育投入,另一方面是由于社会竞争的加剧,由此引起家庭对小孩全面发展和个性化发展的追求。问题的关键是如何引导家长关注家庭教育中的德育功能,真正实现家庭道德教育的复归。

(三)家庭关系变迁与家庭道德教育

"所谓家庭关系,是家庭成员之间依据自身的角色,在共同生活中的人际互动或联系,是家庭的本质要素在家庭人际交往中的表现形式,是家庭成员之间一切社会关系的总和。"[②]家庭关系直接反映出家庭成员之间相互联系的密切程度、相互影响的深度、相互作用的力度,直接关系到家庭的稳定和生活质量,并以不同的方式对家庭道德教育产生影响。

家庭关系因家庭结构、家庭成员规模的差异而表现出不同的复杂程度和关系种类的差异。但对于核心家庭而言,亲子关系和夫妻关系对家庭道德教育的影响最为直接和最为深刻。

---

① 参见[美]阿尔温·托夫勒:《第三次浪潮》,朱志炎等译,生活·读书·新知三联书店 1983 年版,第 89—95 页。

② 邹强:《中国当代家庭教育变迁研究》,2008 年华中师范大学博士学位论文,第 68 页。

　　亲子关系是指父母与子女之间的关系,它是人生中形成的第一种人际关系,也是家庭中最基本、最重要的一种关系。亲子关系具有不可替代性、不可选择性、持久性等特点,正因为亲子关系具有如上特征,才愈来愈受到各国理论家的关注。荣格在研究人格发展的过程中,首先注意到家庭和父母对儿童人格的影响,他认为儿童所表现出来的各种心理问题,几乎都与父母的教养方式有关。阿德勒也认为,儿童最早对爱和温情等心理倾向,与母子关系的亲密程度相关,这是儿童拥有的最早和最重要的经验,因为儿童在这种经验里认识到另一个完全值得信任的人的存在。"我们已经在儿童中注意到的怪异人格来自于他们和母亲的关系,而且,这种发展所取得方向是母子关系的象征。只要母子关系是扭曲的,我们通常就会在儿童中发现某种程度的社会缺陷。"①20 世纪 50 年代,鲍尔贝受世界卫生组织的委托,对非正常家庭中成长和养育的儿童做了大量调查分析,得出结论:儿童心理健康的关键在于和谐而稳定的亲子关系。他指出:"心理健康的关键是婴儿与年幼儿童应该与母亲(或稳定的代理母亲)建立一种温暖、亲密而持久的关系,在这种关系中婴儿和年幼儿童既获得满足,也能感到愉悦。"②日本学者诧摩武俊也指出:"不管你立足什么理论,在从婴儿期到儿童期、青春期的孩子的人格形成(其中特别是社会化)过程中,父母子女间的关系是一个极其重要的构成要素。"③

　　家庭道德教育是亲子间的一种矛盾运动,家长在家庭道德教育中起到主导作用。家长是成熟的个体,是监护者,是社会价值观和道德行为的传播者和体现者。但亲子交往是一个互动的过程,父母有意识地教育和潜移默化子女的同时,子女也以自身的特点影响父母的思想和言行。特别是在当今时代,儿童、青少年独立性、自我意识显著增强,亲子关系的不平等性正在打破。家庭成员不再具有人身依附关系;年青一代以个人为本位,他们不再像计划经济体系下的父母那一代人那样一切都由社

---

　　①　[奥]阿尔弗雷德·阿德勒:《理解人性》,陈太胜、陈文颖译,国际文化出版公司 2000年版,第 223 页。

　　②　转引自孟育群主编:《少年亲子关系研究》,教育科学出版社 1998 年版,第 12 页。

　　③　转引自孟育群等:《少年亲子关系诊断与调试的实验研究》,《教育研究》1997 年第11 期。

会来安排,他们反对生活价值单一、循规蹈矩、盲目从众。父母也逐渐摒弃长期固守的长者高高在上独断独行、年轻人俯首听命的传统观念,开始或已经调整了自己的思维定势,尽可能营造代与代之间自由、平等、民主、互相尊重、互敬互爱、温馨和谐的新型家庭关系,"因此,家庭教育研究的逻辑起点应该是研究亲子双主体的关系"①。

亲子关系是影响未成年子女道德发展的重要因素,决定了家庭道德教育能否顺利进行。一方面,在亲子关系走向民主、平等的趋势下,亲子关系互动不协调,亲子关系存在代际冲突等现象也很普遍。子女独立意识不断增强与父母约束管教过多的矛盾,父母对孩子认识存在偏差导致与子女之间产生的心理隔阂,父母与子女因生活经历、价值取向、家庭地位的差异而产生的对立与矛盾;②这些矛盾都有可能导致家庭道德教育不能有效发挥,甚至适得其反。另一方面,亲子之间相互尊重的民主平等关系,更有利于密切亲子之间的感情,加强了子女对父母的信赖程度。亲子关系越和谐亲密,父母教育的感染力就越强,家庭道德教育的效果就会越好。反之,亲子关系越淡漠、疏远、紧张,家庭道德教育的感染力就越小。

夫妻关系是男女双方基于合法婚姻所结成的配偶关系。夫妻关系乃是家庭伦理关系之始,家庭其他关系都是在夫妻关系的基础上产生的。没有夫妻关系,自然就没有亲子关系,也就不会有祖孙关系、兄弟姐妹等其他关系。"夫妻者,非有骨肉之恩也,爱则亲,不爱则疏。"③爱情是夫妻关系的基础,体现了婚姻的本质,这正是现代婚姻进步的标志。然而,夫妻关系是社会风俗习惯和法律规范化了的人类两性结合的形式,是社会认可并得到社会保护的两性关系。

夫妻关系在中国传统社会的家庭中不甚重要,社会强调父子关系而压抑夫妻关系,事实上,夫妻关系仅仅只是父子关系的附属。夫妻关系缺少了解和爱情,能做到相敬如宾、彼此谅解和互助就很好了;在家庭中,妻子的地位相当卑微,只是丈夫的附属,社会转型和家庭变迁对夫妻

---

① 孟育群:《亲子关系:家庭教育研究的逻辑起点》,《中国德育》2007 年第 2 期。

② 参见关颖:《社会学视野中的家庭教育》,天津社会科学院出版社 2000 年版,第 81—85 页。

③ 《韩非子·备内》。

关系产生了重要的影响,传统的"依附型""伦理型"的婚姻关系,逐渐向"独立型""法理型"的现代婚姻关系转变。自 1950 年颁布的《婚姻法》,经过 1980 年和 2000 年两次修订,已经日趋完善,为夫妻关系的自由、民主、平等奠定了"法理"基础。特别是改革开放以来,经济社会的发展进一步形塑了家庭结构和功能,夫妻关系又有了显著的特征:夫妻关系在家庭中占据主导地位,家庭轴心由以往的亲子轴心逐渐转型为夫妻轴心;夫妻在家庭内部趋于平等,夫妻共同承担社会和家庭责任。夫妻关系朝着伙伴型、平等型、民主型迈进。

　　家庭中夫妻关系日益和谐、平等、民主的变化趋向更有利于家庭道德教育的开展。儿童和青少年的成长是在模仿父母的言行和关系相处中起步的,他们不仅模仿父母的个性品德、道德行为,也模仿父母相互关系中所表现出的人格特征和道德情操。人与人的关系是道德的落脚点,没有这种关系的道德,也就没有社会道德。夫妻之间体现出来的互敬互爱,互相关心,相互理解体贴,尊重人格独立等和谐的夫妻关系,是教育子女与人相处的精神力量。子女在和谐夫妻关系的熏陶下,逐步养成心地善良、对人关心、平等待人、热情负责等精神品质,为他们人格和道德的发展奠定良好基础。夫妻关系还影响到亲子关系,稳定、和谐、平等、民主的夫妻关系也更有助于亲子关系的和谐、平等、民主,为孩子营造了一个温馨、和谐的家庭氛围。

　　在家庭中,除了亲子关系和夫妻关系,祖孙关系和兄弟姐妹关系也影响到家庭道德教育的效果。祖孙关系是一种隔代关系,在当今社会,虽然核心家庭占了绝大多数,但由于社会工作生活节奏加快、竞争加剧,为了不影响子女工作,祖辈承担起抚养、照顾孙辈的情况依然大量存在。祖辈不仅可以直接帮助儿女照顾孙辈,弥补子女因工作忙碌而无精力照顾孙辈的不足,而且家庭形成多层次人际关系也有助于孙辈的成长和道德社会化。但由于历经时代和人生经历不一样,祖辈与父辈两代人的教育方式和教育理念不尽相同,容易引致教育口径的不同甚至相互矛盾,从而削弱了道德教育的效果;另外祖辈更容易溺爱孙辈,更容易迁就姑息孙辈而使小孩养成不良品德,因此而给小孩道德发展带来不少问题。兄弟姐妹对小孩的影响程度仅次于父母。美国社会学家和社会心理学家认为,有兄弟姐妹的孩子因为能与同胞分享个人经验、感受,所以不论对孩子的社会化,还是对孩子的个性发展都有深刻的影响。① 但是,随着独生子女比例的大增,兄弟姐妹关系在不少家庭中逐渐缺失,孩子更多是与父母或其他成年人交往,孩子体会不到兄弟姐妹之间的手足之情,不能不说是一种遗憾。因此,独生子女父母应该承担一部分本该由兄弟姐妹承担的角色和任务。

(四)家庭观念变迁与家庭道德教育

家庭观念是人们的价值观在婚姻家庭问题上的体现。人们的思想观念在中西文化交流和新旧思想冲突中迅速发生变化,竞争意识、主体意识、平等意识得到空前认同,"以人为本""个人需求至上"代替了"以家为本""家庭至上",由此导致人们的择偶观、生育观、孝道观、离婚等观念发生了相应变迁。婚姻家庭观念变迁总体趋向可以表述为五化,即务实化、平等化、自主化、多元化和宽容化。

家庭观念的务实化是指对婚姻家庭的价值准则越来越理性,越来越看重其功利性。务实化的家庭观念在择偶观和生育观上表现得尤为突出。目前,人们的择偶标准在注重个人条件、感情因素基础上,日益重视经济条件,在一些人心目中,荣誉、声望、道德有时与金钱、物质、利益比较起来显得不那么重要,无形中贬黜了道德因素在家庭中的分量,影响了家庭德育的氛围。生育观念的务实化主要体现在人们考虑生育子女的数量、性别偏好时越来越有意识地进行盘算,不再盲从于传统的多子多福、养儿防老的生育观念,甚至不要子女的丁克家庭也逐渐多起来了。马培津、潘振飞对皖北农村马村的调查研究,农民的话语很能说明人们生育观念的转变趋势和务实的态度。"现在有本事生,今后还没本事养哩。""儿多了多给老头(指父亲)添负担啊! 说不定到老了还不孝顺呢,闺女可都是很孝顺的。""俗话说'一儿一女一枝花,儿女多了累死妈',一个儿、一个闺女最好了,没儿怕人家笑话。""现在没有文化太难了,像我只能靠卖苦力打工,挣钱又少。我肯定不让小孩跟我一样没文化。""小孩再多没一个有知识的,老了也会跟着受累。一个小孩,只要有文化,父

---

① 参见关颖:《社会学视野中的家庭教育》,天津社会科学院出版社 2000 年版,第92 页。

母就受不了罪。"①这表明少生、优生、加强小孩教育投入更切合人们的务实心理,这无疑会有利于家庭德育的开展。

家庭观念的平等化是指人们的家庭关系价值准则日益崇尚平等,追求家庭成员在身份、人格地位、权利等方面的平等。家庭观念的自主化则是指人们的主体意识觉醒,家庭领域尊重个人的自主、自觉、自由。平等化颠覆了传统社会"夫为妻纲""父为子纲"的纲常观念,家庭成员之间更趋平等;自主化意味着主体意识的觉醒,个体意识的复苏,这是家庭观念由家庭本位观念转向个人本位观念的核心影响因素。平等化、自主化不仅是家庭德育所需要的和良好家庭德育赖以存在的重要条件,更重要的是它促进了家庭德育观念的更新。正如美国人类学家玛格丽特·米德所描述的一样,年青一代因接受知识能力强、反应快,更能适应科技和经济的加速发展需要,从而打破过去父母在知识、经验上的"优势",逐渐形成代与代之间在知识、经验方面的均势状态,甚至出现前代向后代学习,代际相互学习和相互影响的互动状况。"未来不过是对过去的不断重复"的后喻式承继,正在被"每代人向自己同辈学习"的同喻文化和"长辈必须向孩子学习那些他们从未经历过的经验"的前喻文化所取代。因此,家庭德育是一种代内之间和代与代之间多向互动的教育和影响活动。由此可见,平等化、自主化家庭观念无形之中对家庭德育提出了新的挑战,对家长素质提出了更高的要求,那种传统的高高在上的老一套说教和灌输在现代家庭德育中已不再有效,甚至适得其反。

家庭观念的多元化是指不同人群、不同个人对现实存在的婚姻家庭及其相关现象问题所持的价值准则不同或不一致,呈现出多样性。家庭观念的宽容化则是指人们在道德上对那些不够理想的以及负面的婚姻家庭道德现象、道德选择、道德行为所采取的容忍和谅解态度。家庭观念多元化打破了传统家庭观念的一元化格局,自然衍生出家庭观念的宽容化。在价值观多元化的今天,一个人或一群人从自身道德准则出发认为是不道德的家庭现象、选择、行为,可能在另一个人或一群人中却认为是道德的,这时的道德宽容显得尤为重要。家庭观念的多元化、宽容化

① 马培津、潘振飞:《皖北农村青年生育观念转变的社会学分析——以马村的个案研究为例》,《青年研究》2005 年第 7 期。

主要体现在离婚观、性观念等家庭婚恋观念上。一方面，多元化、宽容化的家庭观念有利于新道德的生长即道德创新，尤其是在社会变革与转型时期更是如此；①多元化、宽容化还有助于美满幸福家庭的营造，有利于营造安全的家庭德育环境。另一方面，在多元化、宽容化的家庭观念刺激下，离婚家庭、单亲家庭和重组家庭的比例也随之提高，从而给家庭德育带来许多不利因素和影响；家庭观念的多元化和宽容化也会引起道德标准的多元化，从而可能引来家庭德育的混乱和价值的冲突。

（五）家庭习俗淡化、仪式弱化与家庭道德教育

仪式通常被界定为象征性的、表演性的、由传统习俗所规定的一套行为方式。仪式是最能体现人类本质特征的行为表述与符号表述，它反映和表达了人们对人与世界的理解、解释和看法，并揭示了社会生活的基本结构以及整体运作规范、逻辑与秩序。通过仪式，生存世界和想象世界借助于一组象征形式而融合起来，变成一个世界，而他们构成了一个民族的精神意识。②"仪式的变迁涉及形式和载体的变化，这些变化是随社会变迁而变化的，这些充分表明仪式变迁正是社会变迁的影像，社会变迁正是这种影像的本质和内涵。"③

中国传统家庭中的仪式具有浓郁的文化特点。家族制度是中国传统社会结构的牢固根基，家庭本位则是传统中国人最根本的生活观念，在日常社会生活中，传统家庭仪式的形式——礼仪，决定着人们努力按照各自身份所应遵循的行为规范，从而与传统政治制度、文化教化融为一体，积淀为传统文化特色。它对塑造中华民族的性格、道德理想、价值观念等发挥着巨大的功效。

杜维明曾指出，在传统社会中，中国人的社会化，核心就是礼仪化，而礼仪化主要在家庭中完成，礼仪化的本质就是道德化。家庭礼仪在《礼记》以及后来司马光的《家范》、朱熹《家礼》等著作中，都有相当详尽的表述。历代民间的家训、家诫、家规结合自家的情况，使家礼更加具体

① 参见徐贵权：《道德理性、道德敏感与道德宽容》，《探索与争鸣》2006年第12期。
② 参见克利福德·格尔兹：《文化的解释》，上海人民出版社1999年版，第2页。
③ 李育红、杨永燕：《文化独特的外观形式——仪式》，《内蒙古社会科学》2008年第5期。

化、更加具有可操作性，要求人们"冠、婚、丧、葬"必依家礼而行。总体来说，中国传统家礼的主要内容是"父慈子孝、兄友弟恭、夫和妻柔"等封建色彩的三纲五常，是为维护宗法等级制度而设立的，但它所传达的道德宗旨却是尊老爱幼、礼尚往来、知恩图报等中华民族的道德精华，它塑造了中国人谦让、宽厚、含蓄、稳健、克己、耐劳等优秀的道德品格和性格特征。人们在遵从礼仪的过程中不断对特定的生活习惯进行强化，并凝固下来，成为家庭道德教化的主要途径。

近代以来，社会转型和家庭变迁，人们的价值观念和生活方式发生了翻天覆地的变化，人们对传统家庭礼仪采取了逐渐摒弃的态度。在市场经济日盛的今天，人们变得非常实际，非常物质化，在如此浓重的功利色彩下，婚姻的宗教意义日渐丧失，家庭礼仪的象征意义日渐模糊，一个明显的例子就是，当代家庭无论是日常起居还是重大节日或婚丧嫁娶，都很难看到传统礼仪的踪影。在当代人看来，古时庄严神圣的"加冠"仪式、"祭祀"仪式等礼仪没有多少实际用处，不能带来实惠，因此没有沿用的必要。

孔子说，"不学礼，无以立"，注重礼仪的过程也就是参与修身的过程，比如早起、衣着得体、直坐、走路不慌不忙等，这样琐碎的礼仪虽然是机械而枯燥的，但它的养成却需要终生的努力，这其实就是道德修养的过程。缺席礼仪现已成为我们生活的常态，当人们没有了道德修养的日常生活实践，没有了虔诚之心，没有了将凡俗生活神圣化的内在需要，便会造成整个社会的庸俗之气。其实，家庭礼仪教育绝不是一般意义上的礼貌教育、绝不是形式主义，而是一种关于道德修养，健全道德人格的教育。①

第三节　教育变革与家庭道德教育

如果说社会转型和家庭变迁是当代家庭道德教育的背景和前提，那么教育的变革则是当代家庭道德教育的重要驱动力和导向。教育变革一方面反映了国家教育方针、政策的变化，另一方面反映了教育理念、教

---

① 参见王润平：《当代中国家庭变迁中的文化传承问题》，2004 年吉林大学博士学位论文，第 91 页。

育观的革新。"以人为本""素质教育""终生教育"等教育新理念以及"科教兴国"战略方针已成为当今社会的共识,社会、学校、家庭"三位一体"的教育新格局正在形成,教育变革深刻影响到家庭道德教育的理念、方法、功能定位等诸多方面。

一、当代中国教育方针政策的变迁

教育方针政策是国家根据社会发展和人的全面发展需要,在一定时期提出的具有全局性的教育工作的根本指导思想和行动纲领。毛泽东说"政策和策略是党的生命",深刻说明了政策的重要性。笔者认为,自从新中国成立后,我国的教育方针政策大致经历了三个阶段和两次变迁。

第一阶段:1949—1966 年,是我国社会主义教育政策初创期。新中国成立后,政治环境的重大变革促使教育进行第一次整体变迁——从旧教育转变为社会主义性质的新教育,按照"苏联模式"建立以马列主义为指导的教育体系,强调教育服务政治与培养"专才"。1950 年 6 月,时任教育部长钱俊瑞提出:"新中国的高等教育必须适应国家建设,首先是经济建设的需要,实行在系统理论知识上的适当专门化教育。"[1]1951 年 8月政务院发布的《关于改革学制的决定》,是建国初期国家教育制度的重要变革与创新。在新学制中,"小学实行五年修业的一贯制,取消初小和高小两级修业的分段制,便利于广大劳动人民尤其是农民的子女能够受到完全的初等教育;各种为培养国家建设人才所急需的技术学校被列入正规的学校教育关系之内,并建立了必要的制度;各种学校教育在整个教育系统中都能够相互衔接,从初等教育到高等教育,形成了人民教育的一条康庄大道"[2]。1958 年中共中央、国务院颁布了《关于教育工作的指示》,明确指出"评定学生的成绩时,应该把学生的政治觉悟放在重要地位,并且应当以学生的实际行动来衡量学生的政治觉悟的程度"。由于"以俄为师"出现了褊狭,由此开始尝试教育的"本土化"探索。总体而言,这一时期的教育政策与当时的社会主义运动和工业化建设基本适应,突出表现为政治意识与教育的嫁接,采取革命式运动的方式推进教育发展。

---

① 钱俊瑞:《当前教育建设的方针》,《人民教育》1950 年第 2 期。

② 人民日报社论:《为什么必须改革学制?》,《人民日报》1951 年 10 月 3 日。

第二阶段:1966—1977 年,是教育政策封闭动荡期。"文化大革命"实行文化专制主义和文化虚无主义,通过政治运动大搞教育革命,教育的政治性恶性膨胀。这个阶段教育政策无章可循,教育不但没有取得进步,而且先前建立的教育方针、政策也遭到了践踏。

第三阶段:1977 年至今,是教育政策的恢复和重构期。党的十一届三中全会后,我国否认了以前的"左"倾错误,党和国家的工作重心转移到社会主义现代化建设上来,适应这一变化,教育方针和政策也转向为现代化服务。1981 年 6 月,《中共中央关于建国以来党的若干历史问题的决策》提出:"用马克思主义世界观和共产主义道德教育人民和青年,坚持德、智、体全面发展,又红又专,知识分子与工人农民相结合,脑力劳动与体力劳动相结合的教育方针政策。"1983 年 9 月,邓小平提出:"教育要面向现代化,面向世界,面向未来。""三个面向"成为新时期教育改革和发展战略的指导思想,这一思想在后来制定的教育政策中得到明确体现。1985 年 5 月,《中共中央关于教育体制改革的决定》中明确提出,"教育必须为社会主义建设服务,社会主义建设必须依靠教育",实现了"教育为无产阶级政治服务"到"教育必须为社会主义建设服务"的变迁。

1986 年,六届人大四次会议通过《中华人民共和国义务教育方法》,规定:"义务教育必须贯彻国家的教育方针,努力提高教育质量,使儿童、少年在品德、智力、体质等方面全面发展,为提高全民族的素质、培养有理想、有道德、有文化、有纪律的社会主义建设人才奠定基础"。1993 年 2 月,中共中央、国务院印发了《中国教育改革和发展纲要》,其中规定:"各级各类学校要认真贯彻'教育必须为社会主义现代化建设服务,必须与生产劳动相结合,培养德、智、体全面发展的建设者和接班人'的方针。"1995 年八届人大颁布和实施了《中华人民共和国教育法》,其教育方针与《中国教育和发展纲要》基本一致,只是在"建设者和接班人"前面加上了"社会主义事业的",以及在"德、智、体"后面加上了"等方面"。1999 年 6 月印发了《中共中央、国务院关于深化教育改革全面推进素质教育的决定》指出:"实施素质教育,就是全面贯彻党的教育方针,以提高国民素质为根本宗旨,以培养学生的创新精神和实践能力为重点。"2007 年党的十七大提出:"要全面贯彻党的教育方针,坚持育人为本、德育为先,实施素质教育,提高教育现代化水平,培养德智体美全面发展的社会主义建设者和接班人,办好人民满意的教育。"

改革开放以来,在党和国家教育方针政策的指导下,我国的教育事业取得了前所未有的进步。教育方针政策引领新时期教育的改革和发展,开创了中国教育的新时代。目前,教育方针政策正在由"为社会主义建设服务"转向"素质教育""办好人民满意的教育",更体现了"人的全面而自由发展"目标和"以人为本"的精神。

二、当代中国教育思想和理念的革新

如果将国家通过行政命令的方式强力推行的方针政策变迁看成是教育变革的"硬件"变迁,那么,由国家观念主导的教育思想和理念的革新可以看成是教育变革的"软件"变迁。甚至可以说,思想和理念的革新成为推进政策变革的主要动力之一。也就是说,作为调整教育利益的教育方针政策,其变迁和演进必然受到国家和社会的思想和理念的影响。英国政策分析学者米切尔·黑尧指出:"'政策倡导者联盟'是那些来自各种职位的人们,他们分享着一个由一系列基本价值、关键性的假定和问题意识所构成的一个特定的信仰系统,并在一定时期内在很大程度上协调一致地行动。"[①]

笔者认为,自新中国成立以来,总体而言中国的教育思想和理念发生了两次大的革新:一是新中国成立后"教劳结合、服务政治"思想和理念的确立;二是改革开放后逐渐形成的"以人为本""素质教育""终身教育""教育公平"思想和理念。

"教劳结合、服务政治"是新中国成立初期理性和现实的选择,对促进当时国家工农业生产和维护政治稳定起到重要作用。但就教育层面而言,由于实践中过多强调生产劳动,以现场经验的传授代替学科理论的系统学习,违背了教学规律,影响了人才的培养质量;教育的过度政治化导致了教育的目标政治化和国家工具主义盛行,个人的个性发展备受压抑,丧失了教育的本真意义。

改革开放不仅带来了政治、经济领域的革新,也带来了思想文化领

---

① ［英］米切尔·黑尧:《现代国家的政策过程》,赵成根译,中国青年出版社 2004 年版,第 105 页。

域的变革。法国著名学者涂尔干在研究教育思想的演进时提出"教育的转型始终是社会转型的结果与症候，是要从社会转型的角度入手来说明教育的转型"①。

改革开放后的教育思想的解放，首先源于人们对教育中"人的问题"的思考。针对先前教育的政治性目标和工具性手段，以王道俊教授为主的一批学者振聋发聩地提出"主体性教育思想"，这一思想的兴起是"一次深刻的思想启蒙运动，它帮助人们重新认识人，特别是重新认识青少年儿童，真正认识到他们才是教育的主体、主人与重心。教育不应以知识、技术、工具器物为主，而应以人为本，真正尊重、关怀学生，启发、激励学生，引导学生茁壮成长"②。主体性教育思想使人们真正认识到"人是教育的出发点"。主体性教育思想不仅为20世纪90年代前期的教育改革奠定了思想方向，也为后来的素质教育的推行打下了基础。

主体性教育思想提出的一大成果就是素质教育政策在广大中小学的推广和实践，因其涉及教育的现实层面而影响更为深远。素质教育的兴起，一方面是针对现实的"应试教育"的弊端提出来的。应试教育片面追求应试升学率，扼杀了学生的个性发展，忽视了学生创造性思维的培养；过重的课业负担，影响了小孩的身心健康发展；过分偏重智力教育，轻视了思想道德的培养和文明礼貌的养成。应试教育所产生的严重恶果呼唤"以人为本"的全面发展的素质教育。另一方面，素质教育的兴起是缘于经济社会发展对劳动者素质提出的更高要求。1985年5月19日邓小平在全国教育工作会议的讲话中指出："我们国家，国力的强弱，经济发展后劲的大小，越来越取决于劳动者的素质，取决于知识分子的数量和质量。"此后，《中国中央关于教育体制改革的决定》又指出："教育体制改革的根本目的是提高民族素质，多出人才，出好人才。"其后颁布的《义务教育法》也提出了素质教育，引起了对教育问题与素质教育的大思考。1993年颁布了《中国教育改革和发展纲要》，其中明确指出："中小学要由'应试教育'转向全面提高国民素质的轨道，面向全体学生，全面提高学生的思想道德、文化科学、劳动技能和身体心理素质，促进学生生动活

---

① ［法］爱弥儿·涂尔干：《教育思想的演进》，李康译，上海人民出版社2003年版，第231页。

② 王道俊、郭文安：《主题教育论·前言》，人民教育出版社2005年版，第5页。

浡地发展。"1994 年全国教育工作会议更加明确强调:"教育必须从'应试教育'转到素质教育轨道上,全面贯彻教育方针,全面提高教育质量。"这是首次在文件中提到"素质教育"概念。至此,特别是 1999 年 6 月中共中央、国务院做出了《关于深化教育改革全面推进素质教育的决定》,"素质教育"思想被确定为我国教育改革和发展的长远方针,成为教育的价值追求。

自 20 世纪 60 年代以来,终身教育一直是世界教育改革发展中的重要主题,也是国际和各国教育文献中的关键词。随着中国社会经济的迅猛发展和科学技术的突飞猛进,传统的"阶段性""终极性"教育方式显然难以适应时代的发展。从人的主体性和教育的世界潮流出发,构建终身教育体系和建设学习型社会的思想在我国逐渐生根发芽。1993 年,中共中央、国务院颁布的《中国教育改革与发展纲要》首次在中央文件中正式提出"终身教育"的概念。1995 年颁布的《教育法》明确了终身教育的地位,"国家适应社会主义市场经济发展和社会进步的需要,推进教育改革,建立和完善终身教育体系"。1999 年教育部在《面向 21 世纪教育振兴行动计划》中指出,终身教育将是教育发展和社会进步的共同要求,并提出了"2010 年我国要基本建立起终身学习体系"的改革目标。2001 年5 月,江泽民在亚太经合组织会议上正式提出"构筑终身教育体系,创建学习型社会"。胡锦涛在党的十六大报告提出要"构建终身教育体系","形成全民学习、终身学习的学习型社会,促进人的全面发展"。在党的十七大报告中,明确提出了"发展远程教育和继续教育,建设全民学习、终身学习的学习型社会"的新要求。

终身教育在时间上具有延展性,即终身教育是贯穿人生始终的一种教育形态;在空间上具有包容性,即它包容了所有现存和未来的教育形态;在功能上具有社会性,即教育功能不仅仅局限于学校,而应赋予教育功能给整个社会,是全体社会教育化,"如果我们承认,教育现在是,而且将来也越来越是每个人的需要,那么我们不仅必须发展、丰富、增加中小学和大学,而且我们还必须超越学校教育大范围,把教育的功能扩充到整个社会的各个方面"[1];在教育内容上,终身教育不限于传授知识和储

---

① 联合国教科文组织国际教育委员会编著:《学会生存——教育世界的今天和明天》,教育科学出版社 1996 年版,第 200—201 页。

存知识,而是要努力寻求获取知识的方法。"新的教育理念是,人类不论在任何时候、任何地方生活,都有自我教育、自我教授、自我发展的要求。在这种新的教育理念之上,学校教育、社会教育等等的教育活动必须去除掉至今为止固有的与理念不相符的形式上的壁垒和障碍。"①终身教育是一种教育思想,"它是教育方法的一个全新的观点和解释,甚至从更高的层次上来说,它是人类命运的全新观点和解释,它用为征服自我而进行的不懈斗争的教育概念,替代了那种使自己产生虚假安全感的教育概念","正是教育的这一概念,将会使人们能够在现代教育思想的实质精神方面有效地实现自己的人生价值"。② 教育不再是某些杰出人才的特权,终身教育思想将填平教育公平之路上的鸿沟,"终身教育已不再仅仅是一个新的教育范畴,一个普遍接受的教育观念,也是教育制度中一个很重要的组成部分,而且,还将成为每一个社会成员自觉使用和维护的权益"③。终身教育思想的传播,深化了人们对教育的认识,推动了整个现代教育事业的发展,在理论和实践上都具有十分重要的意义。

从终身教育到建设学习型社会,是从一个理念到实践、从教育实体向全社会扩展的过程。这一过程反映出当今世界教育发展的一个重要趋势,就是教育的社会化或学习化以及社会的教育化或学习化,即改造传统的、封闭的、垄断的、终极的学校教育体系,打破封闭式办学模式,实现学校、社会和家庭三者之间的联系与沟通,分解传统由学校完全承担教育职责的做法,赋予家庭和社会以相对更大的教育责任,这是新时代世界教育乃至整个社会变革的突出特点并预示着未来教育和社会的发展方向。

三、教育变革对家庭道德教育的影响

家庭教育曾经是传统社会的主要教育形式,随着近代学校教育的兴起,家庭教育的功能逐渐衰弱,逐渐不为人们重视。但随着现代社会科

① 罗·朗格朗:《终身教育引论》,周南照、陈树清译,中国对外翻译出版公司 1985 年版,第 43 页。
② [英]泰特缪斯(Titmus C. J.):《培格曼国际终身教育百科全书》,教育与科普研究所译,职工教育出版社 1990 年版,第 19 页。
③ [英]泰特缪斯(Titmus C. J.):《培格曼国际终身教育百科全书》编译者序,教育与科普研究所译,职工教育出版社 1990 年版,第 19 页。

学技术的发展和教育民主化需求的提升,教育,尤其是学校教育日益难以适应社会发展的需要,终身教育理念的逐步确立和构建学习型社会的逐步实践促进了家庭教育地位的提升。

家庭教育是终身教育理念下这个现代开放教育体系的重要组成部分,它同学校教育、社会教育一起担负起培养全面发展的高素质人才的重任。家庭教育地位的提升,一方面是因为独生子女越来越普遍,广大家长对孩子的教育体现出前所未有的重视,孩子数量的减少也为家长在教育时间和精力方面的付出提供了可能;另一方面,家长文化素质的普遍提高,教育胜任能力的提高也为家庭教育提供了可能。一些素质较高的家长开始扮演学校教育的参与者、评价者,甚至替代者的角色,如一些发达城市就出现了类似于古代"私塾"的"蒙学堂",这些家长"不仅以其自身的受教育经历来审察与评价其子女正在接受的学校教育,而且以其自身的文化积累和学习体验来有意识地对子女进行知识、技能乃至观念方面的传递"[1]。正如托夫勒所言:"随着教育程度的提高,越来越多的父母在智力上已经有能力去承担现在委托给学校的某些任务了。"[2]

家庭教育、学校教育和社会教育中的任何一种教育形态都不能单独承担起现代教育的重任,三者应该以构建学习型社会为蓝图,多元互动,包容共生,合力共进。家庭教育不是学校教育的简单延伸和翻版,它与学校教育、社会教育不是重叠关系,而是互补的关系。家庭教育在科学文化知识的传播方面不如学校教育,但在品德修养、个性心理塑造、情感培育、生活习惯养成等方面的教育上具有独特的优势。特别是在道德教育方面,"家庭是美德的第一所学校。它是我们开始懂得爱的福地,是使我们学会向高于自身的存在作出承诺、甘于献身,并且去信仰的圣地,家庭是其他社会机构建立的道德基石";"家庭是学习的摇篮。养育孩子,包括对孩子的教育和教育标准,能够对孩子的道德进步和道德行为产生深刻的影响"。[3] 家长是儿童的首任道德教育者,并且是儿童一生中最重

①　吴康宁:《教育社会学》,人民教育出版社 1998 年版,第 106 页。

②　阿尔温·托夫勒:《未来的冲突》,孟广均等译,中国对外翻译出版公司 1985 年版,第 353 页。

③　Thomas Lickona. Educating for character:How our schools can teach respect and responsibility. NewYork:Bantam,1991:67-70.

要的道德教育者,贺拉斯·曼(Horace Manm)曾说过:道德,必须萌芽于对孩子的早期道德培育中,失掉了关键的那几年,就再也找不到这样的机会了……在道德教育方面,社会、学校、家庭的教育各有自身的形式和特点,但家庭道德教育是学校道德教育的基础,社会道德教育是学校道德教育的延伸。家庭、学校、社会在道德教育中和而不同、和合而生。

由于家庭道德教育属于教育的一个方面,现代教育方针政策的变迁和教育思想理念的变革对家庭道德教育产生深刻的影响。首先是主体性教育思想的确立,使家庭道德教育过程中更趋向民主和平等。在传统的家庭道德教育中,教育者与被教育者之间的教育活动主要体现为一种由上到下的单向的传递活动,教育者处于绝对的权威地位,而被教育者则处于一种被动的屈从的地位;甚至长辈把晚辈当成家庭"私有财产",时常对晚辈施加不恰当的要求。主体性教育思想延伸到家庭道德教育中,意味着要求家长将子女视为有个性、待发展的平等个体,家长和子女应该在民主平等的基础上互为教育主体。其次是随着素质教育和全面发展的教育思想和政策的深入人心,家庭道德教育得到进一步的重视。缘于应试教育的影响,不少家长对孩子的教育抱有"升学至上""学习至上"的功利性、片面性价值取向,家庭教育也就变成了学校知识教育的延伸,各种科目的家教满家飞,应试教育价值取向的家庭教育明显偏离了素质教育和全面发展的要求。随着教育改革对素质教育的呼唤,以及社会对高素质人才的需求,越来越多的家长清醒地意识到片面的、功利的应试教育目标是难以培养出适应未来社会发展需要的合格人才;越来越多的家长意识到成功的家庭教育并不简单等同于知识的教育,而是全方位的发展和综合素质的提高,特别是道德素养的提高尤为关键。再次是终身教育思想和构建学习型社会的实践推动着家庭道德教育向前发展。终身教育在纵向上把教育贯穿于人的一生,在横向上把教育归结为学校、家庭、社会的共同影响,这不仅充分肯定了家庭在整个教育体系中的作用,而且也使家庭道德教育的作用逐渐由"私人性"转变为"公共性",家庭德育将在整个德育体系中承担更多的责任。

第五章　当代中国家庭道德教育之现状扫描

当代中国的社会转型、家庭变迁和教育变革不仅促进了家庭道德教育观念的更新和理论的发展,而且也推动了家庭道德教育实践的发展。当代中国家庭道德教育实践,既表现出鲜明的时代特征和民族特色,而且从一侧面展示了当代家庭道德教育的历史进程和发展轨迹,构成了研究家庭道德教育极其重要的一个维度,对于帮助我们深入研究当代中国家庭道德教育具有重要意义。

第一节　当代中国家庭道德教育的现状

为了较详尽地了解当代中国家庭道德教育的现状,笔者以文中提出的家庭道德教育之环境德育理论为依据,对家庭道德教育中的物质条件环境、人际关系环境、精神意识环境的现状进行调查和分析,以此展现当代中国的家庭道德教育现状。

为了更全面和更准确地掌握当代中国家庭道德教育事实原貌,笔者一方面查阅资料,统整相关研究成果;另一方面依据现实的需要,自行设计并组织实施了"当代家庭道德教育现状"的问卷调查①,掌握了珍贵的第一手调查资料。考虑到目前中国各地域社会经济发展的不平衡性和家庭状况的多样性,要做到调查内容涵盖所有家庭道德教育相关因素和包含所有家庭类型,这是不现实的,而且面面俱到的调查也不是可取的研究方法。为此,笔者采取典型调查方法,在沿海发达地区和内陆欠发达地区各找一个调查点,调查内容主要涉及家庭物质条件、家庭人际关系、家庭德育意识等重要家庭道德教育因素。选择典型化调查一是为了对当代中国家庭道德教育更具概貌性的把握;二是为了调查实施和数据分析更具现实可行性。

一、当代中国家庭道德教育的物质条件现状

家庭德育环境是一个依循物质条件环境到人际关系环境,再到精神意识环境不断提升、不断循环的动态发展的有机整体。其中,精神意识环境是核心,人际关系环境是主体,物质条件环境是基础。物质条件环境是家庭德育存在和发展的物质基础,它制约着其他两种环境的发展方向和发展水平。物质条件环境主要反映家庭的生活环境、经济状况和消费趋向等,主要包括家庭生活条件、社会经济地位、家庭生活方式等要素,这是家庭道德教育的硬环境。

(一)家庭对教育投资热情很高,但教育支出方向存在偏差

经过三十多年的改革开放,广大中国家庭获得经济实惠,城镇居民和农村居民人均收入获得了飞速的增长(数据见表 5-1),越来越多的贫困家庭逐渐摆脱了贫困,家长的注意力也从谋生存转向为自己、为孩子谋发展,从而为孩子的教育(包括德育)奠定了较好的物质基础。

---

① 为了掌握当代中国家庭道德教育现状的第一手资料,笔者设计了问卷调查表(调查问卷见附件),并于 2011 年 6 月 27 日在宁波市某中学高二年级进行问卷调查,共发放问卷调查表 550 份,回收有效调查问卷 468 份。同样调查问卷于 6 月 30 日在江西吉安市某中学发放 500 份,回收有效调查问卷 435 份。后面提到的相关的调查统计数据就是基于这个问卷调查的统计结果。

表 5-1　改革开放后农村居民和城镇居民人均收入统计数据,当期价格计算

(单位:元)

年份	1978	1980	1985	1987	1989	1991	1993	1995
农村居民人均收入	133.6	197.3	397.6	462.6	601.5	708.6	921.6	1577.7
城镇居民人均收入	316	439.4	685.3	685.3	1260.7	1544.3	2336.5	3892.9
年份	1997	1999	2000	2002	2005	2006	2007	2008
农村居民人均收入	2090.1	2210.3	2253.4	2475.6	3255	3587	4140.4	4760.6
城镇居民人均收入	5160.3	5854	6280	7702.8	10493	11759	13786	15781

数据来源:国家统计局网上公布的数据。

表 5-2　世界主要国家公共和私人教育支出占本国 GDP 的比例及占全部教育支出的比例

国别	私人支出(P1)			公共支出(P2)			全部教育支出合计(T)	P1/T (%)	P2/T (%)
	1[①]	2[②]	合计[③]	1	2	合计			
中国	1.1	0.4	1.6	1.4	0.5	2.0	3.6	43.2	54.1
印度	0.1	0.0	0.1	2.5	0.6	3.2	3.3	2.7	97.0
阿根廷	0.4	0.4	1.3	3.3	0.8	4.5	5.8	22.4	77.6
智利	1.4	1.6	3.1	3.1	0.6	4.1	7.2	43.1	56.9
牙买加	2.8	0.5	3.6	4.7	1.2	6.3	9.9	36.4	63.6
约旦	0.1	0.9	1.0	4.1	1.0	5.1	6.1	16.4	83.6
WEI 计划国家平均	1.0	0.5	1.7	3.3	0.8	4.3	5.5	30.9	68.2
美国	0.4	1.2	1.6	3.5	1.1	4.9	6.5	24.6	75.4
英国	0.4	0.3	0.7	3.3	0.8	4.4	5.2	13.5	84.6
德国	0.9	0.1	1.2	2.8	1.0	4.3	5.6	21.4	76.8
法国	0.2	0.1	0.4	4.1	1.0	5.8	6.2	6.5	93.5
澳大利亚	0.6	0.7	1.4	3.6	0.8	4.5	5.8	24.1	77.6
土耳其	0.0	0.0	0.0	2.9	1.0	3.9	3.9	0.0	100.0
OECD 国家平均	0.3	0.3	0.6	3.4	1.0	4.9	5.5	10.9	89.1

注:①"1"为小学、中学和中学后非高等教育,②"2"为高等教育,③表中合计数非为"1"和"2"相加所得,而是该国所有私人和公共支出的合计数。

数据来源:UNESCO. Financing education-investments and returns of the world education indicators 2002 edition.

家庭收入的持续增加是否也相应地增加了对教育的投入呢？从表5-2的统计数据可以知道，中国私人（家庭）的教育支出水平居于世界最高水平行列，私人教育支出占全部教育支出的比例达到43.2％，此比例不但远远高于发达国家10.9％的平均水平，而且也比世界教育指标计划国家（WIE）的30.9％的平均水平高出许多，这也印证了中国家庭有重视教育的传统。但由于政府对教育支出比例偏低，造成了教育支出占全国GDP比例偏低的事实。

家庭的教育支出比例的高低，在一定程度上反映了家长对子女教育的重视程度。通常，家庭用于子女教育的支出通常包括两大部分：一部分是在校的常用支出，如学费（义务教育阶段免学费）、杂费、购买文具、学习资料等方面的支出；另一部分是发生在学校之外的用于家教、学习班、文体、娱乐、旅游、参加公益事业、参加专题教育活动等方面的支出。对于发生在学校的常用支出，家庭之间差异性不大，没有比较的价值；对于发生在校外的第二部分支出，不同家庭之间因教育理念不同而存在很大的差异性。因此，笔者主要对第二部分的家庭教育支出进行调查和分析。

表5-3　不同地域家庭教育支出情况（不包括在校支出）

支出项目	浙江省宁波市某中学高二年级		江西省吉安市某中学高二年级	
	人均支出金额（单位：元）	占人均支出总额百分比（％）	人均支出金额（单位：元）	占人均支出总额百分比（％）
参加家教、补习班、兴趣班支出	2678	65.4	643	51.9
购买课外书籍、玩具支出	723	17.7	335	27.0
外出旅游、校外专项活动支出	576	14.0	234	19.0
参加社会公益活动、社会捐赠支出	117	2.9	26	2.1

从表5-3中统计数据可以看出，当前家庭校外教育支出主要集中在参加家教、补习班、兴趣班支出以及购买课外书籍、玩具支出两个方面，这两项支出在东部发达地区（浙江宁波）和中西部欠发达地区（江西吉安）都占到总支出的80％以上，相对来讲，东部发达地区的家教、补习班、兴趣班支出比例高于中西部欠发达地区，而购买书籍、玩具支出比例正

好相反;外出旅游、校外专项活动支出水平不高,参加社会公益活动、社会捐赠支出比例非常低,分别为 2.9% 和 2.2%,两类支出相加都低于总支出的 20%,这两类支出在两地区之间差异不明显。从以上数据可以看出,家长将教育支出主要花费在学习上,对于子女其他方面的满足和需要很少顾及。从参加社会公益活动、社会捐赠支出所占比例非常低这一事实也可透视出家庭在道德培养方面重视程度远远不够。

(二)家庭社会经济地位影响了子女道德和心理等方面的未来取向

家庭社会经济地位是指家庭获得或控制有价值的资源(如财富、权力与社会地位等)的能力,它反映了子女获得现实或潜在资源的差异。家庭社会经济地位如何影响子女的未来取向,西方学者对此进行了大量的研究。研究者曾采用大量不同指标来衡量家庭社会经济地位及其作用,其中最常用的是家庭收入、父母职业和父母教育程度三个衡量指标。研究者认为家庭社会经济地位是影响儿童认知、学业成就、道德素养、心理素质等方面最重要的背景因素之一。研究发现,低社会经济地位家庭的儿童青少年更容易表现出较差的适应性、抑郁和问题行为。[1] 研究还发现,在关于个人对未来的思考和规划方面,低社会经济地位往往与消极的未来取向联系在一起,如低收入家庭的青少年对未来的思考缺乏明确性,乐观的期待较低,对未来控制的信念较弱;[2]在未来的目标取向上,贫困家庭的青少年更倾向于强调职业目标,而中产阶级家庭青少年更倾向于教育和娱乐目标,较高社会经济地位家庭的青少年对未来思考拓展得更远,尤其是对未来职业水平、思想境界和道德水平的思考更为深远。[3]

在国内,也有不少学者在研究当代中国家庭社会经济地位与青少年

---

① Bradley R. H. , Corwyn R. F. Socieconomic status and child development. Annual Review of Psychology, 2002,53:371-399.

② Nurmi J. E. How do adolescents see their future? A review of the development of future orientation and planning. Developmental Review,1991,11(1):1-59.

③ Nurmi J. E. Age, sex, social, class, and quality of family interaction as determinants of adolescents' future orientation:A develomental task interpretation. Adolescence,1987:977-991.

未来取向的关系问题,张玲玲博士经过大量的社会调查研究后认为:家庭社会经济地位与青少年对未来主要发展领域的探索、投入和情感体验,均存在显著的正相关关系;父母收入越多、受教育程度越高、工作专业性越强,在这种家庭中成长的青少年对个人未来教育、职业和婚姻投入越多,对其未来发展的态度越积极。① 为了了解当代中国不同社会经济地位的家庭对子女未来取向的影响现状,笔者也对此进行了调查,统计数据见表 5-4,为了统计和分析便利,笔者只对"家庭收入"和"母亲学历"(由于母亲在家庭中对子女的影响超过父亲)两个衡量指标进行统计。通过分析统计数据发现如下规律:首先,家庭社会经济地位越高的子女对未来的职业和个人声誉关注越多,呈正相关关系;而家庭社会经济地位与子女对未来收入的关注呈负相关关系,即高家庭社会经济地位的子女对未来的收入反而关注不多,中等社会经济地位家庭的子女对未来教育、婚姻家庭给予最多的关注,这些现象与上述先前学者的研究结果相符。其次,家庭社会经济地位与子女对未来思想道德境界的关注度并不存在正相关关系,高社会经济地位家庭的子女对未来思想道德境界的关注度反而低,中下游社会经济地位的家庭子女对未来思想道德境界的关注度反而高,总体而言,不同社会经济地位家庭子女对未来思想道德境界的关注度都偏低,这与先前的研究结果不完全相符。

表 5-4　不同社会经济地位家庭子女对未来的关注情况统计

衡量指标	选择项 (所占比例)	职业	收入	婚姻家庭	教育	声誉	思想道德境界
家庭收入	中等以上	30.5%	7.8%	13.4%	19.5%	21.6%	7.2%
	中等	25.6%	13.5%	16.2%	21.5%	15.6	7.6%
	中等以下	20.8%	27.5%	12.6%	18.2%	11.7%	9.2%
母亲学历	研究生	27.5%	12.5%	17.5%	15.0%	20.0%	7.5%
	大学	23.4%	18.2%	14.6%	19.0%	14.5%	11.3%
	高中及以下	25.2%	19.6%	11.5%	22.5%	11.5%	9.7%

① 参见张玲玲:《青少年未来取向的发展与家庭、同伴因素的关系》,2008 年山东师范大学硕士学位论文,第 31—33 页。

　　不同社会经济地位家庭的子女对未来的关注取向是不一样的,这是毋庸置疑的,但其背后原因是什么? 从理论上来说,这与不同社会经济地位家庭对子女的期望、教育和影响不同直接相关。为了深入分析此问题,笔者特意统计相关数据,以期了解不同社会经济地位家庭对子女不同期望的现状,统计数据见表 5-5。整体而言,家庭最重视子女的学习和特长培养;其次是重视素质和特长的培养;再次是道德品质的培养;对子女"不抱有特别期望,顺其自然"的家庭不多,其比例加权平均低于 10%。从不同衡量指标的具体影响来看,首先是母亲职业对子女学习期望的差异最大,职业为国家公职人员的母亲非常重视子女学习的比例为 57.5%,而母亲为家庭主妇或失业者非常重视子女学习的比例为 41.1%,两者相差 16.4 个百分点;其次是母亲学历对子女道德品质期望的弹性最大,研究生学历的母亲非常重视子女道德品质培养的比例为 36.5%,而高中及以下学历的母亲相关比例只有 26.4%,两者相差 10.1 个百分点;再次是家庭收入对子女道德品质的影响最特殊。母亲职业、母亲学历这两个衡量指标与重视子女道德品质程度呈正相

表 5-5　不同社会经济地位家庭对子女的期望(限最多选两项)

衡量指标	选择项 (所占比例)	非常重视学习,学习好其他无关紧要	重视素质和特长的培养	非常重视道德品质的培养	非常重视身心健康和外表形象	没有特别关注某方面,顺其自然
母亲职业	国家公职人员	57.5%	38.3%	32.5%	22.5%	5.5%
	企业员工	51.5%	41.4%	29.6%	24.6%	6.8%
	企业主或自主职业	45.5%	42.5%	27.5%	25.0%	8.5%
	家庭主妇或失业者	41.4%	41.8%	25.5%	28.6%	11.2%
家庭收入	中等以上	53.5%	42.6%	23.6%	26.6%	6.8%
	中等	59.6%	44.5%	28.6%	24.6%	7.6%
	中等以下	55.8%	37.5%	30.4%	19.4%	10.5%
母亲学历	研究生	58.5%	42.0%	36.5%	25.5%	7.5%
	大学	59.6%	41.4%	31.6%	22.0%	8.2%
	高中及以下	53.5%	44.0%	26.4%	26.4%	6.6%

　　注:用百分比来表示该类家庭对该五个选项的选择情况,由于可以多选,所以同一类的五个选项百分比之和超过 100%。

关关系,而家庭收入与重视子女道德品质程度呈负相关关系,即家庭收入越好的家庭,对子女道德品质的期望越低,而家庭收入差的家庭对子女的道德品质期望反而越高,这在一定程度上印证了前面提到的"高社会经济地位家庭的子女对未来思想道德境界的关注度反而低"的调查结论。

二、当代中国家庭道德教育的人际关系环境现状

人际关系环境是指处理家庭各种关系过程中的行为方式和关系倾向,主要包括亲子关系、家庭结构和规模、家庭情感、家庭气氛、行为原则等要素。人际关系环境受物质条件环境的制约,同时是精神意识环境的集中体现,是家庭德育环境的重心所在。

(一)亲子关系日趋民主与平等,但思想观念冲突不断

亲子关系是人生中形成的第一种人际关系,任何性质的家庭教育,都绕不开亲子关系这一关键环节。在一定意义上说,亲子关系是家庭道德教育的逻辑起点,良性互动的亲子关系是家庭道德教育有效运行的前提和保障。亲子关系越和谐亲密,父母教育的感染力就越强,家庭道德教育的效果就会越好。反之,亲子关系越淡漠、疏远、紧张,家庭道德教育的感染力就越小。那么,在当代中国现实家庭生活中,亲子关系现状如何呢?

对于亲子关系的现状问题,一直被教育学、心理学等相关领域专家学者所关注,青年学者邹强在他的博士论文中对各类家庭亲子关系状况进行了实证调查。调查结果(见表 5-6)发现:当代中国家庭教育中的亲子关系总体比较好,关系融洽的比例高达 75.1%。与此同时,亲子关系呈现一些年龄阶段特征和区域差异,亲子关系与年龄呈现负相关关系,随着子女年龄增大,亲子关系的融洽度逐渐下降,紧张关系反而逐渐上升;另外,城市家庭亲子关系融洽程度要高于农村,农村家庭亲子关系紧张程度要高于城市家庭。

表 5-6　各类家庭亲子关系状况的调查统计

亲子关系状况	总体	幼儿家庭	小学生家庭	中学生家庭	城市家庭	农村家庭
	比例(%)					
关系融洽	75.1	87.9	78.5	65.5	78.7	69.2
关系一般	14.8	8.6	6.7	21.3	14.3	15.8
关系紧张	2.7	1.4	1.5	4.4	1.7	4.3

来源:邹强:《中国当代家庭教育变迁研究》,2008 年华中师范大学博士学位论文,第 151 页。

对于当代中国家庭亲子关系的现状,笔者也进行了实证调研,结果发现:青少年一代更以自我为本位,特别是独生子女,他们更反对单一的生活价值,反对循规蹈矩、盲目从众,追求与家长之间的平等与民主。家长也逐渐摒弃长者高高在上的观念,开始或已经调整了自己的观念,尽可能营造亲子之间自由、平等、民主、互敬互爱、温馨和谐的新型关系。从表 5-7 的统计数据可知,绝大多数家庭都邀请子女参与家庭重大事务,从不邀请子女参与重大事务的家庭比例低于 10%。从这一指标可以看出目前的亲子关系更趋于平等,但从总体来说,东部发达地区(浙江宁波)的家庭比中西部欠发达地区(江西吉安)的家庭略显更平等一些。统计数据显示,在涉及子女的重大事务时,绝大多数父母都事前与子女商量,事前事事商量的家庭分别达到了 16.0%(浙江宁波)和 12.3%(江西吉安),而事前经常与子女商量的家庭比例分别达到了 43.4% 与 45.6%。这个指标可以看出目前的亲子之间比较民主,并且亲子之间的民主程度超过平等程度,亲子之间的民主程度在地区之间的差异也不大。

表 5-7　亲子关系民主与平等状况的描述统计

子女参与家庭重大事务情况	从不邀请参与		很少邀请参与		有时要求参与		经常邀请参与		事事邀请参与	
	A	B	A	B	A	B	A	B	A	B
	7.5%	9.5%	17.8%	23.8%	38.6%	35.4%	26.5%	25.5%	9.6%	8.8%
父母事前与子女商量子女事务情况	事前从来不会与子女商量		事前很少与子女商量		事前有时与子女商量		事前经常与子女商量		事前事事与子女商量	
	A	B	A	B	A	B	A	B	A	B
	3.6%	4.5%	8.5%	8.0%	28.5%	29.6%	43.4%	45.6%	16.0%	12.3%

注:"A" 表示宁波市某中学,"B"表示江西吉安市某中学。

　　亲子关系是影响未成年子女道德发展的重要因素,决定了家庭道德教育能否顺利进行。在亲子关系走向民主、平等的趋势下,亲子关系互动不协调,亲子关系存在代际冲突等现象还很普遍。从调查数据(见表5-8)可以看出,亲子之间"经常冲突"比例分别占了12.4％和8.6％,"有时冲突"的比例分别高达45.6％和43.5％。冲突领域主要发生在学习问题和生活问题上,两者之和占冲突原因的70％以上。子女独立意识不断增强与父母约束管教过多的矛盾,父母与子女因生活经历差异而产生思想观念的对立与矛盾,这些矛盾都有可能导致家庭道德教育不能有效发挥,甚至适得其反。

表 5-8　亲子冲突描述与冲突领域的调查统计

冲突描述	经常冲突		有时冲突		偶尔冲突		不冲突			
	A	B	A	B	A	B	A	B		
	12.4％	8.6％	45.6％	43.5％	31.5％	34.1％	10.5％	13.8％		
冲突领域	学习问题		生活问题		思想道德问题		交友问题		花销问题	
	A	B	A	B	A	B	A	B	A	B
	47.2％	38.5％	32.5％	34.6％	5.4％	7.5％	8.5％	7.0％	6.4％	12.4％

　　注:"A"表示宁波市某中学,"B"表示江西吉安市某中学。

(二)家庭结构日趋核心化和多样化,给家庭道德教育带来新挑战

　　家庭结构是家庭成员的构成及其相互作用和相互影响的状态,以及由这种状态所构型的相对稳定的联系模式。不同的家庭结构,由于家庭成员的组合关系和组合方式不同,导致家庭环境、家庭成员关系、家庭教养方式的不同,最终影响到家庭成员的人格和道德等方面发展。据第六次全国人口普查公布的数据显示,目前中国平均每个家庭户的人口为3.10人,比2000年人口普查的3.44人减少0.34人。我国家庭户规模继续缩小,主要是受生育水平持续下降、迁徙人口增加、婚后小家庭独居等因素的影响。[①] 家庭成员数量的减少和代际序列减少意味着有更多比

---

　　① 国家统计局:《第六次全国人口普查数据发布》,http://www.stats.gov.cn/tjfx/jd-fx/t20110428_402722238.htm。

例的核心家庭和独生子女家庭;而流动人口的增加,却有可能增加留守家庭、隔代家庭、空巢家庭等特殊家庭的比例。

家庭小型化、核心化,越来越多的家庭是独生子女家庭,这是当代中国家庭结构的重要特征。据统计,2000 年中国家庭的独生子女率已经达到了 21.93%。在经济发达的北京、天津和上海,独生子女率已经分别达到了 42.30%、47.68% 和 49.82%,已经远远高于发达国家的独生子女率。独生子女的道德品质现状如何? 如何教育好独生子女? 这是全社会一直在关注的问题。1993 年,中国少年儿童研究所所长孙云晓发表了《夏令营中的较量》一文,使人们对独生子女问题的关注达到了高潮。在那场中日儿童之间的"较量"中,中国独生子女们怕苦怕累、动手能力差、缺少爱心、缺乏生存意识和环保意识等等令人汗颜的表现,加剧了国人对独生子女问题的担忧,由此也激发了学者研究中国独生子女问题的社会责任感。

在独生子女问题研究的早期,独生子女是"小皇帝"、是"问题儿童"的观点成为主流观点。随着独生子女研究的不断深入,人们开始对独生子女是"小皇帝"、是"问题儿童"的观点产生了怀疑。一些学者[①]通过抽样调查发现,在成长早期,由于家庭环境不同,特别是家长教养方式不同,独生子女与非独生子女在个性品质、道德行为方面存在一些差异;当儿童开始走出家庭,走进学校、社会,其个体社会化的进程更多地受到家庭之外的社会因素的影响,独生子女与非独生子女之间在个性品质、道德行为方面的差异就明显地减少了。独生子女之所以"独特",就在于其"独生"的家庭环境容易产生一些独特的心理状态,世界上没有天生的独生子女心理特征,只有在一定家庭条件下形成的独生子女心理特征。因此,独生子女问题的答案应该到家庭中去寻找。

独生子女处于独特的家庭生长环境,既为儿童的身心发展提供了某些有利条件,也可能产生某些不利影响。从独生子女的人格心理发展的现状来看,一方面,由于家庭生育人口减少,使得独生子女享受到充分的

---

①　赵延东、陈功和中国城市独生子女人格发展课题组都持这一观点。具体内容可参阅:赵延东:《武汉市青少年的家庭生活状况》,《青年研究》1997 年第 8 期;陈功:《家庭革命》,中国社会科学出版社 2000 年版;中国城市独生子女人格发展课题组:《中国城市独生子女人格发展现状研究报告》(摘要),《青年研究》1997 年第 6 期。

物质保障,生活条件更优越;由于独生子女独特的家庭地位,使之享有家庭内部全部的爱,可谓是"集万千宠爱于一身";由于只有一个孩子,父母倾注了更多的时间和精力教育孩子。因此,独生子女的学习能力和文化程度明显地高于非独生子女,独生子女的自我评价明显高于非独生子女,独生子女更注重于个人价值及个人能力的发展。另一方面,由于独生子女没有兄弟姐妹,缺乏与同龄人的交往机会,因此,交往需求强烈,自我中心明显,缺乏协作精神和交往技能,北京地区一项调查显示,尽管有60%的孩子愿意结识新朋友,但63%的孩子在遇到心情不好时找不到人帮助,35%的孩子经常感觉到孤独;[①]由于父母有时间和精力为独生子女解决一切生活上的事务,使得独生子女的劳动能力、自理能力相对较差,对他人的依赖性和依附性突出,一项对1270名五年级的小学生的统计显示,每天能坚持自己洗脸、穿衣、盛饭的仅占55%,另一项调查表明51.9%的小学生长期由家长整理生活用品,71.4%的学生生活上离开父母就束手无策,只有13.4%的学生帮父母做些家务[②];由于独生子女生活条件优越,在成长中很少经受挫折,很少经受锻炼和磨砺,使得独生子女意志薄弱,挫折耐受力差,感情脆弱。

从独生子女道德发展的现状来看,一是道德发展相对滞后。独生子女面对单一的家庭关系,没有持久的伙伴关系,缺乏强烈的道德需要,再加上不少家长道德教育的意识不强,因而道德发展动力不足,道德发展相对滞后。二是道德发展呈现"假熟"状态。本来天真活泼的少年儿童,却说着大人的话、做着大人的事,表现出成人的行为方式,俨然是个"小大人"派头,"小大人"现象其实是一种不健康的"道德假熟",这与独生子女一直在成人的环境中生活直接相关。"道德假熟"使孩子在过早的人生阶段接触社会上不真、不善、不美的东西,对小孩的道德发展和家庭道德教育都不利。三是道德发展中的"道德认知"与"道德践行"脱节。据调查,大多数独生子女对道德规范和道德原则的认识常常优于非独生子女,但由于独生子女缺少直面道德冲突、自行道德选择的机会,其道德判

---

① 段文阁、刘晓露:《家庭道德教育研究——以独生子女道德教育的视角》,山东人民出版社2011年版,第55页。

② 段文阁、刘晓露:《家庭道德教育研究——以独生子女道德教育的视角》,山东人民出版社2011年版,第56页。

断和道德选择的能力都没有得到很好的锻炼,道德他律没有顺利转向道德自律,因此,道德践行与道德认知相脱节。

由于社会转型和家庭变迁的缘故,当今中国的家庭结构日趋多样化,单亲家庭、再婚家庭、留守家庭、隔代家庭、空巢家庭等特殊家庭的比例越来越高,这是当代中国家庭结构的另一个重要特征。与核心家庭相比,单亲家庭、留守家庭、隔代家庭等特殊家庭中未成年人的道德教育问题更为社会所关注,人们更多把他们与问题少年、无知少年联系在一起。虽然这种看法是片面的,但侧面反映出特殊家庭在家庭德育方面存在的问题和困难,迫切需要研究和解决。一些研究资料显示,特殊家庭的儿童在人格方面有许多消极特征,如个性比较内向、对人冷淡、不愿交际、情绪不稳定、缺乏进取心和逆反心理强等;与核心家庭等正常家庭相比,以单亲家庭的未成年子女问题最多。[①] 据 1993 年上海市的一份调查显示,不健全、缺损家庭的青少年犯罪率是正常家庭的 8 倍以上,离异单亲家庭中有 54％的儿童的身体健康受到影响,有 68％的儿童的情绪受到干扰或极大变异,有 59％的儿童出现了较为严重的心理偏离行为。[②]

现以单亲家庭为例分析,大量事实表明,单亲家庭子女道德教育现状令人担忧。究其原因,主要是以下几个方面造成的:一是单亲家庭教育方法或简单粗暴,缺乏温情;或迁就溺爱,加倍娇宠。单亲家长或把孩子当出气筒,经常迁怒于孩子,甚至无故打骂孩子,在这种惊恐不安的环境中成长的孩子,容易形成压抑、孤僻、胆小、自卑、缺乏信任等性格特征,直接影响到孩子的意志、情感、品德的发展;或出于强烈愧疚心,对子女精心呵护、娇生惯养、过分纵容,滋生各种坏习惯或不良道德品质。二是心灵沟通不够,亲子关系残缺。更多的单亲家庭因家长忙于生计而无暇顾及小孩的感情需求,对小孩沟通不够,再加上缺少一方亲情,照顾不到小孩心理方面的安抚和引导,也没有时间和精力进行道德教育,影响

---

① 具体研究资料可参阅:查颖:《单亲家庭的子女教育问题研究》,《丽水师范专科学校学报》2002 年第 1 期;何宏灵等:《单亲家庭儿童个性和学习成绩研究》,《中国现代医学杂志》2006 年第 3 期;王凤栋、张蕙琴:《单亲家庭子女的个性、行为特征与教育》,《华北工学院学报》(社会科学版)2003 年第 2 期;邢艳菲:《特殊家庭结构与初一学生心理健康关系的研究》,2008 年华中科技大学硕士学位论文;等等。

② 参阅邓佐君:《家庭教育学》,福建教育出版社 1994 年版,第 314 页。

了小孩的个性特征和道德品质的发展。三是单亲家庭对子女期望过高，使子女背负太多的期待，压得小孩喘不过气来，违背了青少年儿童身心发展规律，可能引起抵触情绪和逆反心理，促使小孩走向反面。

（三）家庭情感交流不够，温馨家庭氛围有待培育

良好情感是良好性格和良好道德品质的基础，《学会生存》从全球教育发展的角度提出，"教育的一个特定目的就是培养感情方面的品质，特别是在人和人关系中的感情品质"①。家庭是培养情感的熔炉，环境心理学研究认为家庭环境具有多重教育功能：一是家庭具有防止孩子承受社会压力的功能，使孩子有安全感，这是保护功能；二是家庭具有向孩子传达社会要求的社会化功能，使孩子从生物人转化为社会人。家庭情感教育是以培养各种情感为手段，使孩子形成健全的个性和人格，形成健康的人生观、世界观和道德观，这是家庭道德教育的一个重要组成部分。

古人云："感人心者，莫先乎情。"情感是人类的动力系统，道德教育活动，没有情感的投入，道德规范是难以内化为道德信念和外化为道德实践的。"知识的道德"并不一定能转化为"实践的道德"，以情感为核心的动力系统才是个人道德发展的内在保证。在众多的情感体验中，家庭中的亲情是人类内心深处一种最基本最稳定的情感，其对于家庭道德教育具有非同寻常的价值和意义。中国家庭有重视道德教育的传统，但现实的效果却不尽如人意，究其原因，其中之一是重视道德的理性教育而忽视了道德的感性教育。道德理性教育是一种明善的过程，是培养道德认知、道德判断和道德推理的过程；而道德教育的关键点是道德认知的"内化"和"外化"，这受制于个体的情绪性因素，即个体对道德教育内容的情感体验以及由此产生的道德需求。实践证明，情感参与的家庭道德教育才是高效的道德教育，但从现实情况来看，由于意识观念不强和缺乏系统理论指导，家庭情感这一重要工具在家庭德育过程中的重要作用远没有得到充分的重视和发挥。

建立在血缘关系之上的家长与小孩的爱，尤其是母爱，是一种非常

---

① 联合国教科文组织国际教育发展委员会：《学会生存——教育世界的今天和明天》，教育科学出版社 1996 年版，第 194 页。

强大的情感力量,非常有助于小孩安全感的获得、信任感的建立、道德情感的培育。实际上,家长与小孩在日常生活中接触时间久、关系持久,家长可以利用很多日常机会,通过情感的感悟与渲染来对小孩的道德观念、道德认知、道德情感、道德行为习惯进行教育和训练,达到事半功倍的德育效果。但现实的情况是家庭情感沟通内容单一,情感沟通不够深入,并随着小孩年龄的增加而沟通逐渐减少,影响了情感在家庭德育中作用的发挥。据调查统计,小孩回家,绝大多数家长问的第一句话是"今天学习得怎样?"问完后就没有下文;70.3%的孩子认为与父母谈话的主要焦点集中在学习上;有58.7%的小学生觉得"自己和父母能沟通,能讲心里话",到了高中这个比例下降到17.5%,到了大学,这个比例进一步下降到14.3%;与此相反,"与父母谈不来,难沟通,更难说心里话"的小学生占7.3%,高中生达到21.7%,大学生则达到36.0%。[1] 笔者对此调查统计显示,57.8%的学生与家长沟通的主要内容是谈学习,沟通内容无话不谈的只占12.5%,而有5.7%的学生与家长"无话可谈",这说明当前家庭沟通内容单一、广度不够这一现象尚未改观;与沟通广度相比较,学生与家长沟通的深度稍有所改善,有37.6%的同学认为谈话内容比较深入,18.5%的同学认为谈话内容非常深入;另外,学生与家长的沟通频率太低,每日、每周进行沟通的比例还不足45%。

表 5-9 学生与家长的沟通广度、深度和频率的调查统计

内容	选项(%)				
与家长沟通广度	无话不谈	主要谈学习	主要谈日常事务	主要谈思想道德	无话可谈
	12.5	57.8	8.6	15.4	5.7
与家长沟通深度	谈话内容非常深入	谈话内容比较深入	谈话内容不够深入	泛泛而谈	
	18.5	37.6	28.5	15.4	
与家长沟通频率	日日沟通	周周沟通	月月沟通	年年沟通	基本没沟通
	14.6	29.5	47.4	6.0	2.5

　　为了进一步了解家庭情感沟通的现状,笔者通过深入访谈发现:除

---

[1] 参见时伟:《社会转型期的家庭道德教育研究》,2008 年江南大学硕士学位论文,第17 页。

了工作、学习、生活节奏日趋加快等主观原因外,家长的沟通意识、沟通能力不强是家庭情感沟通不畅的另一重要原因。家长是孩子的直接榜样,家长应具备热情而深厚的感情,开朗的性格,以良好的情感品质和道德素养影响孩子。家长要善于表达自己对小孩的内心情感,对孩子施以理智的爱,做到尊重与要求相结合。了解是沟通的条件,尊重是沟通的前提,倾听是沟通的关键。孩子都期望家长能多抽些时间陪一陪小孩,或多一些面对面的平等交流机会。笔者通过调查宁波市某小学五年级学生,问孩子儿童节最想从父母处得到什么礼物? 其中有 90% 以上选择"最想与爸妈快乐地玩一天",由此可见,小孩是多么的渴望与家长沟通交流啊!

为了改善家庭情感沟通,营造浓浓的、温情脉脉的家庭情感氛围非常重要。一首耳熟能详的儿歌,就唱出了一股温馨的家庭氛围:"我的家庭真可爱,美丽清洁又安康;姐妹兄弟很和气,父亲母亲都慈祥。虽然没有大厅堂,冬天温暖夏天凉;虽然没有好花园,四季花开常飘香。可爱的家庭啊,我不能没有你,你的恩惠比天高。"家庭气氛近乎无形,但能从不同的角度影响小孩的心理和行为。鲁洁等人的研究表明,生活在"和睦""平常""紧张"三种不同的家庭气氛下,学生的学习成绩和品德等级依次为:"和睦"最好,"平常"次之,"紧张"最差。[①] 魏书珍、衣明纪等人采用问卷法对 595 名 10~13 岁儿童的性格及其影响因素进行了调查,结果表明:家庭气氛对儿童自律性有直接影响,家庭气氛和谐的儿童自律性高,父母经常争吵的小孩自律性低,而且成人行为对儿童有榜样作用。[②] 由此可见,温馨的家庭气氛蕴涵着家庭的活力与生命力,对家庭生活、家庭关系和家庭德育有重要影响。

家庭气氛是家庭成员互动的结果。温馨家庭气氛的营造则牵及到家人间的沟通方式、家庭规则的运行、家人间的关系、家庭成员的自我价值感、整个家与外界的关系等诸多因素。[③] 现实的家庭气氛因不同家庭成员的价值取向以及代际观念偏差等因素影响,并不能令人欣慰。据邹泓、李晓巍、张文娟对六城市 2341 名中学生问卷调查显示:和谐型、高亲

---

① 参见鲁洁主编:《教育社会学》,人民教育出版社 1990 年版,第 501 页。

② 参见魏书珍等:《儿童个性的影响因素研究》,《中国儿童保健杂志》1996 年第 3 期。

③ 参见吴就君:《人在家庭》,张老师文化事业股份有限公司 1985 年版,第 20 页。

子冲突型、高父母冲突型、双高冲突型的家庭分别占 30.6%、24.9%、24.4%、20.1%。[①] 由此可见,温馨的家庭气氛还有待培育。

三、当代中国家庭道德教育的精神意识环境现状

家庭道德教育精神意识环境反映了家庭的道德心理、道德价值追求,以及与之相统一的知识素养和审美取向,主要包括家庭德育观念、家庭德育态度、家长素质、家庭德育目标、家庭德育内容、家庭德育方法、家长教育能力等要素,它是家庭道德教育的软环境。精神意识环境是家庭德育环境的动力,是物质条件环境和人际关系环境的直接或间接反映。

（一）家庭德育意识不够强,德育理念较保守

所谓家庭德育意识,是指有关家长对家庭道德教育的观念和认识,主要包含对家庭德育的地位与作用的认识,对德育基础知识的认识,对德育基本原理、方法途径的认识。简言之,是对德育规律性的认识,有了这些基本认识才能产生德育的自觉性。德育为先、育德在家是古代中国家庭的传统,随着中国近现代社会的转型和家庭的变迁,特别是改革开放后,随着市场经济体制逐步确立、文化多元导致的价值观念的多元化影响以及家庭结构、家庭环境的改变,当代中国家庭德育意识已经发生了很大的变化。

目前大多数家长认为家庭教育非常重要,但是普遍关注子女的知识获取和学习成绩,对子女的道德教育关注较少,家庭德育意识不够强。笔者的调查统计显示(见表 5-10),有 42.6% 的家长认为家庭是影响孩子道德发展最重要的因素,33.4% 的家长认为学校老师是影响孩子道德发展最重要的因素,而认同网络电视媒体、社会风气为最重要影响因素的分别占 13.5%、8.4%。在问到"家庭道德教育的必要性"时,有 88.6% 的家长回答"非常必要"或"必要",有 7.6% 的家长认为"无所谓",有 3.8% 的家长认为"没必要"。

---

① 邹泓、李晓巍、张文娟:《青少年人际关系的特点及其对社会的作用机制》,《心理科学》2010 年第 5 期。

表 5-10　家长的家庭德育意识调查统计

调查内容	选择项(%)				
影响孩子道德发展最重要的因素	家庭	学校老师	同学	社会风气	网络、电视等媒介
	42.6%	33.4%	2.5%	8.4%	13.5%
家庭道德教育的必要性	非常必要	必要	无所谓	没必要	
	26.4%	62.2%	7.6%	3.8%	
哪方面的教育对孩子最重要	学习知识	智力开发	道德修养	身体健康与外表气质	个性与性格培养
	36.5%	31.0%	15.2%	6.5%	10.8%

数据显示,虽然有近九成的家长认识到家庭德育有必要,但只有四成多一点的家长意识到家庭对小孩道德发展的重要影响,由此可以推断出目前的家庭德育意识还不够强,还没认识到家庭的道德教育功能对小孩道德发展的重要作用。为了进一步验证德育在家长心目中的真实地位,调查问卷问到"哪方面的教育对孩子最重要",统计数据显示,只有15.2%的家长选择了"道德修养",而选择"学习知识"与"智力开发"的家长分别占了 36.5%、31.0%,数据毋庸置疑印证了目前家庭德育意识确实不强这一事实。

(二)家庭道德教育的内容有所拓展,但有失偏颇

德育内容是指用以影响受教育者的经过选择和处理的符合一定社会需要的道德规范和政治、思想观点及其体系。它是进行德育的依据和基本要素,是实现德育目标的基本保证。① 德育内容是整个家庭德育体系中极其重要的中介要素。当今社会的快速发展,必然推动道德生活的相应发展,客观上要求家庭德育内容要与时俱进,随着社会发展而不断充实、调整。

对于德育内容结构体系该如何构筑,近年来德育界对此存在不同的意见和争论。叶素梅、赵宝臣两学者提出合理的德育内容体系结构应包

---

① 参见詹万生:《中国德育全书》,黑龙江人民出版社 1996 年版,第 191 页。

括基本内容、一般内容、热点内容和特殊内容四个方面。① 黄向阳博士认为,从德育内容层次上来划分,可分为德育规则、德育原理、德育理想。② 还有学者认为德育内容可以分为:方向性内容,包括理想信念、爱国主义、国际主义教育等;认识性内容,包括世界观、人生观、集体主义、审美主义教育等;规范性内容,包括德性教育、法制教育、职业规范教育、纪律教育等;实践性内容,包括国情教育、社会实践教育等。③ 笔者个人更倾向于詹万生教授的德育"五要素说",德育内容分为:(1)道德教育,主要包括社会公德、职业道德、家庭美德、环境道德等;(2)法纪教育,主要包括社会主义法制教育、纪律教育、民主教育等;(3)心理教育,主要包括青春期教育、心理健康教育、意志品质教育、个性品质教育等;(4)思想教育,主要包括科学世界观、人生观、价值观教育;(5)政治教育,主要包括社会主义教育、爱国主义教育、政治观教育、国防观教育、民族观教育等。④ 家庭德育应以德性教育、心理教育为重点,与此相对应,学校德育则应以政治教育、思想教育、法纪教育为重点。

尽管广大家长知道家庭道德教育的主要内容应该是道德品质教育、为人教育、人格和心理品质教育,但在实际的家庭道德教育过程中,对德育内容的选择上存在偏颇。一方面,家长更多地停留在教育孩子"节制、正直、勇敢""尊老爱幼""讲文明懂礼貌""诚实不说谎""勤俭节约"等"私德"层面上,而对于处理人与人之间关系以及人与社会之间的道德要求如"助人为乐"、"见义勇为"、"爱护公物"、"保护环境"、"诚实守信"、"遵纪守法"、集体主义观念、社会主义观念、爱国主义观念等"公德"方面却关注不够,致使现在的小孩尤其是独生子女不懂得如何与人相处,自私自利、以自我为中心,缺乏崇高理想,"市侩"思想严重。另一方面,家长偏重于对道德品质方面(主要是传统道德礼仪)的教育,而对于较强时代性的内容如环境德育教育、网络道德教育、恋爱与性道德教育、健康心理教育、法纪教育等却关注不够。

---

　① 　参见叶素梅、赵宝臣:《关于德育内容体系的思考》,《辽宁教育》2001 年第 3 期。

　② 　参见黄向阳:《德育原理》,华东师范大学出版社 2000 年版,第 109—111 页。

　③ 　参见汪溢民、龚惠香:《网络时代研究生德育内容体系的再构建》,《山西青年管理干部学院学报》2001 年第 3 期。

　④ 　参见詹万生:《整体构建德育体系总论》,教育科学出版社 2001 年版,第 307—351 页。

　　为了进一步了解当代家庭德育内容的现状,笔者对不同家庭德育内容的教育频率进行了调查。不同教育频率在一定程度上反映了家庭对该德育内容的关注和重视程度,教育频率越高,则对该德育内容的重视程度越高,反之,则重视程度越低。调查统计数据见表 5-11,总体而言,被调查家庭对"人身安全""尊老爱幼""诚实守信""做事负责""礼貌待人""吃苦耐劳"这些德育内容的教育频率较高,较为重视。其中浙江宁波的被调查家庭最重视"人身安全"教育,而江西吉安的被调查家庭最重视"尊老爱幼"教育,"教育频率高"的比率分别达到 88.6%、78.5%;对"爱护公物""遵纪守法""爱护环境""健康心理教育"的这些德育内容的重视程度不够,"教育频率高"的比率都没有超过 60%;对于"为人民服务"和"共产主义理想信念"这些德育内容的重视程度非常不够,"教育频率高"的比率都没有超过 30%。由此可见,目前家庭对德育内容的选择上存在较大的偏颇,家长关注"私德"培育远远超过"公德",值得深思。

表 5-11　不同家庭德育内容的教育频率调查统计

德育内容的选择项	德育内容的教育频率统计(%)					
	教育频率高		教育频率一般		教育频率低	
	A	B	A	B	A	B
礼貌待人	71.4	67.5	18.8	20.3	9.8	12.2
尊老爱幼	75.2	78.5	15.4	17.2	9.4	4.3
诚实守信	72.7	69.4	14.3	16.2	13.0	14.4
勤俭节约	65.3	78.3	19.5	13.5	15.2	8.2
做事负责	76.5	74.8	16.6	15.4	6.9	9.8
吃苦耐劳	67.8	77.9	21.4	14.5	10.8	7.6
人身安全	88.6	75.6	8.7	16.9	2.7	7.5
为人民服务	23.2	28.4	25.4	23.6	51.4	48.0
共产主义理想信念	18.4	16.2	21.2	15.4	60.4	68.4
爱护环境	52.7	40.5	26.5	23.8	20.8	35.7
爱护公物	47.3	48.2	26.4	23.4	26.3	28.4
遵纪守法	57.6	52.5	30.5	34.4	11.9	13.1
见义勇为	32.5	37.8	34.3	31.2	33.2	31.0
恋爱与性道德教育	12.6	5.6	23.6	15.6	63.8	78.8
健康心理教育	38.9	15.6	42.5	35.8	18.6	48.6

注:"A"表示宁波市某中学,"B"表示江西吉安市某中学。

（三）家庭道德教育方式方法趋向民主，但还欠理性和科学

德育方式方法是指完成德育任务和实施德育内容的途径和手段。德育活动必须借助一定的方式方法来展开和推进，古今中外，人们一直非常重视家庭德育的方式方法，我国谚语"没有教不好的子女，只有不会教的父母"是对此最好的表述。家庭德育失效给社会带来极大困扰，"问题学生""问题少年"现象层出不穷，究其原因，不当的家庭德育方式方法所产生的负面影响值得关注。

当前，我国家庭亲子关系正在走向平等和民主，家庭道德教育方式方法受此影响也应该趋向民主。"虽然说家庭教育方式已经显示出理想化的倾向，但这并不绝对意味着大多数家庭在具体的操作过程中都能够正确处理孩子学习与其他方面的关系，能够采取民主的平等的教育方式。"①事情的发展并非一帆风顺，据广州市穗港青少年研究所一项调查发现，十年间（1995—2004），广州青少年对父母教育方式的不满由23.2％增长到42.8％。②

很多实证研究表明，父母的教育方式方法与青少年的心理健康和道德行为密切相关。然而，虽然家长对小孩的教育培养更加重视，但现实中仍有许多家长苦于教子无方，特别是对那些顽皮或有"瑕疵"的小孩教育更是束手无策。有调查显示："上海市区 6～14 岁孩子的家庭教育中，父母一旦出现分歧，只有 11.8％的家长会去请教专家，大部分父母不知或很少寻求教育专家的帮助。当发现孩子的问题后，只有 3.6％的父母会'看家庭教育方面的电视节目、报刊或请教专家'。"③据中科院心理研究所王极盛教授用家庭教育方式量表对北京 1800 名学生家长近 3 年的调查研究结果显示，有三分之二的家庭教育方式不当。④ 发达城市北京尚且如此，不难想象，中小城市和广大农村类似问题的比例远不止于此。

首先，家庭道德教育过程中感情和控制过犹不及，民主型教育方式

---

①　陶艳兰：《城市家庭教育方式的理想化倾向》，《青年研究》2001 年第 11 期。

②　参见杨雄：《当前我国家庭教育面临的挑战、问题与对策》，《探索与争鸣》2007 年第 2 期。

③　杨雄：《当前我国家庭教育面临的挑战、问题与对策》，《探索与争鸣》2007 年第 2 期。

④　参见陈素霞：《"心育"应成为家庭教育的重点》，《今日科苑》2007 年第 22 期。

比例偏低,溺爱型、放任型和粗暴型比例偏高。情感和控制这两个维度在不同程度上的结合,表现为不同的教育方式。高情感和低控制,就形成过分保护型或过分放任型,即我们说的溺爱型和放任型;溺爱型表现为家长不注意子女自立意识、自理意识,对子女无原则地包办代替,使子女变得依赖、被动、不善于与人交往,使家庭德育趋于弱化;放任型表现为对子女不闻不问,放任自流,容易使子女形成不守规矩、散漫、缺乏责任心、霸道、蛮不讲理的性格特征,从而对社会行为规范和社会道德缺乏自我约束,容易走入歪道。而低情感和高控制,就形成过分严格型或粗暴型;表现为家长对子女期望过高,干涉过多,忽视子女的独立性和创造性,容易使子女形成紧张、消极、不自信、不自尊的性格特征,影响个体道德发展。而适当控制和适当情感才是家长最佳的教育方式,即民主开放型,这种教育方式对子女的德性培养才是有利的。当前中国家庭德育方式在情感和控制两个维度存在过犹不及的现象,溺爱型和粗暴型教养方式还普遍存在,民主型教养方式的比例还不算高。据李天燕对成都市小学生进行的调查统计,家庭教育方式"基本正确"的家庭占 47.25%,"带有粗暴型倾向"的占 31.19%,"带有溺爱型倾向"的占 18.81%,"带有放任自流型倾向"的占 2.75%;粗暴型教育方式的家庭较多,应该引起注意。[①] 范中杰教授通过对广东惠州市抽样调查发现,家庭教育方式属于民主型的仅占 7.4%,而专制型教育方式占 7.3%,此外,绝大多数家庭(85.3%)的教育方式是介于民主型与专制型之间。[②] 家庭德育方式是造成小孩道德发展障碍和甚至走向违法犯罪的重要原因,据对深圳市违法犯罪青少年家庭的教养方式调查显示:"家长放任自流,养儿不教或失去教养能力,放弃教育的占 15%;对子女溺爱、娇宠、纵容的占 20%;发现子女有问题,采取吊打、捆绑、禁闭等简单粗暴的占 17%;对子女违法犯罪行为采取包庇赞许的占 7%。"[③]

[①]　参见李天燕:《家庭教育方式对小学生品德形成的影响研究》,2001 年西南师范大学硕士学位论文,第 16 页。

[②]　参见范中杰:《家庭教育方法对青少年社会化的影响》,《湖北社会科学》2008 年第 1 期。

[③]　周芦萍、余长秀:《城市家庭问题与青少年违法犯罪》,《青少年犯罪研究》2006 年第 4 期。

　　其次,家庭道德教育过程重说教轻身教现象比较严重。所谓言传,就是指用说理的方式对子女的思想道德进行传导和影响;而身教是指父母、长辈用自己的道德行为对孩子实施的影响。在家庭德育过程中,不但需要言传,更需要身教,身教重于言传。言传身教是家庭德育中最重要的途径和方法。家长言行是孩子的模仿对象,孩子们通过模仿家长的言行举止风格、待人接物方式、为人处世态度,在潜移默化中得到教化。在社会转型期的现实生活中,社会矛盾凸显,社会道德败坏现象层出不穷,有些家长的牢骚话、不良的道德评论对子女的道德认知产生了负面影响;有些家长的粗俗语言、不道德的意思表达,对子女的道德文明习惯产生了不良影响。更糟糕的是,不少父母将言传与身教割裂开来,教给孩子的是一套道理,而自己的行为却与此相背离。例如,有的父母教育孩子要诚实守信,可是自己却在孩子面前撒谎;有的父母教育孩子要成为一个懂事的好孩子,而自己却对长辈不敬,夫妻经常吵架,邻里关系紧张,手脚不干净,行贿受贿,甚至低级趣味、吃喝嫖赌,等等。天长地久,父母的作风、品德会深深地渗透到孩子的意识中,逐渐形成和父母类似的不良道德品质,严重地影响了家庭道德教育效果。

　　最后,家庭道德教育普遍存在随意性、随机性,缺乏计划性和连续性。许多家长可以说出教育孩子的"宏大"心愿和具体计划,什么时候上什么补习班,什么时候上兴趣班,什么时候请老师上门辅导。花心思提高孩子的学习成绩,本无可厚非。但是,该如何一步一步把孩子的道德品质培养好,这样的计划却往往难以寻其踪迹。也就是说,目前绝大多数家庭没有思考过该如何有目标、有计划地推进家庭德育这个事儿,总是等孩子出"毛病"了,才进行教育,道德教育中的"亡羊补牢"往往要付出更大的代价。据调查统计,大部分家长没有参加过家长学校的学习,德育方法都按照自己的理解进行,随意性很强;同时,家庭德育也呈现出很强的随机性,有55.8%的父母与子女不定期的谈心交流,从不谈心交流的达到19.2%,而比较有规律地一星期交流一次的仅占11.5%。[①]

---

　　① 　参见时伟:《社会转型期的家庭道德教育研究》,2008年江南大学硕士学位论文,第20页。

第二节　对当代中国家庭道德教育现状的分析与思考

一、对当代中国家庭道德教育现状的分析

我国自古以来就有重视家庭道德教育的优良传统，"教子以德"被视为父辈育嗣的根本。在今天，许多实证调查结果表明，轻视家庭道德教育已成为普遍的现象。笔者认为当代中国的家庭道德教育趋于"弱化"是一个不争的现实。家庭道德教育趋于"弱化"，一方面与社会变迁所引致的社会生活环境变化，以及由此带来的思想观念嬗变密切相关；另一方面与社会竞争加剧、技术理性扩张、教育制度不善等现实问题直接相联。

（一）社会生活变迁是家庭道德教育功能"弱化"的动力因素

道德具有时代性。每个时代都会提出"你应该具有怎样的道德品质"这样的要求，但道德的内涵已大异其趣，孔子时代的理解与现代人的理解已经有很大的不同，对道德问题以及应对道德问题的方法——道德教育也肯定有所不同甚至大相径庭。道德具有时代的差异性，并非指两个不同时代的道德内涵、道德问题和道德教育要求完全不同，不可否认，它们会有交集之处，但每个时代都有它区别于其他时代的自身特色，有区别于其他时代的要求。而这些时代特色和要求就构成了家庭道德教育的时代背景。

当代中国的时代特征是快速的社会转型，由传统社会快速转向现代社会。现代社会所具有的市场经济、民主政治、开放社会、多元文化诸特征，区别于传统社会的非市场经济、官僚权威政治、封闭社会、一元文化，呈现出一种新的秩序。正如马克思所说，意识观念是存在的反映，现代社会已经发生了与传统社会相异的翻天覆地的变化，作为现代社会的对应观念，人们对自我、社会、人与人之间关系、人与社会之间关系等观念都有别于传统。道德教育的意识观念作为社会观念的一部分，同样无可回避要面对和适应现代社会这一重大事实。由此，现代社会转型带来的

生活变迁,构成了道德教育价值取向的现实语境,构成了当代家庭道德教育价值选择的生活基础。

市场经济是形塑现代社会的根本性动力,它无声地创造着属于现代社会的一切特征。市场经济激发了人们的获利欲,促进了社会物质财富的迅速增长;与此同时,当市场经济的基本精神随着市场的力量全面渗透和辐射到社会生活的各个领域时,市场经济也就具有了越来越多的制度和精神内容。它所代表的市场理性横扫了几千年来中国民众生活世界和生存模式所积淀的传统,消解了传统的思维方式、价值观念和文化习惯。在此影响下,整个教育人才规格和培养模式都发生了与以往不同的变化,在道德教育领域,道德观念的变迁使权利与义务、义与利、个人与集体、理想与现实等一系列范畴的理解都有了新的内涵。

首先,市场经济肯定人对功利价值的追求,改变了原先无私奉献等道德价值诉求。市场经济促使功利性价值由以往压抑的潜在需求变为显在的社会性认可价值,人们不再谈利色变,对利益的追求变得理直气壮,只要不危害他人,手段合法,人们可尽情在市场中追求自己的最大利益。党中央把"三个有利于"作为衡量改革开放正确与否的标准,从国家方针政策的角度肯定了市场经济的功利性原则。由此可见,社会主义市场经济中,功利性价值已经成为一种普遍的社会意识,成为一种道德原则,原来传统的道德观念就需要重新评价了。例如,原来普遍认为公而忘私行为是道德的,现在看来这种行为虽然难能可贵,为社会所需,但不能用于商业运营,否则将给市场带来混乱,因此遭到了怀疑。

其次,市场经济带来了个体主体性、道德理性的萌生。市场经济制度摧毁了以等级从属关系为主要特征的人身依附关系,建立起以个体为本位的横向竞合新关系,即形成了马克思所说的"以人对物的依赖关系为基础的人的独立性"。这种独立性就是个体的主体性,即每个人都是平等的、独立自主的、自由的主体。个人以独立主体身份参与市场交换和社会交流,追求自我利益和实现自我人生价值。为此,个人以社会主体的身份与他人、与社会、与政府打交道,并开始以独立意识理性地观察周围的一切。一切都要接受理性的审判,包括高尚的道德理想和崇高的意识形态说教,市场经济挺立了一个大写的"人"。

最后,市场经济引致个体主体性的兴起,意味着"世俗化"社会历史进程的展开或者说所谓的"世界去魅"过程的开始,作为结果,道德与终极价值之间的关系逐渐消融。市场经济下开启的世俗化进程使现代社会呈现出崭新的面貌,原来宗教或准宗教价值统领世俗社会的日常生活正在丧失其社会性约束功能。由于公共制度在行为控制上的有效性不再依赖个人的价值认同和道德取向,它由一套十分形式化的规则来规范人的行为,从而使信仰问题成为纯私人的问题。由此,终极关怀既不在教堂,也不在国家或政府,而在个人自身。① 这种世俗化和"去魅"过程也同样吹拂着非宗教背景的当代中国社会。世俗化的社会就是开放的社会,就是理性和批判的社会,就是个人批判地对待一切禁忌和权威并凭借个人的智识作出决定的社会。从此,社会活动不再与一种神圣价值相关联,个人的生活方式和价值观在不影响他人利益的前提下得到极大的宽容和尊重。"与此同时,一切道德问题都是公开地在世俗意识形态的范围内诉诸理性进行讨论,往昔的各种'神圣形象'失去了其耀眼的光芒,非市场经济下的道德人格代表——既有小农经济时见利思义的纯朴,又有计划经济情况下刻意推崇的高尚道德情操的混合体——失去了以往的感召力,终极性道德成为个人的私人选择,对多元化的道德的认可渐成趋势。"②

　　世俗化社会生活在市场经济推动下的社会转型中发生了变迁,其所倡导的功利性、主体性和道德理性等价值追求,必将反映到家庭道德教育领域中来,引发家庭道德教育价值理念、目标、内容、方法等一系列的变化和震荡。一方面,社会转型带来民主、平等的观念,带来了个性价值追求,带来了道德理性,这些无疑有助于家庭道德教育的理论研究和实践开展。另一方面,社会转型也为现代社会带来无穷的道德困境,譬如,从道德教育的价值理念来看,市场经济所倡导的功利性、自主性等价值理念对"君子喻于义""父家长制"等传统道德价值观造成了强烈的冲击,特别是新的价值观在现实中出现了扭曲和变形,功利性堕化为物欲横流、享受成风,自主性流变为唯我独尊、自私自利,新价值观在现实中的

---

　　①　参见陶东风:《社会转型与当代知识分子》,生活·读书·新知三联书店 1999 年版,第 194 页。

　　②　李伟言:《当代德育价值取向转型的理论研究》,2005 年东北师范大学博士学位论文,第 69 页。

偏离,难免使人们对此产生困惑和怀疑,一种"道德失落感"不由自主在人们心中蔓延。这种道德失落,一方面表现为以集体主义和为人民服务为核心的社会主义道德观以及以仁爱、利他、勤俭、勤劳、忠孝、谦虚为核心的传统道德价值不为人们所认同;另一方面则是反传统的道德行为和观念如功利、自利正在得势,扭曲的个人主义、拜金主义正在横行。传统道德体系正在瓦解,而新的道德体系尚未建成,多元、对立、混乱的道德价值体系现状让人难以适从、不知所以。没有价值主心骨的教育是没有灵魂的教育,面对现实道德价值体系的窘况,具体到家庭道德教育同样也无法适从、不知所以,家庭道德教育走向"弱化"就成为必然。与此同时,日益严重的"功利"思想侵蚀着人们的思想,势必也影响到家庭在教育方向上的取舍,因为相对于道德教育,知识学习和技能培训更为现实可用,更具有"功利"性,于是,人们在家庭中重视知识教育和课业成绩,而"弱化"道德教育就不足为奇了。

（二）"缺"德的应试教育体制是家庭道德教育功能"弱化"的导向因素

家庭本应是道德教育的主阵地、主渠道,然而,当代许多家庭偏离了德育为先、全面发展的科学教育观,而走向了"缺"德的"唯学习成绩论"的片面教育观,致使当代家庭道德教育趋于"边缘化"。其原因固然是多方面的,但以追求升学为核心的应试高考制度则是"边缘化"家庭道德教育的主要原因。应试高考的制度设计,使孩子的课业学习成为一座无形的大山,压得家长、学校、老师、小孩喘不过气来,在高考指挥棒的导向下,家长为了小孩顺利升学,往往偏重智力教育而"弱化"了道德教育,忽略了全面发展。

当代家庭所呈现的"学习成绩至上"价值取向,在笔者的问卷调查中也有所体现。从不同社会经济地位家庭对子女不同期望的调查数据(表5-5)显示,家庭最重视子女的学习(超过50%)和特长培养(超过40%),选择重视道德品质的家庭还不到30%。据悉,原来家长对小孩学历教育的最低期待普遍是中专或大专,后来,最低学历期待提高到本科,现在则要求重点本科或研究生。随着期待的水涨船高,再加上现行的高考制度没有涉及德育要求,以至于过多的功利化色彩促使家庭与学校一同放弃了道德教育主阵地的功能。由此可见，家庭道德教育的"弱化"，与现行高考制度智育化导向是分不开的。

高考指挥棒背后的根源，则是"科举取士""学而优则仕"传统观念对我们的深刻影响。对当今的绝大多数家长而言，当代的"科举取士"可以阐释为："读书——考大学，上名牌大学——上热门专业——挑选好的工作，好的工作——个人过上幸福的生活。"顺着这个理路，高考便成了实现人生奋斗目标的最重要关口。当然，很多家长领着孩子义无反顾地踏上这条"终南捷径"，也是迫不得已，因为当代社会竞争太激烈了，生存压力太大了，为了孩子日后拥有社会竞争的筹码与"门票"，家长不得不把所有希望都压在孩子的学习和智力开发上，道德教育就自然晾到一边去了。

众所周知，作为上层建筑的组成部分，制度和体制不但反映经济关系，而且反应伦理价值关系。教育制度也一样，它并非纯粹的机械规范，它不仅凝聚着"真"的成分，而且凝聚着"善"的价值；"规范系统总是逻辑地以价值认定为根据"[①]。换言之，人们之所以选择制度作为教育控制的主要手段，绝不仅仅是因为它的强制力，而是因其深层蕴含了用理性规则来表达、传递和推行着能被认可、接受的一定价值原则和要求。虽然现行的应试教育制度为人诟病，其弊端不可能一时消除，但目前还找不到另一个更具合理性、更能为绝大多数人所认可、更能保障公平、公开、公正的制度安排来替代它。因此，现行教育制度所蕴含的价值原则和要求还在导向着普通大众的"缺"德教育选择。

近些年的教育体制改革，对应试教育所体现的诸多弊端有所触动。例如，现在的高考正日益重视对实践能力和创新能力的考察，综合能力强就容易得高分，于是，能力的培养受到重视。与此同时，原全国统一高考模式现已改变，用多卷、多次考试取代全国统一考试。高考形式的变革，可以发挥各地的优势、因地制宜，减轻学生的学业负担，以落实和推进素质教育方针。然而，无论是原先的"知识为本"的教育制度安排，还是如今的"能力为本"的教育制度安排，都仅仅凸显了对"智"的要求，而

---

① 杨国荣：《伦理与存在——道德哲学研究》，华东师范大学出版社 2009 年版，第44 页。

对"德"的要求却未体现。因此,未来的教育体制改革,不但应体现国家的意志、社会发展的趋势和个人全面协调发展的要求,而且要着力落实"德才兼备"这个教育原则和精神,真正实现"德""才"两手抓,两手都要硬,这样才能造就不仅"本领强"而且"靠得住"的社会主义现代化建设者和接班人。当"德""才"兼备的教育制度得到真切落实并大力弘扬其精神价值之际,也是悬置的家庭道德教育落地生根并盛开出鲜艳的花朵之时。

(三)家庭本身的主客观环境变化是家庭道德教育功能"弱化"的直接因素

家庭道德教育不仅受社会变迁、教育制度等宏观因素的影响,而且受家庭结构、家庭日常生活环境、家长素质、德育观念等家庭本身的主客观微观环境的制约。

当代家庭结构的"核心化"是家庭德育功能"弱化"的直接因素。道德关系始于家庭,这是一个共识性很强的观点。古代中国是一个以血缘关系为纽带的宗法社会,家庭生活是宗法社会的基础,所以,传统家庭以大家庭为依归,家族至上,老人、长辈为尊。在"修、齐、治、平"思想哺育下,传统家庭非常注重发挥家庭在道德教化中的功用,形成了以慈、孝、贞、忠、敬、悌等为核心范畴的家庭道德规范。当代中国,社会转型催生了家庭变迁,家庭结构也因此由原来的大家庭过渡到小家庭和核心家庭。大家庭解体意味着家庭成员、家庭代际层级的减少以及家庭关系的"简洁化",其结果是减少了传统家庭伦理道德关系和阻碍了家庭道德传统的承续。家庭重心下沉和轴心位移则直接削弱了传统家庭道德价值的根本——孝道精神,引发了亲子关系、夫妻关系等家庭关系的紧张以及家庭情感寄托、家庭意识观念淡化,湮没甚至颠覆了传统家庭道德教育的现实基础。传统以孝、忠、敬等为中心的家庭伦理道德教育由此失去了依托,家庭道德教育功能弱化也就不足为奇了。结构的变化必然导致功能的变迁,家庭结构的"核心化"和家庭关系的"简洁化"使家庭作为儿童社会化摇篮的功能也难以为继,也就是说,家庭的道德教化功能在下降,再加上社会转型所引致的家庭德育内容和方法的偏差,家庭的教化功能逐渐演变为学校的延伸和补充。失去了家庭这个稳固的基石,人的德性和道德教育失去了生发始点,家庭道德教育由此趋于"弱化"。

家庭日常生活环境的负面影响也是家庭道德教育功能"弱化"的直接因素。社会转型所带来的社会阵痛难免会滋生一些不道德的现象,如拜物教,私欲膨胀,不仁不义,贪污腐化,卖淫嫖娼,等等,这些社会丑陋现象无时无刻不在浸染着生活于社会之中的家长和青少年,腐蚀着家庭道德教育的教育理念和价值根基。特别是当这些社会不良道德习气借助于互联网这个功能"倍增器"的神威而无孔不入地渗透到生活的每个方面时,可想而知其对家庭道德教育的冲击有多大。与此同时,社会转型所带来的新旧价值斗争不可避免会反映到家庭日常生活之中,引起家庭内的价值冲突和混乱。我们知道,多元价值竞技可以激发价值主体个性的张扬度和增加价值主体选择的自由度,但同时也给家庭道德教育带来困惑。在多元价值观并存的社会大环境下,不同家庭对子女的教育标准因家长的不同价值观念而异,有的家庭教育子女诚实守信、恪守社会公德,也有些家长教育孩子以获取最大个人利益为处世准则,漠视社会道德原则。错误价值观指导下的家庭道德教育是虚弱无力的,甚至是有害的。

现代家庭的物质生活水平得到显著提高,教育设施普遍改善,家长的受教育程度也显著提高,这些都是开展家庭道德教育的有利环境因素。但道德教育不同于文化教育,最能打动人心的不是说教,而是道德行为的示范性教育。因为孩子对倡导的道德价值、观念的认同,不仅取决于道德理论的科学性、合理性,而且取决于家长对道德的态度和践行的状况,因为家庭道德教育的有效性更依赖于家庭环境的潜移默化功能。而当下家庭道德教育功能"弱化"的一个因素是道德示范不足而讲大道理的道德说教有余,表现为家长和长辈一面讲大道理,另一面在日常生活中却经常藐视或践踏道德,出现明显的"言""行"不一致。还表现为家长宣讲一些连自己都不认同的道德价值观,这些假、大、空的道德说教不但没有教育效果,而且会加剧小孩对道德教育的厌烦情绪,产生道德怀疑主义倾向。更有甚者,有些家长自身道德素质低下和修养意识淡薄,下班回家以搓麻将、上网聊天为主要业余生活,或道德败坏,犬马声色,五毒俱全。有些家长既不修己又不正身,道德示范作用无从谈起,家庭道德教育的效果就自然"削弱"了。

二、对当代中国家庭道德教育现状的思考

通过对当代中国家庭道德教育现状的调查和分析,我们发现,随着社会转型和家庭变迁的演进,家庭道德教育的社会背景和家庭环境已发生了与传统相去甚远的变化。当今中国家庭道德教育实践呈现出复杂纷呈的景象:一方面,个体自主、平等、理性等积极性价值追求正在当今的家庭道德教育中酝酿和发展,这些积极价值目标契合了"个体自由而全面发展"的人类终极目标;另一方面,当今家庭道德教育也呈现出意识淡薄、功能"弱化"的消极趋势。正是这种复杂纷呈的景象引发了笔者对家庭道德教育的不断思考和探索。

(一)家庭道德教育有科学性和理论性吗

由于家庭的分散性和教育的自主性,家庭道德教育显现出浓郁的"原生态"特性。家庭道德教育者的资格,可以通过生物性角色(父母与子女)的确立而自然生成,无需培训、考核、任命等一系列社会性程序;教育时机的选择和教育的内容、方法的把握,也因家长个人的学识、偏好和感悟而异;家长所运用的道德教育方法、技巧,甚至道德教育内容,严格来说,主要是家长自然习得的,即通过口耳相传、模仿、体验感悟等方式获得。由此论之,家庭道德教育与其说是社会的理性行为,还不如说是生物的自然现象。因此,在大多数人眼里,家庭道德教育是家长个人的经验活动,与科学性和理论性相去甚远。

在工业化和信息化快速发展的当代中国,家庭道德教育还停留在"家庭作坊"式的个体经验性阶段,这不能不说是时代的一种悲哀!个中原因,既有家庭道德教育本身性质和特点的影响,也与社会价值取向偏差有关。社会上耽于追名逐利,家庭忙于孩子课业能力培养和诗琴书画技巧培训,道德教育被晾在一边,既不为社会所重视又不为家庭所关注,自然少有人去从事家庭道德教育这个领域的理论研究。反过来说,由于家庭道德教育的理论研究尚处于初始阶段,对实践的影响力和指导作用有限,无形中为个体的经验主义泛滥打开了大门。

家庭道德教育"沦落"为一种经验性的活动,无疑直接影响到家庭道德教育的科学性和理论性进程。当前,人们对家庭道德教育的认识还停

留在现象的描述和经验总结阶段,家庭道德教育的科学内涵、基本范畴、基本原理还没有经过严密的科学分析和论证,它们之间内在的逻辑关系还没有疏通和建立,对相关基础理论前沿知识的整合和应用还没展开,还没有形成自身应有的理论范型。这说明家庭道德教育理论化和科学化还有很远的路要走,要形成家庭道德教育自身的理论体系任重而道远。但这个有点"残酷"的"现实"不能否认"应然"的家庭道德教育本身所蕴含的丰富科学知识和深厚理论底蕴,不能否认家庭道德教育本身所蕴含的理论性和科学性。

中国传统家庭道德教育蕴含了丰富的思想资源,其理论体系的构建也曾经历了一个从无序到有序的过程。在初始期,由于那时社会阶层等级森严,士农工商不同家庭的道德价值取向各有侧重,道德规范通常是家庭(家族)教育者根据自己对道德的理解,在参照学习前辈和同时代思想家们的道德思想的基础上"研制"而成,并在教育实践和道德实践中不断加以完善。因家庭长辈的学识水平、道德取向、性格爱好、关注方向等不同,道德规范内容、道德教育方法等具有明显的个性和差异性。随着时间的推移,发源于一家一族的,以家训、家诫、家范、家书等形式记述和表达的传统家庭道德规范,逐渐融合于社会共识,成为中华全民族共同的精神财富。后经过无数仁人贤士的整理、研究、挖掘、完善与传播,使传统家庭道德教育在德育理念、德育内容、德育方法等道德精神实质方面以及具体家庭德育实践方面逐渐趋同并趋于完善,形成了一套符合传统社会发展需要的"德育为先""德育在家"的理论体系。

传统家庭无论贫富贵贱都有重视子女道德教育的意识,经过实践探索并总结了"因材施教""言传身教""慈严相济"等种种行之有效的家庭德育方法,为今天家庭道德教育的理论化和科学化提供了学习和借鉴的资源。另外,作为一门学科的道德教育也正在被越来越多的专家学者所关注并正在取得丰硕的科研成果,以及被当今官方所重视的学校德育也正处于理论体系的规范化建设之中,所有这些都为家庭道德教育的科学化和理论化奠定了前提和基础。特别是随着《中共中央、国务院关于进一步加强和改进未成年人思想道德建设的若干意见》的出台,明确了家庭教育在未成年人思想道德建设中的特殊重要地位和作为,预示着家庭道德教育将会被更多的家长和专家学者所关注,其理论建设将迎来发展机遇。概而言之,虽然当代我国的家庭道德教育科学性和理论性离成熟的理论体系还很遥远,但理想和现实之间的差距,正是促进家庭道德教育不断发展前进的动力所在。

(二)家庭道德教育功能是真的趋于"弱化"了吗

20世纪末,理论界就中国改革开放后的社会道德面貌问题进行了激烈的论战和有益的探讨。道德"滑坡论"者认为,较之于改革开放前的20世纪末五六十年代的道德水准与我国几千年以来所形成的优良道德传统,当代的社会道德水准下降了。与此相反,道德"爬坡论"者认为,当前中国社会的道德"滑坡"只是"表面现象",只看到"滑坡"是没有看到"道德的本质";原来的社会道德风气是"假"的、"虚"的和"窄"的,而当今的道德是"真"的、"实"的和"宽"的;从实现人的解放和自由全面发展这个道德进步的社会历史标准来看,当代的社会道德水准是进步了。与社会道德是"爬坡"还是"滑坡"的争论相类似,对当代中国家庭道德教育功能是否趋向"弱化"这一问题的看法,也是仁者见仁,智者见智。有人认为,当代家庭正面临着社会转型洪流的侵蚀,遭受着变迁之痛,家庭道德教育正处在"衰弱"之中。具体表现为:在婚姻方面,部分人的婚姻道德观念错乱,离婚率呈上升趋势,婚姻中的桃色纷争、金钱纷争增多;在尊老爱幼方面,部分人的道德观念混乱,家庭代际道德失衡,家庭重心逐渐下移,娇惯溺爱子女,冷漠甚至遗弃老人的轻老重幼的问题严重;在子女抚养、教育方面,大多数家长只关心子女的知识和能力的培养,道德教育被边缘化或被功利化,对子女思想道德素质的培养和道德人格的塑造不太关心;虽然有些家长也关注对子女的道德素质的养成,但在道德教育的理念和方法上不尽合理,如家庭道德教育观念的世俗化、家庭道德教育内容的偏颇、家庭道德教育过程脱离受教育主体、家庭道德教育认知与行为不一致等等。因此,有些人认为当代中国的家庭道德教育功能确实已经"弱化"了。但有人认为,当前中国的家庭道德教育水平正处在突破传统境地向前发展的阶段。例如,经济生活水平的逐渐提高为家庭道德教育提供了更好的物质条件,代与代之间的平等、民主关系倾向越来越明显,家长的文化素质逐渐提高,全面发展观念逐渐深入人心,网络道德教育、性道德教育、心理情绪教育等新德育内容在逐渐涉及和深入,人的主体性、全面发展德育意识正在增强等等,这些现象和趋向又都预示着当代家庭道德教育正在迈向一个新的发展阶段。孰是孰非?值得我们思考。

笔者认为,每个时代都有它的主题,对于家庭道德教育来说,每个时代对家庭道德教育的需要程度不一样,因此体现出对家庭道德教育的重视程度也不一样。对于中国传统社会而言,伦理道德在人们的社会生活中居于中心位置,伦理道德不仅是教化民众、规划生活的方式,也是治国、立国的方式,道德与国家政治始终处于一种未分化的状态,道德为国家政治提供了合法性依据,"家国同构,德政合一"是传统社会的真实写照。因此,对于传统社会的家庭而言,无论怎样重视道德教育也不为过,无论具有怎样强烈的"德教为先""德教为本"意识也不为奇,因为这既是统治阶级稳定社会、稳固统治的需要,又是家庭追求自身切实利益的需要。而如今,在市场经济之风的吹拂下,我国的经济基础和社会运行方式发生了重大变化,国家与社会的关系发生了位移,独立于国家强制力之外的私人领域、社会生活正在产生和扩展。国家行政权力渐渐从人们的日常生活、私人领域退出,"德政"不再合一,道德也不再是国家政治合法性的依据。与此同时,法律和市场规则取代了道德,成为调整和规范社会行为的主要依据,"道德自为"时代渐渐来临。在这种情况下,国家的道德教化功能在下降,道德教育从意识形态的框架中解放出来,并不断向生活靠拢。由此可见,道德在传统社会生活中的功能和作用远远强于当代社会,与传统社会相比较,当代的家庭道德教育功能毫无疑问是趋向"弱化"。

其实,笔者所说的当代家庭道德教育趋于"弱化",不是指与传统社会"德政合一""德教为先"相比较的结果,即不是历史纵向比较的结果,因为,不同历史时段的时代主题不一样,不具有比较的价值;而是指与当代家庭教育其他内容诸如文化知识教育等横向比较而言的,即相对于道德教育在当代社会生活中应有的功能和地位,以及当代社会生活所表现出来的诸多道德沦丧现实,而家庭道德教育却常常被忽视的事实相对比而言的。也就是说,当代家庭道德教育尚未发挥其在社会公民道德建设中应有的作用,没有充分运用其应有的教化功能,为此说趋于"弱化"了。在上一节中,笔者在宏观层面上对当代家庭道德教育功能趋于"弱化"的

"动力因素""导向因素"和"直接因素"进行了初步分析,为了进一步佐证这一结论,笔者将试图以家庭道德教育的重要内容"孝道"教育为标本进行剖析,以求证实笔者的观点。

"孝"作为我国古代社会调试晚辈与长辈关系的准则,千百年来一直作为伦理道德之本,作为规范之首而备受推崇,有言道:"百德孝为本,百善孝为先。"古代社会推崇孝道与"家国一体"的政治结构与有利于维护统治息息相关,但由于特别强调子孝而忽略父慈,于是有愚忠愚孝之嫌。封建的孝道思想和具体做法不在我们讨论之列,因为当代中国社会的亲子关系已经逐渐趋于平等、民主,父子之间已经不再具有依附性。因此,我们现在所说的"孝道"是指父慈子孝,父慈与子孝是对等的。由于父母含辛茹苦把子女拉扯大,子女对父母尊重和尽孝心是天经地义,从这个意义上来说,所谓中华民族的传统孝道优良传统,是指一代一代炎黄子孙延续下来的,子辈、晚辈对父母、长辈的赡养、尊重的伦理观念和道德实践的复合体。

孝道教育在传统家庭教育中占据非常重要的地位,但现在社会性质和面貌发生了巨大的改变,为什么当代还要把"孝道"作为家庭道德教育的重要内容呢? 我们知道,道德是调整和处理各种人际关系的准则和规范,而在人类社会的各种各样的人际关系中,亲子关系是最基本的人际关系,它是每个个体来到人世间遇到的第一种人际关系。个体只有学会正确处理亲子关系后,才有可能在此基础上学会处理其他各种人际关系,如师生关系、同学关系、朋友关系、上下级关系、同事关系等。如果一个人连他的父母都不爱,很难想象他何以会去爱他人、爱集体、爱祖国、爱社会,一个连自己的父母都不尊敬的人,很难奢求他会去尊敬师长、尊敬他人。所以,孝道也应该是当代家庭道德教育的重要内容。

当今社会,孝道美德被扭曲,快速衰微了。父母对子女倾注太多的心血和金钱,关怀备至与呵护有加,但与此相反,不少子女对老年人不敬、不养、"啃老榨老",甚至虐待老人。2005 年黑龙江省人大代表翟玉和对 31 省 46 县 72 村 10401 人进行了农村老人生存状况的调查,数据显示:45.3% 的老人与儿女分居,5% 的老人三餐不保,93% 的老人一年添置不上一件新衣服,69% 的老人无替换衣服,67% 的老人小病吃不起药,86% 的老人大病住不起医院;22% 的老人以看电视或聊天为唯一的精神文化生活,53％的儿女对父母感情麻木不仁;总之,孝敬父母的占18％,一般占52％,不孝的占30％。① 一句朴实的顺口溜"爹住瓦房孙住楼,爷爷奶奶住地头"形象地反映了当代中国孝道衰落的现状。

总体而言,孝道衰落具体表现为以下几个方面:一是单纯把老年人当劳动力使用。在农村,有些老人六七十岁还在外面干繁重的农活,干不动农活就回家干家务,为子女烧饭、洗衣、带小孩,而当老人丧失了干家务的能力,就被视为废物、包袱,无足轻重,甚至不闻不问。二是在经济上榨干老人。买房要老人赞助,结婚要老人赞助,生小孩后还要一家三口去老人家"揩油",更有甚者,在经济上把老人榨干后便不把老人当人看了。三是在精神上不给老人安慰。老人含辛茹苦忙碌了一生,到人老体弱时基本要求和愿望常常得不到满足,意见和看法常常得不到尊重;子女常常以工作繁忙等为借口推脱照顾老人的责任,很少陪老人散散步、聊聊天,老人的精神得不到慰藉,情感得不到交流。

很多人可能心中有一个疑问,为什么父母怀着殷切的希望并全心全意投入无尽的精力和钱财养育子女,而子女长大成人后却对年高老迈的父母亲没有多少感恩之情?这是一个令人费解和伤感的疑问。这是不良社会道德环境影响的结果吗?这是社会转型必须付出的代价吗?这是家庭结构变迁的必然结局吗?这是年青一代平等、民主权利意识增强的必然后果吗?笔者认为,孝道的衰落虽然与家庭结构核心化、代际主体平等观念的觉醒、社会保障体系不完善、市场经济的冲击等诸多因素有关,但道德教育的缺失,特别是家庭道德教育的缺失,是造成当代孝道衰落的主要原因。② 孝道是家庭道德教育的基础,正可谓"孝为入德之门,德为成事之本"。道德是可教的,孝道更是可教的,家庭道德教育所具有的情感性、潜移默化性、示范性、互动性、早期性等特点,对孝道教育具有天然的优势,但很多家庭对子女只注重智育,忽视或忘却了包括孝

---

① 参见翟玉和:《构建和谐社会应大力弘扬孝道以解决好农民所养问题》,http://blog. sina. com. cn/hlijx,2007-09-17。

② 阎云翔、廉永杰等认为教育是导致农村孝道式微的主要原因。具体参见阎云翔:《私人生活的变革:一个中国村庄里的爱情、家庭与亲密关系》,上海书店出版社2006年版,第201—207页;廉永杰、庄西艳:《浅析农村孝道淡漠的原因》,《武汉电力职业技术学院学报》2008年第4期。

道在内的德育。孝道在当代现实生活中的衰落,表征着家庭道德教育功能的"弱化"。

(三)有必要加强家庭道德教育吗

家庭道德教育功能趋于"衰落"是否意味着家庭道德教育不具有存在的现实合理性呢?是否我们可以置之度外而顺其自然呢?当你睁眼看到当代社会道德面貌时,你不由得倒吸一口冷气,坚定地说一声"不"。

社会道德面貌"滑坡","80 后""90 后"青少年所表现出来的思想道德素质更令人担忧。通过查阅多份调查报告,笔者总结了当代我国青少年在思想道德方面存在的主要问题:理想信念迷失、价值取向功利;传统文化疏离、传统道德丢弃;崇尚暴力、迷恋色情、偶像崇拜盛行;网络成瘾、恐怖文化受宠、低俗文化热捧;心理健康堪忧、人格弱点突出;责任心欠缺、耐挫力虚亏;等等。更有甚者,由于家庭道德教育功能的弱化,引发众多的社会问题和家庭悲剧,例如,轰动一时的马加爵杀人案,2008 年浙江丽水市盘溪中学"弑师辱尸"案,2010 年的陕西西安大学生药家鑫杀人案和河南郑州 14 岁少年何占甫(化名)拿菜刀杀死同学母亲案,等等,读到这一条条新闻,笔者感到深深的焦虑和不安。以上几起案件中的青少年施暴者都没有特别的家庭背景,没有精神病史,成长、生活环境都属于正常,甚至药家鑫还被老师、同学、亲友视为"乖""有爱心"的青年,正因为如此,他们举起屠刀才让我们更加震惊和迷惑。除了以上曝光的典型案例外,还有多少青少年徘徊在道德之外,徘徊在正常心理之外,徘徊在遵纪守法之外?这是一个很让人揪心的问题。一份来自青少年犯罪研究会的统计资料显示:20 世纪 50 年代,青少年犯罪仅占全部犯罪案件成员总数的 20% 左右,到 60 年代上升为 30%,而改革开放后,青少年犯罪数量占总数的 70% 以上。[①] 据有关学者调查,目前"全国约有 3000 万青少年有心理问题,其中中小学生心理障碍患病率为 21.6% ~ 32.0%;大学生有心理障碍者占 16.0% ~ 25.4%,且近年有上升趋势"[②]。

"药家鑫事件"引起了整个社会的震惊和关注,有学者把药家鑫杀人

---

① 转引自闫汝乾、骆兰:《青少年思想品德教育错位问题及对策研究》,《社科纵横》2006 年第 10 期。

② 夏学銮:《青少年心理健康与问题面面观》,《中国青少年研究》2003 年第 6 期。

事件归因于心理能力低下,紧急情况处理事件的能力不够,甚至还有"激情杀人"之说。事件第一时间引起了相关教育界的重视,陕西省西安市加强了对学生的普法教育和思想道德教育。这无疑是一种亡羊补牢的做法,但仔细想想,总觉得在寻觅解决问题的根源时没有找到问题的症结。"不能杀人"这个人命关天的大事,大学生还不明白吗,还需要再普法吗?"杀人"这个不可触碰的底线,还需要再教育吗?特别是很多人只想借助于提升青少年的心理素质和普及法律知识等纯技术性的策略来应对这类事件,而不是从道德层面进行反思,这无法让人接受,也非常令人担心。

现在我们再来看看另一案例,也许能找到问题的答案。2007 年 6 月 28 日深夜,吉林长春 19 岁女孩李华(化名)教唆其男友欲将睡熟的母亲杀死,因李母奋力挣扎而未遂。李华的杀母动机非常荒谬,因母亲不同意出资为李华开一家烧烤店而动了杀母念头。李华为何会堕落到因一件小事情而连亲生母亲都要杀的地步?事后对李华父母的调查给了我们答案。从小到大,不管是不是合理,女儿的要求全都被满足;即使是孩子跟别人打了架,父母也从来不说,也不教育;孩子迷恋上了网络游戏,他们没有阻拦,只是觉得总去上网吧不安全,便在家中安装了网线;女儿因网络游戏而荒废了学业,想要退学,夫妻俩也随了孩子;女儿找不到工作而离家出走,父母亲也不忍心批评。只因母亲不同意开店而第一次说了"不",便差点遭到了女儿的毒手。从李华成长的轨迹可以看出,家长对孩子所有的要求都点头,家长没有原则地偏袒孩子,家长故意无视孩子的显著错误……①总之,家长放纵了对孩子的道德教育,孩子也因此而变得以自我为中心,变得极端自私。与放任自流,不闻不问的家长相反,另一些家长却只关注孩子的学习成绩和考试分数,甚至用暴力"逼""压"孩子学习,打死 10 岁亲生儿子的事有之,孩子反抗杀害母亲的事有之……忘记了家庭的育人功能,没有把"学会做人"当作家庭教育的首要任务。没有道德的教育是缺乏灵魂的教育,"缺"德教育培养出来的孩子表现为"两耳不闻窗外事",胸无大志,缺乏理想和人生追求,缺乏崇高的道

---

①　参见程路:《何来善缘结恶果——反思 2010 年发生的两起青少年恶性暴力犯罪案件》,《人民教育》2011 年第 1 期。

德品质。孩子在各种消极因素的侵蚀下,很容易精神空虚、行为失范,有的难免走上违法犯罪的歧途。

中国自古就十分重视家庭道德教育,家庭对个体的社会化起到了极为重要的道德教化功能。但随着世俗化、功利化价值取向在社会上的全面渗透,家庭教育出现了"重智轻德"的现象,以智育作为评价子女优劣的主要标准,重视子女的智力投资,从而忽略了道德教育。上述事件让我们"十二分"地感受到了家庭道德教育功能弱化对青少年身心健康成长的伤害和对社会的负面影响,现在到了非改变不可的关键时刻,家庭再不更改现今的"重智轻德"思想,长此以往,中国社会的道德建设将遭受"灭顶之灾",社会主义精神文明建设将无从谈起。我们知道,家庭道德教育既是摇篮教育、启蒙教育,又是日常教育、终身教育。所以,针对当今家庭道德教育功能不断弱化的现实,必须进一步明确家庭在青少年道德教育中的义务、责任和意义,构建家庭道德教育的科学内容、运行机制和评估体系。一是要明确家庭道德教育在个体道德社会化中的地位和作用,并形成相应的理念、义务和责任规范;二是要制定具体量化的家庭道德教育指标体系和实施规范,使家长们明确家庭道德教育的相关教育内容、教育方法以及所要达到的具体目标,并建成相应的评估体系和形成相应的责任制度。

总之,"家庭是产生各种社会问题的主要根源之一,也是社会稳定和发展的珍贵资源。目前中国社会急剧转型……出现很多与家庭有关的社会问题,如数以千万计的留守儿童,如近 34.5% 的家庭存在不同程度的家庭暴力,青少年犯罪比例在中国刑事案件中占 70% 以上。建设的关键是如何把 3.6 亿个家庭建设成资源而不是成为问题之源"①。

---

① 新华时评:《家庭建设是社会和谐国力强盛的根基》,新华网,2007-09-24。

第六章　当代中国家庭道德教育之提升路径

　　改革开放以来,伴随着社会转型、家庭变迁、教育变革的加剧,我国家庭道德教育将面临一个新的局面。在这关键时期,家庭道德教育应该主动适应社会发展和人的发展需要,实现自身的转型和变革。著名教育家赫尔巴特曾指出:"教育的唯一工作与全部工作可以总结在这一概念之中——道德";"教育者要为儿童的未来着想,因此,学生将来作为成年人本身所要确立的目的,这是教育者当前必须关心的;他必须为使孩子顺利地达到这些目的而事先使其做好内心的准备"。① 面对当代中国家庭道德教育中不断提出的挑战,我们将正确认识和准确把握家庭道德教育的价值取向、教育内容、教育方法,积极探索教育新模式,不断提高家庭道德教育水平,充分发挥家庭道德教育的作用,为社会主义道德建设注入活力。

第一节　明确目标价值取向,转变家庭道德教育观念

一、正确认识家庭道德教育的重要价值

　　家庭是社会有机体的细胞,家庭道德教育是整个社会道德教育的基

---

① ［德］赫尔巴特:《普通教育学》,李其龙译,人民教育出版社 1989 年版,第 264 页。

础,家庭道德教育与学校道德教育、社会道德教育一起,发挥着培养和造就新一代公民道德人格的重要作用。道德教育是家庭亘古不变的重要功能,家庭是个体道德社会化的原初环境,家庭在道德教育方面所具有的优势是任何教育载体和环境都不可比拟的,良好的家庭道德教育环境是造就人的良好道德品质的最初条件。教子做人,重视子女的思想道德教育是家庭的首要和根本任务,洛克曾说过:"家庭教育不仅是基础教育,也是主导教育。它给孩子深入骨髓的教育,是任何学校教育和社会教育永远代替不了的。"①家庭道德教育不仅对个体道德社会化起到奠基性的作用,而且还具有构筑和谐家庭、维系和推动道德文化、弘扬民族精神和时代精神、维护和促进社会发展等功能。尤其是在道德价值多元化的社会转型时期,家庭德育在很大程度上影响着正处于道德社会化关键时期的青少年的未来道德发展。

我国一直有"德育为先""德教在家"的优良传统,但在当今的现实生活中,不少的家庭却由于种种原因而忽视或轻视了家庭道德教育的作用。例如,有的家长迫于生活的压力,主要精力都倾斜到工作中,把教育孩子的事情看作是学校的事情,把德育看作是班主任的职责、政治老师的任务,认为道德教育与家庭无关,忽视了对孩子的道德教育;有的家长却一味地注重智育,家庭教育演变成了学校文化知识教学的"继续",轻视了道德教育,认为道德教育对小孩的发展没有价值。我们必须纠正以上种种思想误区,必须把道德教育摆在家庭教育的首位,必须正确认识到家庭道德教育的重要性。通常来说,人的发展是德、智、体、美、劳全面和谐的发展,在这个发展目标体系中,"德"是统帅,是根本,是灵魂,它不仅决定着人的思想觉悟水平,而且在人的全面发展中起着主导作用。正所谓"才者,德之资也;德者,才之帅也"。道德素质是一个人能否为社会作贡献的前提,一个道德败坏的人,学问本领越大,对社会的危害性越大。

家庭道德教育是随着孩子的成长而需要不断持续发展的一个过程。在现实生活中,大部分家长都认为家庭德育对象是未成年小孩,一旦孩

---

① 转引自朱志贤主编:《儿童心理发展的基本理论》,北京师范大学出版社 1982 年版,第 206 页。

子考上大学或走向社会,家长就认为自己的道德教育任务完成了,放松了对子女的继续教育,甚至和子女断了思想的交流。在调查中笔者明显感觉到大学生和走向工作岗位的成年人与家长的沟通频率远远低于中小学生,这不得不让笔者担心,特别是在社会竞争日趋激烈、社会风气日趋浮躁、第一代独生子女陆续走向工作岗位和组建新的家庭、社会转型进入加速发展的这一特定时期,家庭如何为远在外地求学、就业、生活的成年子女提供感情的依托、德育的港湾,这是摆在家庭道德教育面前的一个时代课题。因此,应该转变目前家庭德育只针对未成年小孩这一错误观念,树立持续的家庭德育观,在孩子的一生中都需要家庭的德育关怀,只不过是阶段不同,家庭德育内容、形式、方法各有所偏重而已,例如,在小孩进入大学后,家庭道德教育过程中家长与小孩之间的双向互动应该体现得更为明显。

二、正确认识家庭道德教育的目标取向

确定家庭道德教育的基本目标,是正确实施家庭道德教育的先决条件。家庭德育目标不像学校德育目标那样由国家的教育方针统一确定,而是在很大程度上取决于家庭德育传统,特别受到家长的思想觉悟、道德素质、文化水平、成长经历、情趣爱好等因素的影响,因此,不同家庭之间的德育目标具有较大的差异性。总体而言,虽然不同家庭之间的德育目标具有差异性,但每个家庭的德育目标都应该与该特定时代国家、社会的德育目标保持客观的一致性。

家庭德育目标具有阶级性、历史性、时代性等特征。众所周知,传统家庭德育的目标是培养"忠君爱国"的"圣人君子",剔除其内在的封建性,这一德育目标无疑是一"高标准"的要求,它否定了个人的物质利益诉求,压抑了人的个性发展,要求个体只付出不回报,在这一目标的指引下,很容易导致伪君子遍地。当代的德育目标是:坚持以人为本,努力培养有理想、有道德、有文化、有纪律的"四有"新人和德、智、体、美、劳全面发展的社会主义事业的建设者和接班人。[①] 当代的德育目标是一个系统

---

① 参见《中共中央、国务院关于进一步加强和改进未成年人思想道德建设的若干意见》,2004 年 3 月。

的、多角度、多层次的目标体系,并在一定程度上体现了以人为本的理念,较之以前的德育目标纲领有了很大的改善。但当代的德育目标也并不是尽善尽美的,一是受传统观念的影响较大,德育目标制定得比较"高、大、全",追求功利化、知识化、形式化的东西比较多;二是目标设定得比较单一,不够细致,忽视了接受主体的个体差异;三是实现德育目标的可操作性规范不够完善。因此,家庭德育目标应该由"理想化"向"现实化",由"非人"向"平常人",由"成圣"向"成人"转化,概而言之,科学而合理的家庭德育目标既不是高、大、空的"豪言壮语",也不是过于肤浅功利、一味降低理想追求和满足于现实的"柴米油盐",而是既立足于现实又高于现实的适度超越。

在制定家庭德育目标的过程中,应坚持以下三个方面的协调统一:一是坚持统一性和层次性的结合。统一性的实质是坚持家庭德育目标的阶级性和政治性,要求家庭德育目标与国家、社会的德育目标保持一致;层次性是指家庭德育目标的制定要遵循德育心理学所揭示的个体成长成才的层次性和多样性规律,要贴近实际、贴近生活,使家庭德育目标纵向连接,横向贯通,螺旋上升,形成贯穿于个体一生的层次性鲜明的目标体系的集合。二是坚持社会本位与个人本位的统一。家庭德育目标既要强调社会对个体在政治、思想、道德方面的"要求",强调家庭德育的社会目的、国家利益,又要维护个体的自身权益,充分考虑促进个体发展的目的;既要体现个体的"工具价值",又要体现个体的"本体价值",是社会本位和个体本位的和谐统一。三是坚持认知与行为的统一。家庭德育是一种实践性非常强的教育活动,注重道德认知能力和道德实践能力的协调发展是其重要目标。因此,家庭德育力图将道德认知能力、判断能力的培养与道德实践能力训练有效结合,强调在家庭场景中运用所学的道德知识判断实际生活中的道德难题并付诸行动,不把道德教育停留在空洞的说教层面,真正做到知行合一。

在上述价值原则导向下,笔者认为家庭道德教育的目标应包括以下几个主要方面:一是培养孩子具备基本的道德认知、道德判断、道德践行的能力,这是家庭道德教育的基本目标,只有具备了这一条件后,才有可能称得上是道德教育。二是具有健康的人格。健康的人格涉及最基本的人生态度以及对待他人的态度,是个体全面自由发展的关键一环,塑造孩子健康的人格是家庭道德教育区别于其他类型道德教育的显著特征。三是懂得社会的基本规范。家庭是人生的第一所学校,个体在家庭生活互动中最初习得对待自我与他人的基本规范,如诚实守信、尊老爱幼、勤奋勇敢、平等公正等。四是懂得共同生活,学会生存。1996 年联合国教科文组织提出 21 世纪的人才应具有"学会认知、学会做事、学会共同生活、学会生存"的基本素质,即"教育的四大支柱"。笔者认为对于家庭道德教育目标而言,要从小开始培养小孩的团结合作精神,培养小孩与其他人共同生活的能力;培养小孩用道德的方式解决自身所面对的各种矛盾,为以后顺利进入社会做好准备并能很好地在未来社会中生存下来。

三、正确认识家庭道德教育中人的主体性本质

中国有"德育为先"的传统,但传统的家庭德育是以家族、社会为价值依归,家庭德育的实施主要围绕社会需要和集体要求来进行,教导个体敛其行、慎其言、弱其欲,完全按照社会规范去言、去行、去思,而自由自主的个性表达则被看成是"调皮""捣蛋"。受传统封建"家长制"流毒的影响,当今社会的不少家长还有把小孩当作自己私有财产的思想,忽视了对小孩独立人格和主体性地位意识的培养,偏离了正确的德育方向。

"如果说在当代西方社会,人的发展趋势主要是由独立的个人走向具有类意识的健全的人,那么在当代中国,人的发展趋势主要是由依附性的个人走向具有独立人格的人。"[①]与之相对应,培养全面而自由发展的个体是教育的根本,换言之,以人为本的家庭德育本质上就是主体性德育。所谓主体性德育,就是指在家庭德育中,要把孩子作为德育活动的主体,充分发挥孩子的主观能动性,促进孩子生成独立、自主、理性、自由的主体性道德人格的德育过程。

在家庭德育过程中要体现人的主体性本质,首先应尊重孩子的主体地位,切实把孩子作为德育活动的主体,激活潜能、唤醒主体意识,使孩

---

① 韩庆祥:《人学是时代的声音——当代人类的深层问题与人学回应》,《中国社会科学》1998 年第 1 期。

子能自由自觉地主宰自己的行为,并且能为自己的行为后果负责。其次,需要遵循孩子的身心发展规律和掌握孩子的身心发展需要。个体的道德发展就是在一次又一次的从平衡—不平衡—平衡的过程中实现的,要充分遵循个体每个年龄阶段的道德发展规律,尊重他们在道德养成中的感同身受,不以外在生硬、粗暴的强制和灌输来"塑造"孩子的德性;要通过日常生活发现孩子的兴趣爱好,掌握他们在每个成长阶段的各种需求以及其后的动机,从而在德育过程中做到有的放矢。再次,要充分调动孩子的自主性、能动性、创造性,培养他们自我道德教育的能力。孩子也渴望享受与家长一样的权利,渴望自由表达自己的思想观点,渴望独立完成自己的任务而不受任何束缚。因此,家庭应该立足于民主平等和个体独立性,培养孩子的自我道德教育能力,提高他们的自我道德认知、道德选择、道德评价和道德践行的能力。

第二节　适应社会发展需要,优化家庭道德教育内容

家庭道德教育的内容丰富而又具体,但其本质特征是"基础性"道德教育。家庭道德教育内容一旦偏离"基础性"轨迹,就可能背离子女年龄特征的身心发展规律,步入"假、大、空"的形式主义的覆辙,其结果只能是收效甚微,甚至适得其反。孩子从小就生活在无数的道德情景中,随时碰到道德问题,因此,生活从哪里开始,道德教育就应从哪里起步,道德教育的内容就该在那里体现。据此,家庭道德教育的内容必须紧贴孩子的生活和学习实际。我国传统家庭德育内容在贴近生活方面有值得我们借鉴的地方,例如,传统家庭德育内容涉及子女生活、学习、为人处世等方面,主要包括孝悌、诚信、立志、为善、勤俭、谦虚、谨慎等具体内容,其中贯穿全部内容的一条主线是品学与做人,而孝悌、立志与诚信是做人的核心品质,是家庭德育的重要内容。但家庭德育内容是一个不断发展、变化的体系,它要随着社会的发展变化而发展变化。当代中国正在面临的市场化、城市化、信息化、家庭结构核心化等新课题,对家庭道德教育内容提出了新的要求。因此,为了适应社会发展需要,切合家庭德育实际,必须优化家庭道德教育内容。

一、重视道德教育的基础内容

进行家庭道德教育的最终目的不仅仅是教育家庭成员懂得家庭伦理,懂得真善美、是非与荣辱,而且还要按照社会主义道德原则和规范要求,提高家庭成员的综合道德素质,培养和造就合格的社会主义建设者和接班人。为了实现以上目标,家庭必须重视以下基础德育内容:

一是基本道德品质的教育。基本道德是历史传承下来的为人类社会广泛接受的道德规范,是个体生活的基础性道德要求。基本道德品质应该包括诚实、正直、勇敢、守信、刚毅、进取心、自尊心等等,这些是个体在为人处世中不可缺少的道德品质,对个体的一生都将产生巨大影响。朱小蔓认为,道德教育在内容上要选择那些相对恒定的德目来进行,比如诚实、守信、勇敢、勤劳等基本德目,这些德目虽然具有文化的、历史的、民族的差异,但它们包含着人类文明共同的基本价值取向,应该把这些德目的价值传递给下一代。① 家庭道德教育的基本内容更应该贴近生活和贴近小孩的心理特征,应该在培养爱心,培养诚实、勇敢的品质,培养劳动观点,培养责任心,培养孝敬父母、礼貌待人家庭美德等方面下功夫。

二是社会主义公德教育。社会主义公德教育主要包括"五爱"教育、社会主义荣辱观教育以及基本的文明行为习惯和行为规范教育。《公民道德建设实施纲要》指出,爱祖国、爱人民、爱劳动、爱科学、爱社会主义作为公民道德建设的基本要求,是每个公民都应当承担的道德责任。胡锦涛总书记所指出的"八荣八耻"也是公民道德建设的基本要求,应该纳入社会主义公德的范畴。基本的文明行为习惯和文明规范的内容广泛,涉及生活的各个方面,包括:关心、爱护、尊重他人,对人热情有礼貌,说话文明,不打架、不骂人,保护环境,爱护公共卫生,等等。这些习惯和规范看起来全是日常小事,但却是一个有道德、有修养的人的精神内涵的外在标志和表现。

三是信仰道德教育。所谓信仰道德教育,就是指以终极价值体系建

---

① 参见朱小蔓:《教育的问题与挑战——思想的回应》,南京师范大学出版社 2000 年版,第 289 页。

立为目标的道德教育活动,主要包括世界观、人生观、价值观的教育以及理想教育。少年儿童正处于世界观、人生观、价值观形成和发展的关键时期,世界观、人生观和价值观应该成为家庭德育的基本内容。理想是人生的奋斗目标,是人们对未来的憧憬与追求,是人们奋发向上的动力。只有确立了正确的人生理想,个体才可能有健康、自觉的价值生活,才能有真正合乎道德的行为,才能形成道德文明的习惯。

二、强化道德教育的时代性内容

基本德目的教育内容对于家庭道德教育来说至关重要,但是随着形势的发展,我们还要面对一些新的教育内容,强化新的教育内容是家庭道德教育与时俱进的必然要求。

(一)强化生命教育

"生命教育"主要是要帮助小孩从生物学意义上认识自己的生命,并尊重他人的生命,进而珍惜人类共同生存的环境;同时,还要帮助小孩从社会学意义上主动思考和认识生命的意义,找出自己存在的价值与定位,从生命的意义来理解感恩和责任的重要性。在家庭德育中加强生命教育内容,一是缘于目前的学校教育和社会教育没有专列此项教育内容,相关教育开展得很少;二是由于现实生活中不少青少年出现了野蛮暴力伤害他人和自残、自杀行为等现象,这些现象固然与社会环境和个人心理等因素有关,但不可否认生命教育的缺位是其中的一个主要原因。

生命教育的内容相当丰富,挖掘的空间很大。一是从生命的自然起源入手教育孩子珍惜生命、热爱自然和学会感恩。人的生命来之不易,教育孩子要珍惜自己的身体,保护好自己的生命,尊重别人的生命;由于维持人的生命依赖于各种自然资源,所以从小要教育孩子爱护自然、保护环境,爱护自然就是爱护自己,树立环境道德意识;要让小孩在家庭和社会中体验生命成长的艰辛和不易,明白生命的成长需要你我他的相互支持和相互搀扶;要让小孩在生命成长的感受中学会珍惜、学会感恩,感谢父母给予生命和养育之恩,感谢亲情的温馨和关怀,感谢老师的教导,感谢朋友的帮助,感谢祖国的温暖怀抱,感谢自然的博大胸怀,并由感恩之心升华为责任之心和奋发之心。二是从生命目标入手教育孩子欣赏他人、接纳自己、建立生命希望。透过成功与失败的经验,教育孩子正确认识和调试自己的人生目标和人生态度,以便欣赏他人,接纳自己,以免在与他人比较时产生不必要的心理落差和情绪困扰,不践踏自己和别人,不做伤天害理之事,能为自己的言行负责。更为重要的是,要教育孩子憧憬未来,规划人生,激发斗志,挖掘潜能,让他们的生命永远生活在希望中。

教育是生命与生命的交流,生命教育遵循生命发展的原则,引导生命走向完整、和谐与无限的境界,保证生命发展的无限可能性,并促进生命不断超越。生命教育的直接目的是教育孩子避免做出危害自己、他人和社会的行为,而最终目的则在于培养孩子正面、积极、乐观、进取的生命价值观,并且能够与他人、社会和自然建立良性的互动关系。

(二)强化与市场经济相关的道德教育新内容

家庭是社会中的家庭,家庭德育的内容应该与社会发展紧密相关,在社会主义市场经济条件下,家庭德育内容也应该适应社会主义市场经济的要求,为孩子步入社会做好准备。首先要教会孩子树立正确的金钱观。金钱是市场经济的润滑剂,金钱本身不是问题,关键是如何看待金钱,是做金钱的主人,还是做金钱的奴隶。马克思主义认为金钱作为物质财富,是人类创造的,并为人类服务。因此,人类应当是金钱的主人,而不是金钱的奴隶。人们依靠自己的劳动创造财富,获取金钱,并且用金钱为人民办好事,都是光荣的,正所谓"君子爱财,取之有道"。其次,树立正确的消费观。教育和引导孩子理性消费,保持勤俭节约的好传统,改变攀比消费、超前消费、铺张浪费、奢侈浪费的坏习惯,培养正确的消费观。再次,要加强职业道德教育。要教育孩子树立爱岗敬业、诚实守信、办事公道、服务群众、奉献社会的职业道德,并树立正确的择业观。

(三)加强健康心理教育

健康心理是指个体内心世界能够保持一种动态的平衡与和谐的状态,表现为能经常保持愉悦的心情,表现为较强的外部环境适应能力,客观的自我评价能力,善于交流,富有爱心等。心理素质对于个人的学习生活以及以后的择业和适应社会等方面有着非常重要的作用,特别是在对待成功与失败、竞争压力、感情纠纷等问题方面,和道德教育的关系密不可分。但是从笔者的调查结果来看,目前关注小孩心理健康方面问题的家庭还不多,再加之现在进入了"独生子女"时代,这些独生子女在家里过着衣来伸手、饭来张口的优越生活,他们犹如温室里的花朵,备受宠爱,其中大部分养成了以自我为中心、妄自尊大的心理。在竞争日趋激烈的当今社会,他们一旦受挫或承受不住压力,心理很容易出现问题。目前的精神病、忧郁症病例增多,自杀比例不断增长,都说明了加强心理健康教育的必要性和重要性。因此,家长应该时刻关注孩子成长的心理变化,时刻保持与孩子的有效心理沟通,教育孩子心理调试的方法并认真倾听孩子的心声,消除心理障碍和隐患,促使小孩心理健康成长。

(四)加强网络道德教育

近年来,互联网以空前的速度进入家庭,由互联网所建构的网络文化使教育包括家庭道德教育受到了前所未有的冲击。这一切在促使家庭道德教育理论和实践向前发展的同时,也为当代家庭道德教育提出了一系列极具挑战性的新问题。

如今的小孩通过互联网获得各类信息,接受各种教化,这就意味着家庭德育环境发生了与以往很大不同的变化。大量社会调查分析表明,家长和老师不再享有垄断信息和道德教化的权力,网络在很大程度上已经参与了对小孩的教育并对小孩具有多重形塑的功能。一是信息和知识的重要来源,通过电子媒介,小孩可以迅速了解和掌握社会各类信息,扩大了知识面,甚至在知识掌握方面超过家长,从而对家长的权威提出挑战。二是社会价值观念的传播者。网络以极快的速度和极具影响力的方式传播各种社会价值观念,包括家长不赞成的观念,动摇了家长作为未成年人道德的主要教化者的地位。三是社会学习的指导老师。网络无疑是一个无形的指导老师,能给孩子提供丰富的社会环境。网络为当代社会发展所带的诸多好处是毋庸置疑的,与此同时,网络也给孩子的道德发展带来许多负面影响。一方面,网络上的黄色、暴力和低级趣味等垃圾信息会对小孩的道德观念造成直接的负面冲击;另一方面,虚拟网络空间的"人—机"对话,使小孩"一网情深",容易助长孤僻、冷漠、不合群、缺乏责任心等不利于小孩道德人格健康成长的"网络病"。因此，一定要在充分利用好网络有利方面的基础上，加强对小孩的网络道德教育，尽力避免或减少网络对家庭道德教育的不利影响。

（五）加强恋爱及性道德教育

恋爱和性是每个人长大后都必将要面对的问题，然而由于观念原因，长期以来，我国的家庭、学校、社会教育一直回避性道德教育的相关内容。其实，恋爱和性道德教育本是道德教育的应有内容，家庭在这个方面的教育较之学校和社会更有优势。但目前家庭在这方面的教育极其匮乏，家庭非常有必要加强恋爱和性道德方面的教育内容。

第三节　切实提高实效性，完善家庭道德教育方法

家庭道德教育的发展是人类道德发展的重要因素，而家庭道德教育方法的发展，又是家庭道德教育发展的重要因素。家庭道德教育方法就是为达到家庭德育目的、完成家庭德育任务、落实家庭德育内容、实现人的全面发展理念所采取的各种手段、途径和形式。完善家庭德育方法既是家庭德育实践面临方法不合理、不科学的迫切要求，也是提高家庭道德教育实效性的现实需要。家庭具有情感性、日常性和生活化等显著特点，因此，与我们通常泛指的德育方法相比较，家庭德育方法具有自身的特质，既要继承传统优良的家庭德育方法，又要借鉴当代国内外先进的德育方法，在综合创新中完善和发展自我。

一、以家庭情感为切入口，严格要求与理解尊重相结合的方法

反思当今中国家庭道德教育中出现的理想化、空泛化、形式化等德育效果不理想原因，笔者认为其最主要原因是没有找准教育切入口，没有找到对教育产生精神动力的切入点。家庭情感是家庭成员相依相存的纽带，是家庭成员相互交流、理解和支持的桥梁，是维持家庭和睦和秩序的黏合剂。家庭情感不仅仅是指自然亲情，还包含着深刻的社会内容和社会意义的感情，比如感恩、关爱等感情，能够使受教育者产生道德情

感认同,从而会设身处地地站在教育者角度想问题,体会到教育者的苦心,主动接受和配合教育。因此,家庭情感是家庭德育的特殊优势,使家庭德育的作用胜过了学校德育和社会德育。以家庭情感为切入口的家庭德育更注重人的内心道德情感的调动与满足,它与单向灌输、强制的方法不同,而是在与家庭成员的情感交流中受到启发、指导、引导和感召,在自身认知、体验和践行的过程中因自身道德情感的内心体验,从而真正消化吸收德育内容并自主构建德性。由此可见,以家庭情感为切入口的德育方法从人的自然情感出发,循序渐进,使家庭成员能够在道德境界的阶梯上向上攀登,不失为一种行之有效的家庭德育方法。

家庭情感可以推动个体的道德认知。认知的目的在于揭示事物的本质和规律,而事物的本质和规律往往隐藏在事物的内部,只有经过艰苦的抽象思维,才能认识事物。在德育过程中,教育者往往首先采用带有一定强制性的方法来进行道德知识的灌输和道德行为的训练,受教育者对道德规范的认知是被动地屈服,受教育者在无力改变或抵制外部压力的情况下,也许会对自己的心理状态不断地进行调试。但如果有家庭情感渗透其过程则会激活或唤起被教育者的认知要素,使其处于积极状态,发动和维持道德认知过程。单纯进行道德规范的灌输,德育必然成为空洞的说教而失去震撼人心的生命力。而伴有情感的道德认知、道德认同,进而产生道德情感,才能在各种不同的情境中显示出一种情感的定势力量,才能对道德行为产生一种有选择而又有推动力的作用。

家庭情感可以发挥对个体道德情感、道德意志和道德行为的调节作用。家庭情感一方面可以满足家庭成员的情感需要,另一方面可以发挥情感的感染力量,使家庭成员获得积极的道德情绪体验。人类高尚情操的形成离不开积极的情绪体验的积累,凡是与社会的道德准则、行为规范相协调的一切喜怒哀乐情绪都是积极情绪。家庭通过显性情绪的表达和渲染以及隐性情感因素的熏陶,使家庭成员受到感染而产生相应的情绪体验。这一体验的过程就是道德态度形成、升华的过程,道德情感培养的过程。道德认知并不能直接转化为道德行为,还需要道德情感的介入和推动。个体的道德行为因积极的情感体验而得以巩固,即正强化功能,因消极的情感体验而发生弱化,即负强化功能。正确运用家庭情感可以趋利避害,不断地积累积极情感体验,促进道德认知向道德行为转变,激发并巩固道德行为。道德意志是道德品质形成过程中克服内在压力和排除外在阻力的重要驱动力,这个驱动力需要强大的自我肯定情感来支持,而这种自我肯定的情感既来自于自我信念,又来自于家庭的亲情、朋友的友情、异性的爱情等。在家庭中,家庭情感则是个体充分发挥主观能动性、排除万难去践行道德行为的道德意志的主要驱动力。

家庭情感还有助于促进家庭成员身心健康和全面发展。德育乃至一切教育的终极目的都是人的发展和幸福。心理学研究表明,情感具有保健的功能,家庭情感能让家庭成员经常处于良好的情绪状态,而良好的情绪有利于身体健康和心理健康。苏联教育家苏霍姆林斯基曾指出:"一个真正的人不能设想没有善良的情感。实际上,教育就是从培养真诚的关怀之情,即对周围世界所发生的一切都会由衷地作出思想、情感上的反响——开始的。真诚的关怀——这是和谐发展的一般基础,在这个基础上人的各种品质——智慧、勤勉、天才——都会获得真正的意义,得到最光辉的发扬。"

家庭情感虽然对家庭道德教育具有非常重要的积极意义,但需要把握好方向和分寸,否则,过犹不及就会造成负面效应。在家庭温情脉脉的面纱下,家长容易宠爱、溺爱小孩,放松了对小孩的管教和要求,从而助长了小孩的骄奢和任性,自然也就阻碍了小孩正常的道德发展,家庭道德教育功能就会大打折扣。前段时间闹得纷纷扬扬的"李双江之子打人"事件更能说明问题。应该说,李双江同所有家长一样,对小孩充满感情,为小孩买钢琴、电脑、雪橇……尽力满足小孩的一切要求,甚至在小孩犯错误的时候都舍不得打他,"还没打他,自己的眼泪先掉下来了"。但李双江对小孩的脉脉温情并没有换来愿望的实现,换来的是小孩的胡作非为、道德败坏。其实,在大部分家庭都是独生子女的今天,很多家庭对子女的教育都正走在同样的路上,对子女过分地姑息迁就,过分地溺爱纵容,在情感融入教育过程中没有摆正"温情"与"严格"相统一的关系,影响了家庭道德教育的效果。

与"温情"中溺爱纵容相对立,有的家庭对子女过于苛求严格,从而影响了亲子之间的平等与民主关系,同样也影响了家庭道德教育的效果。为此,家庭不但需要情感的纽带,而且需要相互之间的尊重。尊重,意味着把小孩看成是有独立能力、有自我指导能力的行为主体。弗洛姆说："尊重意味着能够按照其本来面目看待某人,能够意识到它的独特个性。尊重意味着关心另一个人,使之按照其本性成长和发展。"①在现代家庭中,尊重更多地强调民主与平等,在家庭道德教育过程中,充分发挥情感作用,在情感交流中平等对话、相互尊重,是衡量家庭关系文明程度和家庭伦理水平的重要标尺。由于当代青少年更具有个性,更具有自主意识,对情感十分敏感和珍惜,对人格平等有高度的追求。因此,在家庭温情氛围中顾及相互尊重,在教育中做到适当引导,就有可能把道德要求转化为小孩的内在发展动力,从而有助于提高家庭道德教育的效果。

二、日常渗透与寻机强化,寓教于生活的方法

德育是生活的德育,生活是德育的现实基础。道德品质形成的直接动力来自于道德需要,道德需要产生于具体的生活实践。离开生活实践,道德需要就会枯竭,道德品质的形成就犹如无源之水,难以实现。因此,必须把德育置于社会生活之中,使个体在生动的现实生活情境中感受道德的律动,感悟人生的真谛,个体从现实生活中锻炼自身的道德认知能力、情感能力、意志力和践行力。

家庭德育不像学校德育那样有专门的德育课程,生活的点滴过程就是德育的点滴累积,生活就是家庭德育的大舞台,应该说,寓教于生活是家庭德育的一大优势。不少教育家感慨,近三十年中国道德教育的一个失误就在于道德教育与生活相分离,使发展人的德性的道德教育成为纯道德知识的教育,满足于道德知识的灌输,对道德的情感、意志和践行却少有涉及,造就了许多只掌握道德理论知识而缺乏道德践行的虚假"道德人"。要改变这种局面,德育只有从纯粹的理性世界和理想世界中走出来,从抽象空洞的说教王国回归到生活世界,才能重新散发其育人的魅力和显示其持久的生命力。对于家庭德育而言,这个生活世界并不局限于家庭的生活空间,而应把丰富、生动的社会生活纳入到教育的视野。通过教化家庭成员,实现家庭成员的个体道德发展,同时,应主动适应社会并向社会输出家庭道德影响以促进社会道德的进步与发展。

任何生活都"不是预先设定好了的,而是一个不断发现意义、生成意

---

① [美]弗洛姆:《为自己的人》,生活·读书·新知三联书店1988年版,第253页。

义、实现意义的过程"①。德育为生活提供了意义,孕育生活意义的德育途径有两种:一种是嵌入式,即将外来的生活意义、理想信念、道德追求以知识的形式灌输到小孩的头脑中;另一种是自然潜入式,即让小孩在生活中去领悟、揣摩、发现,并自我构建生活意义。相对而言,前一种是"多快好省"的德育方式,尽管能快速充满头脑,但却无法穿透"心门",形成德性。后一种德育方式虽然漫长、曲折、潜隐,但却能把德性根植于小孩的心灵。生活化德育无疑是属于第二种德育方式。生活化德育,一方面体现为德育是为了生活,另一方面体现为生活是道德成长的沃土。由于生活具有丰富性和多变性,因此德育的目标应该是培养具有主体性的道德主体。所谓主体性的道德主体就是指个体作为道德实践活动的主体,依据道德价值追求,独立自主地、积极主动地选择道德原则,自主、自愿和自觉地作出道德判断、道德选择和道德行为。在日益多元化的当代社会,为了培养具有自主性的道德主体,家庭德育将教育过程渗透在日常生活中,通过"言传"等显性德育方式和"身教"等潜移默化的"隐性"教育方式教化小孩。首先应该教育小孩文明的生活方式和生活习惯,要从热爱劳动、勤俭节约、合理消费、文明休闲等方面来引导小孩。其次要教育小孩学会学习和学会为人,引导小孩明确学习目标,提高学习的主动性、积极性和学习效率,教育小孩诚实守信、珍惜友谊、敬长爱幼、团结协作等。再次要关注小孩的心理健康,教育小孩正视自我、自尊自信、承受挫折、适应环境,养成良好情绪、发展健康情感等。此外,应该引导小孩关注并适当参与社会生活,培养社会责任心。

在寓教于生活的家庭德育活动中,有时日常的道德信息刺激很难震撼小孩的心灵,而关键事件却可能激发小孩的道德"高峰体验",强化道德教育效果。因为关键事件蕴藏着平时难以触及的道德认知、道德判断、道德意志、道德体验和道德智慧,经历关键事件能真正体会到道德责任,折射出道德人性的光辉,正所谓"吃一堑,长一智","不经历风雨,不见彩虹"。小孩所经历事件的多寡与难度是其人生道德成熟度的客观标尺,因此要珍惜关键事件的德育机会,使关键事件成为小孩德性升华的沃土。

---

① 鲁洁:《生活·道德·道德教育》,《教育研究》2007年第1期。

家庭德育只有根植于生活世界并服务于生活世界,才具有持久的生命力。寓教于生活的德育实现了由传统的约束性德育向发展性德育转变,由单向性德育向双向互动性德育转变,由"假、大、空"向真实可靠转变,由"一刀切"向多元多面转变。寓教于生活的德育有效地防治了言行脱节的现象,通过教育引导,有效促进了孩子的道德体验,使孩子在体验中学会道德判断、道德选择和道德行动,自觉发展其德性。寓教于生活的德育在于联系实际、贴近生活、主体参与、情意相通、知行统一,树立了孩子适应未来社会发展的基本素质,如诚实可靠、创新有为、公平竞争、勤俭奉献等道德品质。

三、身教示范与指导自我教育相结合的方法

"中国古代的思想教育家,都强调身教重于言教。重要的是教育者的表率作用,而不是思想理论的讲解。"[1]其身正,不令而行,其身不正,虽令不从。孩子怎样做人,最初就是从父母亲的言行举止中学习的,父母的为人处事为孩子提供了榜样性的示范作用,孩子从小是透过父母来认识外面世界的。中国传统家庭道德教育非常重视长辈的身教示范和榜样群体的带动作用。身教胜于言教,运用长辈的道德表率、道德榜样的感召力是家庭道德教育的有效方法,尤其是对年幼小孩的道德教育更是如此。

家庭道德教育中的身教示范其实就是一种榜样教育方法,虽然榜样教育是道德教育的一种典型方法,但必须辩证地认识它,并尽可能做到避害趋利。榜样教育是通过榜样的展示来引起受教育者的心理和情感上的共鸣,来告诉受教育者"见贤思齐"。从本质上来说,榜样教育是一种软性控制的"他律"方法。表面来看,榜样教育并没有用强制的手段对人的情感、思想和行为进行干预,而是注意结合日常活动以使受教育者在不知不觉中明白自己应该明白的道德,其实是靠外在的因素对人的模塑、操纵、约束和控制,其实质还是"他律"。

在传统道德教育中,教育者不仅倾向于鼓励人们向圣贤、英雄和模范人物学习,而且为追求道德榜样的典型性,人为将原本存在于生活中

---

① 张祥浩:《中国传统思想教育理论》,东南大学出版社 2011 年版,第 3 页。

的鲜活原型从生活中抽离出来、加以抽象化、概括化和普遍化,甚至"加工""包装"为"道德楷模",再向外宣传和推广。这种集各种美德于一身的"神化"的"道德楷模",与普通大众的教育对象"主—客"两分了,榜样成为不可触及的主体,而受教育者成为除了接受之外毫无选择的客体。主客的对立,道德榜样也就无法进入客体,教育也就无法真正实现。

当代家长对小孩身教示范时,应避免以上错误倾向。家长自身要提高道德素质,做好榜样,这是以身示范的前提。但并不是刻意去为小孩树立一个"高、大、全"的虚假榜样形象,而生活化、现实化形象更具有现实的教育意义。首先,教育孩子主动学习道德榜样。"三人行,必有我师焉。择其善者而从之,其不善者而改之。"对于他人的善,应"见贤思齐";见他人"不肖",应"自省","有则改之,无则加勉"。其次,教育孩子成为别人的榜样。与他人相比,小孩亦可能是别人的道德榜样,小孩的道德言行亦可能影响到别人,在"前喻文化"的当代社会,小孩甚至可以是长辈的学习榜样。再次,教育孩子自己成为自己的道德榜样,在开放的生活中,每人都应该做到"吾日三省吾身",在不断的反省中发现自己的优缺点,不断地学习自己的优点而克服自己的缺点,使自己处于永无止境的道德发展之中。

我们知道,家庭德育的目标是培养"有德性的人",而真正有德性的人是不受任何外在形式控制的"自足"的人。所谓自足,就是说它的发生和维持无需外在力量的作用(奖励和惩罚),它发生和维持的力量就是它的理由,它就是它的强化物。任何控制都是道德的大敌。[1] 真正有德性的人应该是不受任何外在形式控制的"自律"的人,"自律"人把道德本身看成是目的,"自律"人能够根据自己的需要和自身内心的力量来判断是非,无假于外求。因此,身教示范的目的是引导小孩最终走向自我教育,只有通过自我教育才有可能实现"自律",这才是道德教育的最终目的。

四、批判继承古今、中外家庭德育方法,建立开放型方法系统

任何事物的发展都以历史为前提,同理,当代中国家庭德育不能忘却历史的继承性。毛泽东曾指出:"我们是马克思主义者,我们不应该割

---

[1]　参见陆有铨:《"道德"是学校道德教育有效性的依据》,《中国德育》2008 年第 10 期。

断历史。从孔夫子到孙中山,我们应当给以总结,继承这一份珍贵的遗产。"一方面,我国传统家庭道德教育内容和方法具有保守、僵化、形式化等消极的历史局限性;另一方面,传统家庭道德教育思想博大精深,拥有许多具有普遍意义的教育方法,它是中华民族在历史的长河中形成和发展起来的教育精华。因此,我们应该用辩证的眼光,深刻认识传统家庭道德教育的历史意义和现实价值,按照取其精华、去其糟粕的要求进行科学挖掘,筛选符合时代要求的思想、内容和方法,汲取其合理内核,赋予其新的时代内涵,使之与当代社会相适应,与现实需要相协调。例如,中国传统社会已经探索和总结出了慈严相济、言传身教、量资循序、环境濡染、明刑弼教、慎独、改过迁善等科学的家庭德育方法,这些优良德育方法在当代家庭德育中仍有很大的借鉴意义。

虽然德育具有很强的民族性、文化性,德育方法总是存在于特定民族文化背景中,是这一特定文化实践的产物。但当代社会毕竟是一个开放社会,当代家庭德育应该有选择地吸收国外道德教育中的合理因素,做到"洋为中用"。由于历史渊源和国情的差异,对待国外家庭德育思想和方法,应该要明确地鉴别清楚"有用的东西"和"无用有害的东西",决不能生吞活剥地、毫无批判地吸收。就西方的家庭德育方法来说,笔者认为其在鼓励小孩通过认知活动和实践活动获得道德上的成熟等做法值得我们借鉴。杜威主张,"使儿童认知到他的社会遗产的唯一方法是使他去实践",因为"除了教育者的努力同儿童不依赖教育者而自己主动进行的活动联系以外,教育者便变成了外来的压力。这样的教育固然可能产生一些表面的效果,但实在不能称它为教育"。[①] 父母在给予孩子自由选择的同时,对选择的后果提供证据,以理解和支持的态度鼓励小孩付诸行动,鼓励小孩勇敢地去做、去试。由此可见,西方重视小孩个性培养、在培养小孩的主体性、创新意识、独立意识、公正意识、抗挫折力方面值得我们学习。在西方家庭道德教育实践看来,他们非常重视对小孩的心理辅导,不仅开展得早,而且做得富有成效,成为德育的重要途径。另外,西方对家庭教育中为人父母者的知识训练和道德要求,以使其适应

---

① 赵祥麟、王承绪编译:《杜威教育论著选》,华东师范大学出版社 1981 年版,第 72、238 页。

父母的职位的方法,也值得我们参考。

　　德育方法是一个复杂系统,德育社会化和社会德育化的趋势越来越明显,封闭的家庭德育已经不能符合现代道德教育发展的趋势。因此,要注重家庭德育的开放性。长期以来,西方国家实行开放的德育理念,在德育方法上呈现出百花齐放的格局,如价值澄清法、社会行为体验法、移情教育法、关心德育法等得到广泛的应用。当今中国社会是一个开放、变革的社会,各种文化信息纷繁复杂,随着信息传播的飞速发展,打破自我封闭,建立开放的家庭道德教育方法系统成为必要和可能。开放的德育方法更有利于培养不卑不亢的态度、宽容的意识,以及善于与人交流的品性。为此,家庭德育应该多采用"道德两难问题讨论法""角色扮演法""活动参与法"等各种现代教育方法。加大德育信息注入量,开阔孩子的视野,培养其正确区分、辨别、选择和吸收多种信息的能力。总之,为了促进家庭德育发展,拓展家庭德育思路和途径,要借鉴古今中外先进的德育方法,建立起兼容并包的当代家庭德育开放型方法系统。

第四节　创建和谐家庭环境,探索家庭环境德育模式

　　家庭道德教育要真正实现科学化、理论化,并最终形成一门学科,不但要有自身独特的教育理念、教育内容和教育方法,而且要构建自身的教育模式,也就是说要构建家庭道德教育模式。所谓家庭道德教育模式(简称家庭德育模式),就是指为解决家庭德育问题而形成的内含一定理论的结构性方法论体系。广义的理解,家庭德育模式就是指系统化的家庭德育理论。当代家庭道德教育面临社会转型、家庭变迁和教育改革所带来的新情况、新问题和新挑战,迫切需要寻找新出路,需要进一步"解放思想、大胆实践、加强研究、总结经验",家庭环境德育模式就是源于此而提出的一种新思路和新尝试。

一、家庭环境德育模式的提出

　　德育模式作为一种中层理论,其存在形态介于理论与实践之间;作为一种价值诉求,它不满足于书斋式学问,而是强调理论向实践转化,有

着明确的现实指向,即指向对德育现实的改造和变革。德育模式在理论追求过程中体现了教育的实践本性,这是值得肯定的。但在现实德育模式构建中,我们发现始终存在着两种力量的对抗。一是德育实践的丰富性和开放性要求尽可能打破德育模式固定僵化的理论框架的束缚,还原德育实践的本来面目;二是由于德育模式为了追求自身的自洽性和完整性而过滤了大量的细节化实践要素。两种相反力量的对抗,体现了布迪厄所说的"实践的逻辑"与"逻辑的实践"之间的冲突与张力。① 由此而出现了两种截然相反的现象,一方面,层出不穷的德育模式粉墨登场,一出出教育"神话"招摇过市;另一方面,德育实践所面对的困境无以应对,德育的整体衰落无以解答。如此巨大的反差说明重在建构理论的理论工作者与面对层出不穷的德育问题的实践者之间缺少对话与沟通的平台和机制。

其实,德育模式的确立应具备几个基本要件,即:是否具有明确的理念? 是否能解决德育主要问题? 是否有自己的实施规范? 以此为依据,有学者把当代德育模式大致分为如下六种:理论建构模式、体谅模式、评价过程和澄清模式、价值分析模式、认知的道德发展模式、社会行动模式。② 还有学者认为近年来我国成体系的德育模式有以下六种:欣赏型德育模式、"学会关心"德育模式、对话型德育模式、活动德育模式、生活型德育模式、主体性德育模式。③ 虽然德育模式的概括方法和分类方法有很多种,笔者认为以上两种德育模式分类方法具有典型性并具有合理性。但为了方便理论分析,笔者认为若从理论模式大方向来考察,则可把当代德育模式分为两类:灌输式德育模式和选择式德育模式。

灌输式德育模式认为道德教育乃是维持社会道德秩序的重要手段和工具,德育过程主要是一个塑造和被塑造的过程;之所以采取灌输的

　　① 参见布迪厄、华康德:《实践与反思——反思社会学导引》,中央编译出版社 1998 年版,第 11 页。

　　② 参见戚万学、唐汉卫:《现代道德教育专题研究》,教育科学出版社 2005 年版,第 107—109 页。作者在文中引用哈什(Richard H. Hersh)、米勒(John P. Miller)和佛尔丁(Glen D. Fielding)的德育模式分类法相关观点,认为这是一种比较重要的分类方法。

　　③ 参见季爱民:《我国德育模式研究的现状与趋势》,《武汉大学学报》(人文科学版)2006 年第 1 期。

方式,一是因为先进的思想道德学说,不可能由个体自发产生或自觉完成,外面的灌输成为必然选择;二是因为青少年知识不够丰富、社会阅历不深、思想可塑性大,以灌输为主可促进其道德社会化的进程。由此可见,这是一种以社会为中心、教师为主导、直接传授特定内容为特点的德育模式。选择式德育模式是一种运用两难问题辨析、环境诱导、自我领悟等方式,进行指导性教育的一种德育模式。选择性德育模式的理论来源十分庞杂,既有实用主义关于"教育即生活"的主张、存在主义的自我中心论调,又有人文主义指导性咨询观等,但其理论归宿却是一致的,即完全遵循个人主义的道德原则①。选择式的德育模式在道德教育基本问题上,体现为以个人为中心;在教育性质上反对灌输,主张开放;在任务上不是向受教育者直接传授特定的知识,而是培养道德推理的技能;在方法上反对强制,主张通过自主选择和反省探究确立自己的道德价值观念。

当代德育理论长期徘徊于灌输模式与选择模式之间,以至于许多人在德育实践中难以取舍,要么坚持向小孩灌输一套具体的、相对固定的道德规则,要么摒弃灌输的思想,发展小孩的道德自主性。然而,两种德育模式各有弊端,灌输的方法蔑视了小孩的主体性,科尔伯格指出:"灌输既不是一种教授道德的方法,也不是一种道德的教学方法。"②选择式德育模式虽然摆脱了"美德袋"的束缚,却背上了另一种利己主义、极端相对主义的包袱。因此,一种理想的道德教育模式需要考虑如何把两者有效地结合起来,折中起来的环境德育模式应运而生。

灌输式与选择式两种德育模式所暴露出来的问题,其实质在于没有把握和运用好教育与环境的关系,亦即没有处理好显性教育与隐性教育的关系。灌输式德育模式有重灌输而轻视环境濡染之弊病,而选择式德育模式则存在重习染熏陶的隐性教育而轻视正面的显性教育之嫌。其实人的思想道德的形成既受到环境的重大影响又非完全由环境决定,而是环境的影响与人的自主性构建相互作用的结果。当代德育的发展趋

---

①　参见黄建榕等:《德育新模式:德育环境化》,《深圳大学学报》(人文社会科学版)2001 年第 5 期。

②　Cohlberg L. & Turiel E. Moral development and moral education. In: G. Lesser (ed.). Psychology and education practise. Chicago:Scott Foresman,1971.

势是更尊重小孩的主体地位、突出道德能力的培养、强调道德行为的训练、注重道德情感体验。由于个体意识增强,实践意识增强,而权威意识和被动服从意识减弱,单一灌输和空洞的说教被人们所厌恶和排斥,因此,环境隐性的渗透作用在德育中的重要地位日益凸显。特别是在以日常生活和情感互动为特质的家庭,环境的隐性渗透效果愈加明显,环境德育模式在家庭中应运而生就不难理解。

二、家庭环境德育模式的内涵

心理学、教育学和社会学的研究成果告诉我们,人的言行是有意识和无意识共同作用的结果。而人的道德思想、情感、意志和行为的形成是一个复杂的过程,既是依照某一理论灌输的结果,又是受其所处环境和氛围潜移默化熏染的结果,是正面的显性教育和渗透的隐性教育的辩证统一。我们所讲的家庭环境德育模式,不是主张取消灌输原则,也不是让无意识教育替代有意识教育、让环境的隐性教育功能替代正面的显性教育功能,更不是让家庭德育替代社会德育和学校德育;而是指家庭德育要以环境为中介,以道德发展为目标,以自我教育为根本出发点,从而发挥"育德在家"的功能和优势,切实实现德育效果。由此可见,家庭环境德育模式的内涵是指在家庭中通过创设一定的德育环境,引导家庭成员去感知、体认和自觉思考道德问题,在良好的氛围和潜移默化中受到启迪和教育的一系列方法体系的总和。总之,家庭环境德育模式的立足点是教育与环境的统一性,在方法上以家庭环境作为德育的重要因素,充分发挥家庭环境在德育中的渗透功能。

与正式的课堂教育相比,环境不仅是一种教育力量,而且是一种更广泛的、更重要的教育力量。正如叶圣陶所说:"学生不光在学校里受教育,在学校之外,在家庭里,在社会上,他们无时无刻不在受教育。"我国古人十分重视环境的德育作用,有"近墨者黑,近朱者赤"之说和"入鲍鱼之肆,久而不闻其臭,入兰芷之室,久而不闻其香"之说,而"孟母三迁"这个家喻户晓的典故更是强调了环境对德育的决定作用。列宁早就指出,"学习、教育和训练如果只限于学校,而与沸腾的实际生活相脱离,那我们是不会信赖的";"教育共产党青年,绝不是向他们灌输关于道德的各种美丽动人的言词和准则"。① 马克思恩格斯在谈到改造人的思想时也指出:"要真正地、实际地消灭这些词句,要从人们的意识中消除这些观念,只有靠改变条件,而不是理论上的演绎。"②也就是说,社会意识被社会存在所决定,"改变条件"也就是要重视环境的作用。由于环境具有教育引导、规范约束和濡化习染的独特功能,而人具有模仿、从众、感染、服从等心理倾向。另外,由于青少年的身心发展尚未成熟、定型,处于一个永远未完成的过程,他们选择和改变环境的能力还不强,思想的可塑性大,无时无刻不受家庭环境的制约和影响,因此,加强家庭环境德育的功能势在必行。

我们知道,道德素养是个人在正面教导和环境的共同作用下,在实践的基础上逐渐生成的。道德教导是有意识的显性教育,环境作用是自发的隐性教育,不管是道德教导还是环境作用,必须经过德育中介才能对个体产生作用;而实践既是使家庭德育环境、德育中介和个体道德素质发生联系的载体,又是这三者赖以存在的现实基础。因此,家庭环境德育模式能否顺利实现其基本功能决定于以下几个因素。首先,家庭德育要与家庭环境相协调,既要发挥环境要素的作用,还要发挥德育中介的作用。就家庭道德教育而言,可以从家庭环境要素和德育中介两方面入手,分别发挥它们的作用。既要把家庭德育环境建设和完善好,正确认识环境要素对家庭德育的基础作用;又要精心组织德育中介的实施,努力使其功能发挥到极致。其次,家庭德育活动要发挥环境的作用。家庭环境要素对个体道德素质的影响是一个各有侧重、相互影响的有机整体。其中家庭物质环境对家庭道德教育具有基础性作用,人际关系环境对家庭成员道德素质起着渲染激励的作用,精神知识环境起着塑造作用,三种不同类别的环境相互配合,形成合力。在家庭德育环境对家庭成员的思想道德素质的影响中,各种德育中介起着传递、过滤、转化、放大、内化等作用,凡是很好地运用了德育中介的家庭,家庭德育效果比较好,反之,则比较差。再次,家庭德育环境要综合优化。家庭是个体所经受最早、最长期、最直接、最细致、最深刻的环境,对个体的道德生成具有

---

① 《列宁选集》第 4 卷,人民出版社 1972 年版,第 309、355 页。

② 《马克思恩格斯选集》第 1 卷,人民出版社 1995 年版,第 45—46 页。

独特而深刻的影响作用。与此同时,个体并非脱离社会的真空人,个体的成长过程还要受学校、社区、工作单位等社会环境的影响。由于社会纷繁复杂、良莠并存,生活在学校、社区、工作单位等社会环境中的人,肯定也会打上社会环境的印记。从社会环境的性质来看,既有引导和推动人们健康向上的积极性因素,也有玷污人的思想、腐蚀人的精神、干扰正确道德形成的消极性因素,因此,家庭环境的综合优化非常重要。

三、家庭环境德育模式的初步构建

（一）转变德育观念,提高家长素质,是构建家庭环境德育模式的动力

认识到家庭和社会发展需要道德教育以及家庭环境对家庭德育的重要作用是构建家庭环境德育模式的动力。没有道德的发展就没有社会的进步,而社会道德进步与每个人的道德素质息息相关,个体道德素质的提高是人的全面而自由发展的一个重要内容。因此,家长应转变"重智轻德"观念,加强对小孩的道德教育,继承"德育为先""育德在家"这个优良传统。转变德育观念首先是要加强德育意识和端正德育态度,必须把道德教育摆在家庭教育的首位,必须正确认识到家庭道德教育的重要性。其次,加强德育意识必须确立合理的家庭德育目标,家庭德育目标应该由"理想化"向"现实化",由"非人"向"平常人",由"成圣"向"成人"转化,做到既立足于现实又高于现实的适度超越。再次,加强德育意识必须优化家庭德育内容,完善家庭德育方法,使家庭德育有落到实处的手段。

在构建家庭环境德育模式过程中,家长是直接的推动者。托尔斯泰曾说过,教育孩子的实质在于教育家长自己。因为在家庭环境中,父母是孩子最初的、最经常的、最持久的榜样,家长的道德观念、态度,以及言行举止都直接影响到孩子对道德标准的判断以及道德情感的产生。家长作为社会道德文化的载体,首先应该具备良好的道德品质,做到作风正派、品德优良、工作勤勉、举止优雅,成为小孩道德的榜样和楷模;其次,家长不但要掌握道德教育的基本内容,而且要学会道德教育的基本方式方法,能够胜任道德师长的工作;再次,家长要谦虚谨慎、与时俱进,

有时要蹲下身来向孩子学习,形成德育互动的良好氛围,家庭德育良好效果就会实现。

(二)构筑民主亲子关系,促进家庭和谐,是构建家庭环境德育模式的关键

亲子关系是人生中形成的第一种人际关系,任何家庭德育模式,都绕不开亲子关系这一关键环节。在一定意义上说,亲子关系是家庭道德教育的逻辑起点,良性互动的亲子关系是家庭道德教育有效运行的前提和保障;而家庭关系的民主是亲子关系和谐的前提,亲子关系的和谐是家庭和谐的基础。由此可见,构筑民主亲子关系,促进家庭和谐,是构建家庭环境德育模式的关键。

要构筑民主亲子关系,促进家庭和谐,首先要尊重和信任孩子。小孩与家长一样,也有自尊心,需要家长尊重他们的人格和基本权利。家长要相信小孩的力量和能力,以平等的态度和科学的方法教育小孩,不能按成人的意志去塑造小孩,必须遵守小孩的身心发展规律。小孩在不同发展阶段会遇到不同的道德困惑和烦恼,因此家长要善于观察并注意发扬民主,鼓励小孩大胆表达自己的意见、看法、愿望和要求,并科学引导和尽量满足他们的合理要求,这样亲子之间就能相互理解和良性互动。其次,家长要为孩子创设一个开放的成长环境。要对内开放,让小孩适当地参与家庭的生活与决策,共同的生活经历一方面可以促进小孩了解和体谅生活,另一方面可以加强亲子之间心灵沟通;同时要对外开放,主要对同龄小伙伴开放,孩子最好的老师既不是家长也不是教师,而是同龄人、小伙伴;再次,还要对社会开放,通过接触社会,既可为未来进入社会奠定基础,又可锻炼小孩在复杂社会关系中面临和解决相关道德问题的能力。再次,家长对小孩要严爱结合。既不能无止境地满足小孩的无理欲望,也不能对小孩提出过分苛刻的道德要求,要以是否有利于其身心健康成长为前提。对道德上的有欠缺的孩子,切忌娇纵、放任、护短,在道德上对小孩过分放纵会使小孩形成不良道德行为,甚至产生病态心理。严格要求小孩不是简单地限制、命令、更不是专制、打骂、体罚小孩,而是说理、引导、启发与尊重、信任、关心相结合,做到合理、适当、明确、具体、有序、有恒。

（三）改善物质生活环境，培育良好家风，是构建家庭环境德育模式的基础

家庭环境不仅包括精神意识环境、人际关系环境，还包括物质生活环境和历史继承的家庭风气等背景要素。与精神意识环境和人际关系环境相比较，物质生活环境和历史继承的家庭风气等背景因素更具先在性，是实施道德教育的先在条件和影响因素，因此构成了家庭环境德育模式的现实基础。

家庭风气是家庭在世代繁衍过程中逐渐形成的较为稳定的传统习惯、生活作风、思想作风、道德规范等。赵忠心教授曾指出，"家庭教育就是一种家风熏陶"，家风对小孩道德品行的影响尤为深刻，家长要培育持家、处世、勉学的良好家风，为小孩提供一个无形的良好德育环境。为小孩提供一个良好的物质生活环境也是家长义不容辞的责任。首先要为小孩提供一个家庭活动空间，家庭的装潢、布置和陈设要有利于小孩的学习、活动和交流。其次，在吃、穿、用等日常生活上做到科学、合理。教育小孩既不能铺张浪费又不能太过吝啬，而是既勤俭持家又衣着得体、饮食均衡，养成良好的生活品性和生活态度。再次，注意美化物质生活环境。室内的家具款式和摆设，颜色的搭配和光线处理等要体现美学规律，这样的环境有利于提高小孩的审美修养；最后，要让小孩参与或亲手美化家庭物质环境，以培养其爱美和创造美的情趣和能力。物质生活环境是基础，但绝不是构建家庭环境德育模式的决定性因素，因此，在创设物质生活环境时，家长要本着量力而行的原则，做到科学、合理、审美，切忌盲目和攀比。

（四）优化学校、社区的德育环境，是构建家庭环境德育模式的外部保障

现代家庭德育是一种大德育，是把家庭看作社会系统的一个具有特定功能的子系统，家庭德育不仅与家庭环境直接相关，而且受社会环境、社区环境、学校环境和无形的大众传媒环境的影响。事实上，家庭德育的目标、内容和方法等方面都具有明显的社会性，家庭德育要服从于和服务于全社会的精神文明建设，受社会大环境各种因素的影响。因此，

优化学校、社区和大众传媒的德育环境,是构筑家庭环境德育模式的外部保障。

　　家庭是德育的摇篮,而学校、社区和大众传媒作为家庭的延伸,则是德育更为广阔、更为丰富的大课堂。道德认识的形成,道德情感的体验,道德动机的产生,离不开社会的启导、感染和熏陶,道德意志的确立、道德行为的规范和道德情操的评价,离不开社会的激励和检验。家庭德育的实施既要着手于家庭环境的构建,也要着眼于社会诸系统环境的优化,如果只局限于家庭环境的构建,是无法实现家庭德育目标的。首先,家长要积极去寻求学校的合作,确保家庭德育在学校德育目标、内容的指导下,更好地发挥其独特的优势。要及时了解学校教育的方向和自己孩子在学校的表现,以便及时调整自己的教育方式和内容,巩固共同的德育效果。正如苏霍姆林斯基所说:"两个教育者——学校和家庭不仅要一致行动,向儿童提出同样的要求,而且要志同道合,抱着一致的信念,始终从同样的原则出发,无论在教育的目的上、过程上还是教育的手段上,都不要发生分歧。"[1]其次,由于社区环境、社会环境对小孩的思想道德建设影响越来越大,在社会日趋复杂和道德风气日渐萎靡的情况下,使得小孩在价值观和道德选择方面增加了难度,也使得家庭德育承担的责任更为重大。因此,家长一方面要呼吁社会和政府加大力度淳化社会风气,为孩子提供道德实践的场所和途径,以起到熏陶和感染的作用;另一方面,要加强对小孩的引导,正确处理社会中的积极和消极因素,保障社会价值观导向作用的最优化,避免不良社会风气的影响,引导小孩向正确、健康的方向发展。再次,作为"第四种教育力量"的现代大众传媒,日益成为人们思想意识观念的主要来源,成为影响小孩道德社会化的主要因素。因此,家庭要关注小孩与大众传媒的接触,特别是与电视、网络媒体的接触,既要充分利用大众传媒本身所具有的广泛性、开放性、交互性等特点来开展道德教育,又要避免大众传媒因其藏污纳垢而对小孩道德社会化造成不利影响。要呼吁社会加强对大众传媒这种隐性环境的管理,呼唤大众传媒为青少年、为社会营造良好的道德舆论

---

　　① 苏霍姆林斯基:《给教师的建议》(下),杜殿坤编译,教育科学出版社 1981 年版,第244 页。

氛围。

　　教育本身就是一个家庭、学校、社区紧密合作的有机整体,脱离了任何一个环节,教育效果都将难以为继。道德教育更是如此,一般来说,家庭德育是基础和起点,学校德育是正式渠道,社会价值取向是整个道德教育的向导,小孩道德发展是家庭、学校、社区诸环境因素功能耦合的结果。

结　　语

　　贝多芬说:"把'德性'教给你们的孩子,使人幸福的是德而不是金钱,这是我的经验之谈。在患难中支持我的是道德;使我不曾自杀的除艺术之外,也是道德。"具备良好的道德品质乃是个人立身之本,所以,家庭教育的首要任务,是要对小孩进行思想道德教育,教子做人。

　　只要人类社会永远存在家庭,家庭道德教育就将永远存在。但长期以来,体制化的学校德育在思想道德教育上的"权威地位",致使家庭德育总是受制于"家庭私事"之观念束缚而难以登上研究者的"大雅之堂",于是家庭德育研究与体制下的学校德育研究形成了鲜明的反差。的确,当回顾当代我国家庭道德教育所走过的三十多年的历程时,尤其是当我们怀揣着问题意识和忧患意识,将当代我国家庭道德教育置于价值理性的历史坐标上纵横观照时,就会发现,我们有些许收获,但失去的更多。在沉重的升学压力下,在无所不在的功利色彩诱惑下,儿童失去了天真与烂漫,失去了本属于他们的快乐和多姿多彩的生活,也失去了本应拥有的道德品质和伦理自觉。与此同时,社会也承受了家庭道德教育弱化所带来的道德价值损失和痛楚。追根溯源,工具理性的扩张,教育制度的不善,在一定程度遮蔽了道德教育在家庭教育中的作用;市场机制在社会领域的全面横行,道德价值的沦丧,时常使人们遗忘了家庭道德教育在终极关怀中的历史承诺。利益多元、价值多元、道德意识的缺失、道德教育的失效,同时,家庭道德教育功能边界的模糊,使家庭道德教育面临着诸多的难题。然而,家庭对道德教育所应承担的社会历史责任是不容推卸的,只有承担起这份光荣而艰巨的历史使命,才不愧于中华民族曾经辉煌的"德育在家"理想和实践,才不愧于中华民族"道德之邦"的称谓。

笔者坚信,人的全面而自由发展将成为 21 世纪教育的主旋律,而"德育为先"的理念将会逐步落实和实现,家庭道德教育的功能将会得到拯救和发挥。本书对当代中国家庭道德教育理论之粗略构建,也是寻求拯救之道的一种努力和尝试,渴望笔者的"振臂一挥"能获得更多人的关注、响应和参与。但由于笔者学力浅陋,书中对问题的判断和推理的结论只是初步的探索,对相关文献未免有误读之处,有的观点和理解难免偏颇甚至舛误,在此恳请专家学者批评指正。不足之处,唯有在后续研究中力求做出更为细致和深入的努力以求弥补。

参考文献

（一）

[1] 蔡志良,蔡应妹.道德能力论[M].北京:中国社会科学出版社,2008.

[2] 陈桂生.教育原理[M].上海:华东师范大学出版社,1993.

[3] 陈晏清.当代中国社会转型论[M].太原:山西教育出版社,1998.

[4] 陈章龙.论主导价值观[M].南京:江苏人民出版社,2006.

[5] 陈志尚主编.人的自由全面发展论[M].北京:中国人民大学出版社,2004.

[6] 单中惠.西方教育思想史[M].太原:山西人民出版社,1996.

[7] 邓佐君.家庭教育[M].福州:福建教育出版社,1995.

[8] 段文阁,刘晓露.家庭道德教育研究——以独生子女道德教育的视角[M].济南:山东人民出版社,2011.

[9] 樊浩.中国伦理精神的历史建构[M.]南京:江苏人民出版社,1992.

[10] 费孝通.乡土中国 生育制度[M].北京:北京大学出版社,2004.

[11] 关颖.社会学视野中的家庭教育[M].天津:天津社会科学院出版社,2000.

[12] 郭成伟主编.官箴书点评与官箴文化研究[M].北京:中国法制出版社,2000.

[13] 何怀宏.良心论[M].上海:上海三联书店,1994.

［14］胡立荣.家庭教育学［M］.南京:江苏教育出版社,1993.

［15］胡林英.道德内化论［M］.北京:社会科学文献出版社,2007.

［16］胡守棻主编.德育原理［M］.北京:北京师范大学出版社,1989.

［17］黄崇岳.中华民族形成的足迹［M］.北京:人民出版社,1988.

［18］黄全愈.素质教育在家庭［M］.广州:南方日报出版社,2001.

［19］黄向阳.德育原理［M］.上海:华东师范大学出版社,2000.

［20］乐善耀.学习型家庭［M］.上海:文汇出版社,2002.

［21］雷骥.现代思想政治教育的人性基础研究［M］.北京:人民出版社,2008.

［22］李文治.中国家法宗族制和族田义庄［M］.北京:社会科学文献出版社,2000.

［23］李泽厚.中国古代思想史［M］.北京:人民出版社,1986.

［24］联合国教科文组织国际教育发展委员会.学会生存——教育世界的今天和明天［C］.北京:教育科学出版社,1996.

［25］梁韦弦.中国传统伦理思想研究［M］.哈尔滨:黑龙江大学出版社,2007.

［26］梁治平.寻求自然秩序中的和谐［M］.北京:中国政法大学出版社,1997.

［27］廖小平.代际互动——未成年人道德建设的代际维度［M］.北京:人民出版社,2009.

［28］林济.长江中游宗族社会及其变迁［M］.北京:中国社会科学出版社,1999.

［29］刘建军.中国现代政治的成长:一项对政治知识基础的研究［M］.天津:天津人民出版社,2003.

［30］刘明君,郑来春,陈少岚.多元文化冲突与主流意识形态构建［M］.北京:中国社会科学出版社,2008.

［31］刘献君.中国传统道德［M］.武汉:华中理工大学出版社,2007.

［32］刘宗贤.儒家伦理——秩序与活力［M］.济南:齐鲁书社,2002.

［33］鲁洁,朱小蔓.道德教育论丛［M］.南京:南京师范大学出版社,2008.

［34］鲁洁主编.教育社会学［M］.北京:人民教育出版社,1990.

［35］陆学艺,景天魁主编.转型中的中国社会［M］.哈尔滨:黑龙江人民

出版社,1994.

[36] 罗荣渠.现代化新论——世界与中国的现代化进程[M].北京:商务印书馆,2004.

[37] 罗元,罗明星.科学发展观视野中的道德教育[M].广州:华南理工大学出版社,2005.

[38] 马和民,高旭平.教育社会学研究[M].上海:上海教育出版社,1998.

[39] 马镛.中国家庭教育史[M].长沙:湖南教育出版社,1997.

[40] 茅于轼.中国人的道德前景[M].广州:暨南大学出版社,2008.

[41] 孟宪承,孙培青.中国古代教育文选[C].北京:人民教育出版社,1985.

[42] 孟育群主编.少年亲子关系研究[M].北京:教育科学出版社,1998.

[43] 缪建东.家庭教育社会学[M].南京:南京大学出版社,1999.

[44] 牛铭实.中国历代乡约[M].北京:中国社会出版社,2006.

[45] 彭立荣主编.婚姻家庭大辞典[G].上海:上海社会科学院出版社,1988.

[46] 戚万学,唐汉卫.现代道德教育专题研究[M].北京:教育科学出版社,2005.

[47] 钱广荣.中国道德国情论纲[M].合肥:安徽人民出版社,2002.

[48] 邱泽奇.社会学是什么[M].北京:北京大学出版社,2002.

[49] 邵伏先.中国的婚姻与家庭[M].北京:人民出版社,1989.

[50] 邵献平.思想政治教育中介论[M].北京:中国社会科学出版社,2007.

[51] 孙俊三,等.家庭教育学基础[M].北京:教育科学出版社,1991.

[52] 孙美堂.文化价值论[M].昆明:云南人民出版社,2005.

[53] 檀传宝.网络环境与青少年德育[M].福州:福建教育出版社,2003.

[54] 唐军.蛰伏与绵延:当代华北村落家族的成长历程[M].北京:中国社会科学出版社,2001.

[55] 陶东风.社会转型与当代知识分子[M].上海:上海三联书店,1999.

[56] 王长金.传统家训思想通史[M].长春:吉林人民出版社,2006.

[57] 王东华.我们是这样教育孩子的[M].北京:中国妇女出版社,2001.

[58] 王连生. 亲职教育[M]. 台北:台湾五南图书出版社,1992.

[59] 王瑞荪主编. 比较思想政治教育学[M]. 北京:高等教育出版社,2001.

[60] 王学俭. 现代思想政治教育前沿问题研究[M]. 北京:人民出版社,2008.

[61] 王兆先,等主编. 家庭教育辞典[G]. 南京:南京大学出版社,1992.

[62] 王正平. 中国传统道德论探微[M]. 上海:上海三联书店,2004.

[63] 魏英敏. 当代中国伦理与道德[M]. 北京:昆仑出版社,2001.

[64] 吴铎,张人杰. 教育与社会[M]. 北京:中国科学技术出版社,1991.

[65] 吴就君. 人在家庭[M]. 台北:张老师文化事业股份有限公司,1985.

[66] 吴康宁. 教育社会学[M]. 北京:人民教育出版社,1998.

[67] 谢宝耿. 中国家训精华[M]. 上海:上海社会科学院出版社,1997.

[68] 徐安琪,也文振. 中国婚姻质量研究[M]. 北京:中国社会科学出版社,1999.

[69] 徐少锦,陈延斌. 中国家训史[M]. 西安:陕西人民出版社,2003.

[70] 徐行言. 中西文化比较[M]. 北京:北京大学出版社,2004.

[71] 许敏. 道德教育的人文本性[M]. 北京:中国社会科学出版社,2008.

[72] 杨宝忠. 大教育视野中的家庭教育[M]. 北京:社会科学文献出版社,2003.

[73] 杨国荣. 伦理与存在——道德哲学研究[M]. 上海:华东师范大学出版社,2009.

[74] 易经[M]. 太原:山西古籍出版社,1999.

[75] 于建嵘. 岳村政治[M]. 北京:商务印书馆,2001.

[76] 翟博. 中国家教经典[M]. 海口:海南出版社,2002.

[77] 詹万生. 整体构建德育体系总论[M]. 北京:教育科学出版社,2001.

[78] 詹万生. 中国德育全书[M]. 哈尔滨:黑龙江人民出版社,1996.

[79] 张键,陈一筠主编. 家庭与社会保障[M]. 北京:社会科学文献出版社,2000.

[80] 张锡勤. 中国传统道德举要[M]. 哈尔滨:黑龙江大学出版社,2009.

[81] 张祥浩. 中国传统人才思想[M]. 南京:江苏人民出版社,2003.

[82] 张祥浩. 中国传统思想教育理论[M]. 南京:东南大学出版社,2011.

[83] 张祥浩. 中国哲学史[M]. 南京:江苏人民出版社,2006.

[84] 张艳国,等编著. 家训辑览[Z]. 武汉:湖北教育出版社,1994.

[85] 张耀灿,等. 思想政治教育学前沿[M]. 北京:人民出版社,2006.

[86] 赵忠心. 家庭教育学:教育子女的科学与艺术[M]. 北京:人民出版社,2001.

[87] 赵忠心. 家庭教育学[M]. 北京:人民教育出版社,1994.

[88] 郑杭生. 转型中的中国社会和中国社会的转型[M]. 北京:首都师范大学出版社,1996.

[89] 朱小蔓. 教育的问题与挑战——思想的回应[M]. 南京:南京师范大学出版社,2000.

[90] 朱贻庭. 中国传统伦理思想史[M]. 上海:华东师范大学出版社,1989.

[91] 朱志贤. 儿童心理发展的基本理论[M]. 北京:北京师范大学出版社,1982.

[92]《论语·里仁》,《论语·雍也》和《论语·颜渊》.

[93]《孟子·告子下》.

[94]《荀子·解蔽》和《荀子·劝学》.

[95]《左传·昭公四年》.

[96]《淮南子·泛论训》.

[97]〔汉〕刘廙.《戒弟伟》.

[98]〔汉〕杜泰姬.《戒诸女及妇书》

[99]〔汉〕孔臧.《戒子通录·孔臧与子琳书》.

[100]〔三国〕魏·王修.《诫子书》.

[101]〔北齐〕颜之推.《颜氏家训·勉学篇》.

[102]〔唐〕朱仁轨.《诫子通录》.

[103]〔宋〕司马光.《家范》.

[104]〔宋〕范质.《诫从子书》.

[105]〔宋〕呼延赞.《训子》.

[106]〔宋〕陆游.《病起书怀》.

[107]〔宋〕胡安国.《家训》.

[108]〔宋〕范纯仁.《家训》.

[109]〔宋〕袁采.《袁氏世范》.

[110]〔宋〕苏轼.《晁错论》.

[111]〔宋〕家颐.《教子十章》.

[112]〔宋〕江端友.《家训》.

[113]〔元〕郑大和.《郑氏规范》.

[114]〔明〕王守仁.《教条示龙场诸生·立志》.

[115]〔明〕朱棣.《明太宗实录》.

[116]〔明〕史可法.《遗嗣子书》.

[117]〔明〕庞尚鹏.《庞氏家训》.

[118]〔明〕杨继盛.《谕应尾应箕两儿》和《与子应尾、应箕书》.

[119]〔明〕郑晓.《家训》.

[120]〔明〕霍韬.《渭崖家训》.

[121]〔清〕朱伯庐.《朱子治家格言》.

[122]〔清〕孙奇逢.《孝友堂家规》.

[123]〔清〕颜元.《颜习斋先生言行录》.

[124]〔清〕曾国藩.《谕纪泽纪鸿》.

[125]〔清〕张之洞.《致儿子书》.

[126]〔清〕张履祥.《示儿》.

[127]〔清〕左宗棠.《与子书》.

（二）

[1] 马克思恩格斯全集[M].北京:人民出版社,1979.

[2] 马克思恩格斯选集[M].北京:人民出版社,1995.

[3] 列宁全集[M].北京:人民出版社,1986.

[4] 〔苏〕马卡连柯.马卡连柯全集[M].陈世杰,等译.北京:人民教育出
版社,1959.

[5] 〔苏〕苏霍姆林斯基.给教师的建议(下)[M].杜殿坤编译.北京:教
育科学出版社,1981.

[6] 〔美〕杜威.杜威教育论著选[M].赵祥麟,王承绪编译.上海:华东师
范大学出版社,1981.

[7] 〔美〕阿尔温·托夫勒.第三次浪潮[M].黄明坚译.北京:生活·读

书·新知三联书店,1983.

[8]［美］阿尔温·托夫勒.未来的冲击[M].蔡仲章译.北京:中国对外
　　翻译出版公司,1985.

[9]［法］罗·朗格朗.终身教育引论[M].周南照,陈树清译.北京:中国
　　对外翻译出版公司,1985.

[10]［德］康德.道德形而上学原理[M].苗力田译.上海:上海人民出版
　　社,1986.

[11]［美］玛格丽特·米德.文化与承诺——一项有关代沟问题的研究
　　[M].周晓虹,周怡译.石家庄:河北人民出版社,1987.

[12]［美］弗洛姆.为自己的人[M].孙依依译.北京:生活·读书·新知
　　三联书店,1988.

[13]［德］赫尔巴特.普通教育学[M].张焕廷译.北京:人民教育出版
　　社,1989.

[14]［美］J.罗斯·埃什尔曼.家庭导论[M].潘允康,等译.北京:中国社
　　会科学出版社,1991.

[15]［法］伯纳德·E.布朗.法国的现代化经历[A].西里尔·E.布莱克.
　　比较现代化[M].杨豫,等译.上海:上海译文出版社,1996.

[16]［英］约翰·怀特.再论教育目的[M].李永宏,等译.北京:教育出
　　版社,1997.

[17]［法］皮埃尔·布迪厄.实践与反思——反思社会学导引[M].李
　　猛,等译.北京:中央编译出版社,1998.

[18]［美］克利福德·格尔兹.文化的解释[M].韩莉译.上海:上海人民
　　出版社,1999.

[19]［奥］阿尔弗雷德·阿德勒.理解人性[M].汪洪澜译.北京:国际文
　　化出版公司,2000.

[20]［美］科尔伯格.道德教育的哲学[M].魏贤超,等译.杭州:浙江教育
　　出版社,2000.

[21]［英］彼得斯.道德发展与道德教育[M].邬冬星译.杭州:浙江教育
　　出版社,2000.

[22]［法］爱弥儿·涂尔干.道德教育[M].陈光金,沈杰,朱谐汉译.上
　　海:上海人民出版社,2001.

［23］［法］爱弥儿·涂尔干.教育思想的演进［M］.李康译.上海：上海人民出版社,2003.

［24］［美］杜威.道德教育原理［M］.王承绪,等译.杭州：浙江教育出版社,2003.

［25］［英］米切尔·黑尧.现代国家的政策过程［M］.赵成根译.北京：中国青年出版社,2004.

［26］［美］罗伯特·纳什.德性的探询：关于品德教育的道德对话［M］.李菲译.北京：教育科学出版社,2007.

［27］Selma H. Friberg. The magic years［M］. New York：Simon,1959.

［28］Cohlberg L. & Turiel E. Moral development and moral education ［A］. In：G. Lesser（ed.）. Psychology and education practise［C］. Chicago：Scott Foresman,1971.

［29］Kohlberg L. & Mayer R. Development as the aim of education［J］. Harvard Educational Review,1972,42（4）.

［30］Dewey J. Moral principles in education［M］. Carbondale：Southern Illinois University Press,1975.

［31］Adson J. R. Congnitive psychology and its implication［M］. San-Francisco：Freeman,1980.

［32］Nurmi J. E. Age,sex,social,class,and quality of family interaction as determinants of adolescents' future orientation：A develomental task interpretation［J］. Adolescence, 1987（22）.

［33］Nurmi J. E. How do adolescents see their future? A review of the development of future orientation and planning［J］. Developmental Review,1991,11（1）.

［34］Thomas Lickona. Educating for character：How our schools can teach respect and responsibility［M］. New York：Bantam,1991.

［35］Kellaghan T. Family and schooling［C］. In：Lawrence J. Saha （ed.）. International encyclopedia of the sociology of education. Oxford,UK：Elsevier Science,1997.

［36］Samuel P. Oliner, Pearly M. Oliner. The altruistic personality：Rescuers of Jews in Nazi Europe［M］. New York：Free Press,1998.

［37］ Hoffman M. L. Empathy and moral development：Implication for caring and justice［M］. Cambridge， UK：Cambridge University Press，2000.

［38］ Bradley R. H. & Corwyn R. F. Socieconomic status and child development［J］. Annual Review of Psychology，2002.

（三）

［1］曹秋梅.关于少年儿童家庭道德教育现状及对策的研究［D］.上海师范大学硕士学位论文,2005.

［2］曹世敏.道德教育文化引论［D］.南京师范大学博士学位论文,2003.

［3］曹晓红.流动儿童家庭道德教育研究［D］.华中师范大学硕士学位论文,2009.

［4］冯永刚.制度构架下道德教育研究［D］.山东师范大学博士学位论文,2008.

［5］贺韧.儒家传统道德教育思想探析［D］.湖南师范大学博士学位论文,2006.

［6］李彬.走出道德困境——社会转型下的道德建设研究［D］.湖南师范大学博士学位论文,2006.

［7］李天燕.家庭教育方式对小学生品德形成的影响研究［D］.西南师范大学硕士学位论文,2001.

［8］李伟言.当代德育价值取向转型的理论研究［D］.东北师范大学博士学位论文,2005.

［9］林立工.道德治理及其实现方式研究［D］.吉林大学博士学位论文,2005.

［10］刘丙元.当代道德教育价值危机审理——道德教育本真的丧失与回归研究［D］.山东师范大学博士学位论文,2008.

［11］刘先义.道德价值论——道德教育中的价值问题研究［D］.山东师范大学博士学位论文,2008.

［12］卢梅丽.当前我国城市青少年家庭道德教育研究［D］.华中师范大学硕士学位论文,2008.

［13］罗文章.新农村道德建设研究［D］.中南大学博士学位论文,2007.

[14] 时伟.社会转型期的家庭道德教育研究[D].江南大学硕士学位论文,2008.

[15] 谭同学.乡村社会转型中的道德、权力与社会结构——迈向"核心家庭本位"的桥村[D].华中科技大学博士学位论文,2007.

[16] 唐汉卫.生活:道德教育的基础[D].山东师范大学博士学位论文,2003.

[17] 王娜.中国传统家庭伦理规范的现代变迁[D].东北师范大学硕士学位论文,2005.

[18] 王润平.当代中国家庭变迁中的文化传承问题[D].吉林大学博士学位论文,2004.

[19] 王为全.建构中国道德建设的理想图景[D].吉林大学博士学位论文,2006.

[20] 徐芳.当代中国家庭道德教育研究[D].上海师范大学硕士学位论文,2008.

[21] 姚建文.政权、文化与社会精英[D].苏州大学博士学位论文,2006.

[22] 张玲玲.青少年未来取向的发展与家庭、同伴因素的关系[D].山东师范大学博士学位论文,2008.

[23] 赵庆杰.家庭与伦理[D].东南大学博士学位论文,2005.

[24] 朱怡娜.儒家伦理视域下的现代中国家庭道德教育研究[D].南京林业大学硕士学位论文,2008.

[25] 邹强.中国当代家庭教育变迁研究[D].华中师范大学博士学位论文,2008.

(四)

[1] 曹麦玲.略析严之推的家庭教育思想及其对当今家庭教育的启示[J].陕西师范大学学报,2001(1).

[2] 陈延斌.论司马光的家训及其教化特色[J].南京师范大学学报,2001(4).

[3] 程路.何来善缘结恶果——反思2010年发生的两起青少年恶性暴力犯罪案件[J].人民教育,2011(1).

[4] 戴叶林.家庭道德与家庭结构[J].晋阳学刊,2005(1).

[5] 丁锦宏. 论社会转型期的家庭伦理道德教育[J]. 思想理论教育,2005
　　(11).

[6] 杜宇,李化树. 城市外来务工人员子女家庭德育探析[J]. 沈阳工程学
　　院学报:社会科学版,2008(4).

[7] 段文阁. 古代家训中的家庭德育思想初探[J]. 齐鲁学刊,2003(4).

[8] 范中杰. 家庭教育方法对青少年社会化的影响[J]. 湖北社会科学,
　　2008(1).

[9] 郭良婧. 论我国当前社会转型期的价值冲突[J]. 河南大学学报:社会
　　科学版,2004(2).

[10] 海存福. 家庭德育及其功能研究[J]. 甘肃高师学报:社会科学版,
　　　1999(1).

[11] 韩庆祥. 当代中国的社会转型[J]. 现代哲学,2002(3).

[12] 韩庆祥. 人学是时代的声音——当代人类的深层问题与人学回应
　　　[J]. 中国社会科学,1998(1).

[13] 黄建榕等. 德育新模式:德育环境化[J]. 深圳大学学报:人文社会科
　　　学版,2001(5).

[14] 季爱民. 我国德育模式研究的现状与趋势[J]. 武汉大学学报:人文
　　　科学版,2006(1).

[15] 李钢. 论社会转型的本质与意义[J]. 求实,2001(1).

[16] 李育红、杨永燕. 文化独特的外观形式——仪式[J]. 内蒙古社会科
　　　学,2008(5).

[17] 梁治平. 民间、民间社会和 CIVIL SOCIETY-CIVIL SOCIETY 概念
　　　再检讨[M]. 云南大学学报,2003(1).

[18] 刘洪. 家庭德育对大学生思想道德水平影响的实证研究——基于新
　　　疆六所高校的调查分析[J]. 新疆大学学报:社会科学版,2009(3).

[19] 鲁洁. 人对人的理解:道德教育的基础——德育当代转型的思考
　　　[J]. 教育研究,2000(7).

[20] 鲁洁. 生活·道德·道德教育[J]. 教育研究,2007(1).

[21] 陆有铨. "道德"是学校道德教育有效性的依据[J]. 中国德育,2008
　　　(10).

[22] 骆风. 家庭德育类型及其对子女品德影响的实证研究[J]. 山东教育

科研,2000(6).

[23] 骆风.家庭德育主成分的实症研究[J].辽宁师范大学学报:社会科学版,2001(1).

[24] 马培津,潘振飞.皖北农村青年生育观念转变的社会学分析——以马村的个案研究为例[J].青年研究,2005(7).

[25] 孟育群,等.少年亲子关系诊断与调试的实验研究[J].教育研究,1997(11).

[26] 孟育群.亲子关系:家庭教育研究的逻辑起点[J].中国德育,2007(2)

[27] 孟育群.少年亲子关系与家庭与家庭德育功能系列研究[J].天津市教科院学报,2000(5).

[28] 缪建东.社会变迁中的家庭道德教育[J].山东理工大学学报:社会科学版,2003(11).

[29] 戚务念.试论家庭德育的几个问题[J].江西教育科研,1998(4).

[30] 钱同舟.回归生活世界 重建德育模式[J].郑州工业高等专科学校学报,2004(3).

[31] 阮学勇,卢佳.论当代家庭德育的特点[J].西昌师范高等专科学校学报,2002(1).

[32] 沈晓阳.论道德的精英化与平民化[J].华南理工大学学报:社会科学版,2001(6).

[33] 时伟,谢振荣.农村留守儿童家庭道德缺失的思考[J].黑龙江社会科学,2007(5).

[34] 孙小梅.当代中国道德教育模式述评[J].天中学刊,2006(3).

[35] 谭培文.以马克思主义利益观为核心价值的高校德育定位研究[J].思想理论教育,2007(06).

[36] 陶艳兰.城市家庭教育方式的理想化倾向[J].青年研究,2001(11).

[37] 汪凤炎,郑红.孔子界定"君子人格"与"小人人格"的十三条标准[J].道德与文明,2008(4).

[38] 王福益.移情:儿童家庭德育的关键[J].基础教育研究,2008(5).

[39] 王良,郝晓燕.家庭教育特点与家庭德育优势[J].青年探索,2004(5).

［40］王世军.单亲家庭及其对子女成长的影响［J］.学海,2002(4).

［41］王维亚.我国传统家庭德育观对先进家庭教育的启示［J］.山东教育科研,1999(1).

［42］王永进,邬泽天.我国当前社会转型的主要特征［J］.社会科学家,2004(11).

［43］魏书珍,等.儿童个性的影响因素研究［J］.中国儿童保健杂志,1996(3).

［44］夏学銮.青少年心理健康与问题面面观［J］.中国青少年研究,2003(6).

［45］徐柏才.论传统家庭道德对公民道德建设的价值［J］.西南民族大学学报:社会科学版,2007(11).

［46］徐贵权.道德理性、道德敏感与到的宽容［J］.探索与争鸣,2006(12).

［47］徐惠玲.公民体验式思想道德教育模式探析［J］.中州学刊,2009(4).

［48］闫汝乾,骆兰.青少年思想品德教育错位问题及对策研究［J］.社科纵横,2006(10).

［49］严贵香.继承中国古代家庭道德教育的精华［J］.中南民族大学学报,2005(5).

［50］杨雄.当前我国家庭教育面临的挑战、问题与对策［J］.探索与争鸣,2007(2).

［51］叶素梅,赵宝臣.关于德育内容体系的思考［J］.辽宁教育,2001(3).

［52］尹丹萍.中国家训文化对当代家庭教育的启示［J］.江汉论坛,2001(12).

［53］于福存,论传统家庭模式的演变对道德教育的冲击与影响——我国道德教育低效根源初探［J］.当代教育论坛,2005(4).

［54］余双好.我国古代家庭教育优良传统和方法探析［J］.武汉大学学报:社会科学版,2001(1).

［55］张红梅.未成年人:家庭道德教育处境尴尬［J］.思想工作,2004(8).

［56］张敏杰.二十世纪中国家庭的变迁［J］.浙江学刊,1989(6).

［57］张忠华.当代中国道德教育模式研究的反思［J］.现代大学教育,

2004(6).

[58] 张忠华.论家庭结构的嬗变:我国道德教育低效根源之一[J].集美大学学报,2006(3).

[59] 周芦萍,余长秀.城市家庭问题与青少年违法犯罪[J].青少年犯罪研究,2006(4).

[60] 周秀芹.家庭道德教育内在要求探析[J].哈尔滨市委党校学报,2003(5).

[61] 邹泓,李晓巍,张文娟.青少年人际关系的特点及其对社会的作用机制[J].心理科学,2010(5).

附　　件

附件一：当代家庭道德教育现状调查问卷

《当代家庭道德教育现状》
调查问卷

亲爱的同学：

　　您好！

　　本问卷调查仅限于本课题研究使用，全部调查信息不记名，调查问卷中的任何信息都不能作为任何单位或个人的证据。您回答问题的结果无对错之分，而您回答问题的信息对本研究结果的准确性具有重要价值，希望您能真实地回答本调查问卷中的问题。

　　感谢您的参与和合作！

2011 年 6 月

　　填写说明：

　　(1)请根据您的实际情况或看法，把您认为适当的选项序号写在括号内，或在问答题后简要回答。

　　(2)问卷中的问题一般为一个选项，但有些问题可以选择多个选项，多选题后有明确标注。

1. 你的家庭结构是：　　　　　　　　　　　　　　　　　　（　　）

　　A. 三口之家

　　B. 主干家庭（包括爷爷奶奶或外公外婆或兄弟姐妹）

　　C. 其他

2. 你从小是由谁抚养长大的？　　　　　　　　　　　　　　（　　）

　　A. 父母亲　　　　　　B. 父亲　　　　　　C. 母亲

　　D. 爷爷奶奶或外公外婆　　　　　　E. 其他亲戚

3. 你的成长环境主要处于：　　　　　　　　　　　　　　　（　　）

　　A. 沿海发达城市　　B. 中西部城市　　C. 沿海农村

　　D. 中西部农村

4. 你的身份是：　　　　　　　　　　　　　　　　　　　　（　　）

　　A. 小学生　　　　　　B. 初中学生　　　　C. 高中学生

　　D. 大学生　　　　　　E. 尚未组建新家庭的研究生

　　F. 尚未组建新家庭的已工作人员

5. 你父亲的职业：　　　　　　　　　　　　　　　　　　　（　　）

　　A. 公务员　　　　　　B. 教师　　　　　　C. 其他国家公职人员

　　D. 工人　　　　　　　E. 农民　　　　　　F. 商人

　　G. 其他人员

6. 你母亲的职业：　　　　　　　　　　　　　　　　　　　（　　）

　　A. 公务员　　　　　　B. 教师　　　　　　C. 其他国家公职人员

　　D. 工人　　　　　　　E. 农民　　　　　　F. 商人

　　G. 其他人员

7. 你父亲的学历：　　　　　　　　　　　　　　　　　　　（　　）

　　A. 本科及本科以上　　B. 专科　　　　　　C. 高中或中专

　　D. 初中　　　　　　　E. 初中以下

8. 你母亲的学历：　　　　　　　　　　　　　　　　　　　（　　）

　　A. 本科及本科以上　　B. 专科　　　　　　C. 高中或中专

　　D. 初中　　　　　　　E. 初中以下

9. 你家的经济状况：　　　　　　　　　　　　　　　　　　（　　）

　　A. 不能保证衣食住行的基本需要

　　B. 能保证衣食住行的基本需要

    C. 家庭比较富裕

    D. 家庭很富有

10. 你每一年用于家教、补习班、兴趣班的支出大概是：　　　　　（　　）

    A. 300 元以下　　　　B. 300～600 元　　　　C. 601～1000 元

    D. 1001～1500 元　　　E. 1501～2600 元　　　F. 2601～3000 元

    G. 3001～4000 元　　　H. 4001～5000 元　　　I. 5000 元以上

11. 你每一年用于购买课外书、文具、玩具的支出大概是：　　　　（　　）

    A. 100 元以下　　　　B. 100～300 元　　　　C. 301～500 元

    D. 501～800 元　　　　E. 801～1200 元　　　　F 1201～1700 元

    G. 1701～2300 元　　　H. 2301～3000 元　　　I. 3000 元以上

12. 你每一年用于参加外出旅游、校外专项活动的支出大概是：（　　）

    A. 300 元以下　　　　B. 300～600 元　　　　C. 601～1000 元

    D. 1001～1500 元　　　E. 1501～2500 元　　　F. 2501～3500 元

    G. 3501～4500 元　　　H. 4501～6000 元　　　I. 6000 元以上

13. 你每一年用于社会捐赠和参加社会公益活动的支出大概是：（　　）

    A. 200 元以下　　　　B. 200～500 元　　　　C. 501～1000 元

    D. 1001～1500 元　　　E. 1501～2600 元　　　F 2601～3000 元

    G. 3000 元以上

14. 你认为对你思想道德发展方面最具影响力的因素是：（可多选）

                                       （　　）

    A. 父、母亲　　　　B. 老师　　　　C. 社会风气

    D. 家庭环境　　　　E. 同学等伙伴　　　F. 电视和网络

    G. 其他因素

15. 你觉得你父母在你的成长路上更关注你的哪方面？（可多选）（　　）

    A. 重视学习　　　　　　　B. 重视道德品质的培养

    C. 注重素质和特长的培养　　D. 重视我的身体健康和外表形象

    E. 关注未来的职业和收入　　F. 关注未来的家庭婚姻

    G. 关注未来的受教育程度　　H. 不抱有特别期望,顺其自然

16. 在你成长道路上,你父母对你最具影响的方面是：（可多选）（　　）

    A. 对你学业的影响

    B. 对你身体健康的影响

C. 对你思想道德素质的影响

D. 对你适应社会生存能力的影响

E. 对你生活态度的影响　　　　　　　F. 影响不明显

17. 请你对你的父母道德水平作出评价：　　　　　　　　（　　）

A. 道德高尚　　　B. 道德水平较高　　C. 道德水平一般

D. 道德水平较差　　E. 无法作出评价

18. 你平常与父母交流多吗？　　　　　　　　　　　　　（　　）

A. 基本每日都交流　B. 一星期二三次　　C. 一个月二三次

D. 一年二三次　　　　　　　　　　　E. 很少交流

19. 你认为你的家人之间的情感融洽吗？　　　　　　　　（　　）

A. 很融洽　　　　　B. 比较融洽

C. 一般　　　　　　D. 不融洽

20. 你与父母亲存在思想观念方面的冲突吗？　　　　　　（　　）

A. 与父母亲思想观念差距很大，经常发生冲突

B. 与父母亲思想观念差距较大，偶尔发生冲突

C. 与父母亲思想观念差距较大，但能相互理解，很少冲突

D. 思想观念接近，没有冲突

21. 与父母的冲突，主要是由于　　　　　　　　　　　　（　　）

A. 学习问题　　　　　B. 生活习惯问题

C. 思想道德问题　　　D. 交友问题

E. 花销问题　　　　　F. 其他问题

22. 父母亲在对你道德方面的教育，特别重视哪些方面的教导？（可以多选）　　　　　　　　　　　　　　　　　　　　　　（　　）

A. 学习认真刻苦　　　　B. 礼貌待人

C. 尊老爱幼　　　　　　D. 诚实守信

E. 与人和睦相处　　　　F. 勤俭节约

G. 吃苦耐劳　　　　　　H. 做人负责

I. 理想信念　　　　　　J. 良好的个人生活习惯

K. 人身安全　　　　　　L. 为人民服务

M. 共产主义理想信念　　N. 爱护环境

O. 遵纪守法　　　　　　P. 见义勇为

Q. 恋爱与性道德教育　　　R. 健康心理教育

23. 你认为你父母是你的榜样吗？　　　　　　　　　　　（　　）

    A. 是　　　　　　　B. 不是　　　　　　　C. 说不清楚

24. 当你的思想道德方面出现了不良问题时,你父母怎样教育你？

    　　　　　　　　　　　　　　　　　　　　　　（　　）

    A. 谈心　　　　　　B. 棍棒相加　　　　　C. 不管不问

    D. 盛气凌人地说教　　　　　　　　E. 很难描述

25. 在思想道德方面,你父母平时是如何教育你的？（可以多选）（　　）

    A. 父母亲身体力行,自身树立好榜样

    B. 讲故事、讲道理

    C. 要求你参加一些教育活动

    D. 通过日常生活的熏陶,潜移默化

    E. 采取其他途径

    F. 没有采取任何措施

26. 当你父母在思想道德方面教育你时,你的心理反应是：　（　　）

    A. 父母的教导应该认真听取

    B. 完全听不进去,甚至反感

    C. 无所谓,父母说父母的,我做我的

    D. 自己认为对的就听,认为不对的就不听

27. 你的家庭生活环境如何？　　　　　　　　　　　　　（　　）

    A. 感觉生活得很舒服　　　　　B. 感觉生活得一般

    C. 感觉生活得不舒服　　　　　D. 对此没有感觉

28. 你家庭的精神氛围如何？　　　　　　　　　　　　　（　　）

    A. 家里氛围让我很振奋,经常感染我

    B. 家里的氛围让我很沮丧,想逃离

    C. 家里很平淡,对我影响不大

    D. 感受不到家庭氛围的影响

29. 你父母亲平时对你的管教：　　　　　　　　　　　　（　　）

    A. 非常专断　　　　　　　　B. 民主,但非常严格

    C. 管教比较严,给我一点空间

    D. 管教不是很严,给我较大空间

E. 基本不管,任我自由发展

30. 在有关你的事情上,事前父母亲会与你商量吗? 　　　　　　（　　）

　　A. 通常会　　　　　　B. 有时会　　　　　　C. 偶尔会

　　D. 从来不会

31. 你希望你长大后成为怎样的人? 　　　　　　　　　　　　　（　　）

　　A. 专业技术人才

　　B. 从政,成为领导干部

　　C. 从商,能赚钱的人

　　D. 无所谓什么样的人,有固定收入的平常人

　　E. 其他

32. 你对你自己的道德水平的评价: 　　　　　　　　　　　　　（　　）

　　A. 道德高尚　　　　　　B. 道德水平较高

　　C. 道德水平一般　　　　D. 道德水平较差

　　E. 无法对自己评价

33. 对于"不尊重、顶撞父母、长辈、老师、同学"行为,对你而言是:（　　）

　　A. 经常发生　　　　　　B. 有时发生

　　C. 偶尔发生　　　　　　D. 基本没发生过

34. 对于"打架、骂人、说脏话"行为,对你而言是: 　　　　　　（　　）

　　A. 经常发生　　　　　　B. 有时发生

　　C. 偶尔发生　　　　　　D. 基本没发生过

35. 对于"赌博、看色情影片、不守信用"行为,对你而言是: 　　（　　）

　　A. 经常发生　　　　　　B. 有时发生

　　C. 偶尔发生　　　　　　D. 基本没发生过

36. 对于"真心帮助别人、献爱心"行为,对你而言是: 　　　　　（　　）

　　A. 经常发生　　　　　　B. 有时发生

　　C. 偶尔发生　　　　　　D. 基本没发生过

37. 家庭对你的道德发展影响大吗? 为什么? 请回答。

索　引

D

道德教化　57,105,107,188,208

道德濡化　105,111,112

道德嬗变　116,122

德教为本　94,95,193

德育机理　14,68

G

个体道德内化　52,60,68,73

个体社会化　33,64,170

H

环境德育模式　13,14,217,219,225

J

家国一体　101,103,106,108,194

家庭德育功能　8,30,144,188,240

家庭德育环境　10,64,78,161,176,221

精神意识环境　13,71,72,80,160,167,224

L

伦理政治　106,108,112,114

Q

亲子关系　25,78,136,168,180,194,231

R

人际关系环境　13,71,82,160,167,221

S

圣凡同类　101,103
时代性内容　206

W

文化结构　107,139

X

心理机制　38,52,57,79
修身　40,85,92,108,151

Z

重心下沉　137,188
轴心位移　137,138,188
主体性本质　203

后　记

　　道德整饬和道德秩序的重建是关乎中国未来发展的重大问题,面对当今社会形形色色的家庭教育道德事件,面对无数人对"世风日下""人心不古"的感叹,作为一名思想政治教育专业博士,有责任、有义务来思考这个问题,寻求解决之道。这个选题得到了我的博士学位论文导师张祥浩教授的大力推荐和支持。在选题之前,我的研究一直围绕政治发展这个论域来进行,对于家庭道德教育领域几乎没有涉足,相关积累比较薄弱,再加上家庭道德教育本身是一个比较"冷"的研究领域,可参阅的研究资料很少,也很难收集。因此,自己的"拓荒之旅"并无轻车熟路之感,虽历经两年近似炼狱的"煎熬",但自我感觉论文还有诸多不尽如人意之处,在稿子画上最后一个句号时,我并无丝毫的轻松感。思想的任务应为现实"解蔽",从这一点来说,稍值得宽慰,因为,我所研究的问题是真实的,我的探索是真诚的。

　　由衷感谢我的博士学位论文导师张祥浩教授。张老师不仅学识渊博,而且品格高尚,我为自己能师从张老师而感到骄傲。在论文构思和写作过程中,我还得到了东南大学江德兴教授、许苏明教授、袁久红教授、魏福明教授、高晓虹教授的指导和帮助;得到了南京大学李承贵教授、萧玲教授、姜迎春教授的关心和帮助,与他们的多次长谈使我受到了很大的启发;得到了宁波广播电视大学朱中人书记、许亚南校长、黎群书记、丁振华副校长等领导的支持和鼓励；感谢宁波市社会科学院给予的出版资助，在此一并致以感谢。

　　最后，我要感谢我的家人。感谢父母的牵挂与关心，感谢爱人的支持，感谢女儿给我带来的希望和欢笑。感谢所有给予我关心和帮助的人！学无止境，吾将上下而求索……

王志强

2013 年 8 月

图书在版编目(CIP)数据

当代中国家庭道德教育研究 / 王志强著. —杭州：
浙江大学出版社,2013.12
ISBN 978-7-308-12326-6

Ⅰ.①当… Ⅱ.①王… Ⅲ.①家庭道德－品德教育－
研究－中国 Ⅳ.①D649

中国版本图书馆 CIP 数据核字(2013)第 235796 号

当代中国家庭道德教育研究

王志强　著

责任编辑	吴伟伟 *weiweiwu@zju.edu.cn*
封面设计	十木米
出版发行	浙江大学出版社
	(杭州市天目山路 148 号　邮政编码 310007)
	(网址:http://www.zjupress.com)
排　　版	浙江时代出版服务有限公司
印　　刷	杭州日报报业集团盛元印务有限公司
开　　本	710mm×1000mm　1/16
印　　张	16.25
字　　数	258 千
版 印 次	2013 年 12 月第 1 版　2013 年 12 月第 1 次印刷
书　　号	ISBN 978-7-308-12326-6
定　　价	46.00 元